U0319143

普通高等教育“十四五”规划教材

三维数字化
建模技术与应用

李恒凯　李子阳　武镇邦　编著

扫码获取数字资源

北　京
冶 金 工 业 出 版 社
2025

内容提要

本书以地理信息市场对三维建模人才的需求为导向，以实际案例为基础，从理论到实践，详细介绍了三维建模技术与GIS的基本概念；SketchUp三维建模；3DS MAX建模；CityEngine规则建模；倾斜摄影技术建模；BIM建模与3DGIS；三维模型发布与应用开发。通过学习本书，学生可使用这些方法构建三维场景模型，并进行相应的三维开发，为以后从事三维建模方面的理论研究与工程应用奠定良好的基础。

本书适合于地理信息科学、测绘工程、遥感科学与技术、地理科学、土地管理、城乡规划等专业的本科生和研究生使用，也可供从事三维地理信息系统的管理者和工程技术人员参考。

图书在版编目(CIP)数据

三维数字化建模技术与应用/李恒凯，李子阳，武镇邦编著．—北京：冶金工业出版社，2021.3（2025.1重印）
普通高等教育“十四五”规划教材
ISBN 978-7-5024-8741-6

Ⅰ.①三… Ⅱ.①李… ②李… ③武… Ⅲ.①地理信息系统—系统建模—高等学校—教材 Ⅳ.①P208

中国版本图书馆CIP数据核字(2021)第031788号

三维数字化建模技术与应用

出版发行 冶金工业出版社 **电　话**（010)64027926
地　址 北京市东城区嵩祝院北巷39号 **邮　编** 100009
网　址 www.mip1953.com **电子信箱** service@mip1953.com

责任编辑 郭冬艳 美术编辑 郑小利 版式设计 禹 蕊
责任校对 卿文春 责任印制 禹 蕊
三河市双峰印刷装订有限公司印刷
2021年3月第1版，2025年1月第4次印刷
787mm×1092mm 1/16；14印张；338千字；214页
定价39.00元

投稿电话 (010)64027932 投稿信箱 tougao@cnmip.com.cn
营销中心电话 (010)64044283
冶金工业出版社天猫旗舰店 yjgycbs.tmall.com
（本书如有印装质量问题，本社营销中心负责退换）

前　言

批量建模技术以CityEngine为代表，是当前三维城市建模的首选软件，应用于数字城市、城市规划、轨道交通、电力、管线、建筑、国防、仿真、游戏开发和电影制作等领域。Esri CityEngine可以利用二维数据快速创建三维场景，并能高效地进行规划设计，而且对ArcGIS完美兼容，使很多已有的基础GIS数据不需转换即可迅速实现三维建模，减少了系统再投资的成本，也缩短了三维GIS系统的建设周期，是传统建模方法的最新成果，也是当前三维建模的主要技术。

书中介绍的BIM建模技术，是非传统的GIS三维数据建模方法，它们的结合一直是业界的研究热点，对BIM来说，三维GIS可基于周边宏观的地理信息，提供各种空间查询及空间分析等三维GIS功能，为BIM提供决策支持。而对三维GIS来说，BIM模型则是一个重要的数据来源，能够让GIS从宏观走向微观，实现对建筑构件的精细化管理，也使GIS成功从室外走向室内，实现室内外一体化的管理，这项技术可使GIS与行业深度结合，体现了三维GIS的新技术、新成果。

倾斜摄影测量建模技术就是在无人机上搭载多台传感器，从垂直、倾斜等不同角度采集影像，通过对倾斜影像数据处理并整合其他地理信息，输出正射影像、地形图、三维模型等产品。该技术可颠覆传统测绘和手工三维建模，通过无人机扫描，可以创建几乎任意尺寸的三维模型，并且与传统的方式相比，速度更快、成本更低。这种以“全要素、全纹理”的方式来表达空间，提供了不需要解析的语义，是物理地球的全息再现，倾斜摄影测量三维建模技术是当今三维建模技术的主流，也代表着未来的发展方向。

以上内容均为当前三维GIS发展的新技术、新方法，由于三维技术巨大的市场需求及良好的应用前景，当前该方面的工程应用已经在逐步开展。通过课堂教学的方式，让学生了解及基本掌握三维技术的前沿知识，能够拓展学生的视野，培养学生的学习能力和综合素质。

本书共分7章。内容遵循先理论后实践的原则，并结合了大量的工程实践。

为了有效地解决教学过程中所遇到的“启而不发、驱而不动”的问题，本书案例均来源于课程编写团队的教学科研实践，其中一些来源于科研项目，另一些来源于学生竞赛作品，具有良好的实践基础，使理论与实践教学深度融合。通过把理论教学和技能训练融为一体，让学生在真实的现场感知、现场操作过程中学习专业知识，理解专业理论，培养专业操作技能，从而掌握生产第一线的实用技术，形成连贯的、全面的、完整的课程学习体系。

本书由李恒凯设计大纲并主持撰写，研究生李子阳、武镇邦、张平、李小龙、王玉清、熊振华、肖松松等参与了相关编写工作。

本书在编写过程中，参考了相关图书和文献资料，在此对其作者表示感谢。本书的撰写得到了江西理工大学兰小机教授、王秀丽副教授及江西理工大学土木与测绘工程学院有关领导、老师的热忱关心与大力支持，在此一并表示衷心的感谢。

本书由江西理工大学本科教学质量与教学改革工程建设基金资助出版，在此对江西理工大学在各方面提供的支持和帮助表示感谢。

由于作者水平有限，书中不当之处，敬请广大读者不吝赐教。

作 者

2020 年 10 月

目　　录

1 绪　　论

扫码获取
数字资源

1.1 三维建模技术与GIS

随着计算机技术、遥感技术、GIS技术、影像处理技术的发展，三维建模技术也开始逐步兴起并广泛应用于城市规划、旧城改造、数字城市、建筑设计等领域，拥有良好的发展前景。三维建模技术是建立现实世界虚拟化三维场景模型的基础，其运用计算机图形图像处理技术，将地理空间数据从传统以二维平面的表达方式转换为以三维立体的方式显示，能更真实、形象地展示现实世界。

三维建模技术的核心是根据研究对象的三维空间信息构造其立体模型，并利用相关建模软件或编程语言生成该模型的图形表达，然后对其进行各种操作和处理。目前常用的三维建模技术主要利用三维图形库Open GL或虚拟现实建模语言VRML等构建三维模型，以及使用模型软件3DS MAX、SketchUp、CityEngine、BIM构建模型，前者可根据用户的需要方便地实现各种功能，但对建模者的操作能力要求高，后者则操作简单，易于掌握，建模效率高。

GIS（Geographic Information System，地理信息系统）是一门综合性学科，结合地理学与地图学以及遥感和计算机科学知识，是一门空间信息分析技术，在资源与环境应用领域，发挥着技术先导的作用。GIS技术不仅可以有效地管理具有空间属性的各种资源环境信息，对资源环境管理和实践模式进行快速和重复的分析测试，便于制定决策、进行科学和政策的标准评价，可以有效地对多时期的资源环境状况即生产活动变化进行动态监测和分析比较，也可将数据收集、空间分析和决策过程综合为一个共同的信息流，明显地提高工作效率和经济效益，为解决资源环境问题及保障可持续发展提供技术支持。随着GIS的发展，也有称GIS为“地理信息科学”（Geographic Information Science）。

三维GIS以其逼真的场景、直观的视觉效果弥补了二维GIS在空间表现及空间分析功能方面的不足。相比二维GIS，三维GIS为空间信息的展示提供了更丰富、逼真的平台，使人们将抽象难懂的空间信息可视化和直观化，人们结合自己相关的经验就可以理解，从而做出准确而快速的判断。毫无疑问，三维GIS在可视化方面有着得天独厚的优势。虽然三维GIS的动态交互可视化功能对计算机图形技术和计算机硬件也提出了特殊的要求，但是一些先进的图形卡、工作站以及带触摸功能的投影设备的陆续问世，不仅完全可以满足三维GIS对可视化的要求，还可以带来意想不到的展示和体验效果。多维度空间分析功能更加强大。空间信息的分析过程，往往是复杂、动态和抽象的，在数量繁多、关系复杂的空间信息面前，二维GIS的空间分析功能具有一定的局限性，如淹没分析、地质分析、日照分析、空间扩散分析、通视性分析等高级空间分析功能，二维GIS是无法实现的。由于三维数据本身可以降维到二维，因此三维GIS自然也能包容二维GIS的空间分析功能。三维 GIS 强大的多维度空间分析功能，不仅是 GIS 空间分析功能的一次跨越，在更大程度上也充分体现了 GIS 的特点和优越性。

1.2 三维建模方法概述

综合众多三维场景的建模方法来看，目前主流的三维场景构建方法主要利用 SketchUp、3Ds Max 等建模软件进行建模、基于倾斜摄影方法建模、基于规则驱动建模和利用 BIM 建模软件开展建模等，以上各种方法在各个行业、不同数据中有很多差异，而且注重点也不同。下面对常用的建模方法的简单介绍。

（1）SketchUp 建模方法。SketchUp 又名“草图大师”，是一款可用于创建、共享和展示 3D 模型的软件。通过一个使用简单、内容详尽的颜色、线条和文本提示指导系统，让人们不必输入坐标，就能帮助其跟踪位置和完成相关建模操作。就像人们在实际生活中使用的工具那样，SketchUp 在为数不多的工具中每一样都可做多样工作。这样人们就更容易学习、更容易使用并且更容易记住如何使用该软件，从而使人们更加方便地用三维方式思考和沟通，成为一套直接面向设计方案创作过程的设计工具。其创作过程不仅能够充分表达设计师的思想，而且完全满足与客户即时交流的需要，它可使设计师直接在电脑上进行十分直观的构思，是三维建筑设计方案创作的优秀工具。

（2）3DS MAX 建模方法。3DS MAX 建模方法基本上有 6 大类：基础建模，复合建模，Suface Toods 建模，多边形建模，面片建模，NURBS 建模。

1）基础建模：适用于大多数，包括对几何体系的编辑和样条线的编辑。

2）复合建模：一般用在特殊情况，使建模更快，可以图形合并，例如布尔等。

3）Suface Toods 建模：是通过先建立外轮廓来完成，适用于用多边形比较慢比较麻烦的时候。

4）多边形建模：很强大，基本所有建模都会用到，可以是一个体开始转多边形，也可以一个面转多边形，做圆滑物体的时候还可以配合圆滑使用，做一些生物或是曲面很强的东西的时候，一般都是先用一个 BOX 或是 plan 开始转多边形，然后开始构造。

5）面片建模：比其他多了几个可调节轴，所以在处理圆滑效果的时候可以手工处理，更随心控制。

6）NURBS 建模：一般用于做曲面物体。

（3）倾斜摄影测量建模方法。倾斜摄影技术是国际测绘领域近年来发展起来的一项高新技术，颠覆了以往正射影像只能从垂直角度拍摄的局限，通过在同一飞行平台上搭载多台传感器，同时从 1 个垂直、4 个倾斜共 5 个不同的角度采集影像，将用户引入了符合人眼视觉的真实直观世界。倾斜影像技术的引进和应用，使目前高昂的三维建模成本大大降低。该技术的推广应用依赖软件的强大处理能力和硬件的支持。目前世界上支持多视角影像三维实景建模的软件有许多，诸如 Context Capture、Pixel Factory、Pix4D、VirtuoZo、DP-Smart、PhotoScan 等软件，其高度自动化和智能化给建模带来极高的效率。在硬件方面也得到了国内外许多倾斜无人机的支撑，比如 Harwar、MicroDrones、JOUAV、Dragon50 等。软件和硬件的支持给三维实景建模带来革命性的变化，推动着三维实景建模飞速发展。

(4) 基于规则驱动建模方法。基于规则的三维建模方法以 CityEngine 为代表，该软件为当前主流的三维城市建模软件，是一款基于地理信息技术的智能产品，主要应用于智慧城市、城乡规划、轨道交通、电力管网、国防科技、虚拟仿真、电影制作、游戏开发等领域。其建模原理是基于用户自定义编写的 CGA 规则批量化建模，实现将二维数据快速、高效、批量、自动的生成三维模型，支持将对象用属性加规则的形式进行描述，实现基于数字化的属性调整。该软件能够与其他三维建模软件，如 3DS MAX、Sketch up 结合，构建室内外一体化三维模型。

CityEngine 以计算机生成建筑模型（Computer Generated Architecture，CGA）作为设计语言，通过规则对空间三维模型进行定义和描述，进而实现精细建模。CGA 是一种扩展集语言，与 L 系统一样，该语法由 Wonka 引进，在模型分割中进行缩放和再分割，从而完成模型部件的局部建模，CGA 规则顾及模型空间特征与纹理信息，遵从细节层次模式分割，所建模型具有较高逼真度。CGA 是 CityEngine 自定义的一系列规则，建造的模型由此类规则驱动，该规则分为四类：标准规则、参数规则、条件规则和随机规则。将这些规则整合为函数，形成各类操作函数，常见的函数有 extrude（挤拉）、split（分割）、comp（拆分）、set（设置）和 texture（贴图）五个函数。

此外，作为建模软件不仅可以利用二维数据快速创建三维场景，还能高效地进行规划设计，而且完全支持 ArcGIS。这使得大量现有的基础 GIS 数据（如宗地、建筑物、城市道路中心线等）在不需转换的情况下可直接使用，从而可以实现快速三维建模，减少系统的投资成本，缩短了三维 GIS 系统建设周期。利用 GIS 数据进行基于 CGA 规则的批量建模通过 CGA 规则文件需要建模的地块匹配，根据规则将宗地建筑物模型可以迅速批量建立。

(5) BIM 建模方法。BIM（Building Information Modeling）技术是 Autodesk 公司在 2002 年率先提出，已经在全球范围内得到业界的广泛认可，它可以帮助实现建筑信息的集成，从建筑的设计、施工、运行直至建筑全寿命周期的终结，各种信息始终整合于一个三维模型信息数据库中，设计团队、施工单位、设施运营部门和业主等各方人员可以基于 BIM 进行协同工作，有效提高工作效率、节省资源、降低成本、以实现可持续发展。主要特点是可视性、协调性、模拟性、优化型、可出图、一体化、参数化、信息完备。最大的运用价值是资源共享。

BIM 的核心是通过建立虚拟的建筑工程三维模型，利用数字化技术，为这个模型提供完整的、与实际情况一致的建筑工程信息库。该信息库不仅包含描述建筑物构件的几何信息、专业属性及状态信息，还包含了非构件对象（如空间、运动行为）的状态信息。借助这个包含建筑工程信息的三维模型，大大提高了建筑工程的信息集成化程度，从而为建筑工程项目的相关利益方提供了一个工程信息交换和共享的平台。建立 BIM 应用为载体的项目管理信息工程，提前模拟施工，碰撞检查，减少错误，提升项目生产效率，保证建筑质量，缩短工期，降低建筑成本和建筑风险。

1.3 典型建模软件及发展

随着三维 GIS 技术的不断进步与发展，更精细化的系统设计被提出以适应详尽的空间管理。目前典型的建模软件有 SketchUp、3DS MAX、CityEngine、倾斜摄影建模软件、BIM

建模软件等。

（1）SketchUP。SketchUp 是一套直接面向设计方案创作过程的设计工具，其创作过程不但能够充分表达设计师的思想，而且极大满足与客户即时交流的需要，它使得设计师可以直接在电脑上进行十分直观的构思，是三维建筑设计方案创作的优秀工具。在 SketchUp 中构建三维模型就像使用铅笔在图纸上作图一般，SketchUp 能自动识别设计师的这些线条，加以自动捕捉，并且软件界面简洁，易学易用，命令较少，甚至不必懂得英语就可顺利操作。它的建模流程简单明了，就是画线成面，而后挤压成型，这也是建筑建模最常用的方法。

SketchUp 于 2006 年 3 月被 Google 公司收购，Google 收购 SketchUp 是为了增强 Google Earth 的功能，让使用者可以利用 SketchUp 建造 3D 模型并放入 Google Earth 中，使得 Google Earth 所呈现的地图更具立体感、更接近真实世界。使用者更可以通过 Google 3D Warehouse 的网站寻找与分享各式各样利用 SketchUp 建造 3D 模型。

（2）3DS MAX。3DS MAX 全称为 Autodesk 3DStudio Max，是 Autodesk 公司开发的基于 PC 系统的三维动画制作和渲染软件。其前身是 3D Studio，于 1990 年 Autodesk 的多媒体部正式推出，曾在昔日的 DOS 平台上和军事、建筑行业独领风骚。而之后，随着 PC 的 Windows 操作系统和基于 CGI 工作站的大型三维设计软件的 Softimage、Lightwave 等的普及，1996 年 4 月，第一个 Windows 版本的 3D Studio 系列诞生，并称为 3D Studio Max 1.0。此后的 3DS MAX 不断开发各种插件，并吸收一些优秀的插件，成为一款非常成熟的大型三维动画设计软件，不仅有了完整的建模、渲染、动画、动力学、毛发、粒子系统等功能模块，还具备了完善的场景管理和多用户、多软件的协作能力。

（3）CityEngine。CityEngine 诞生于瑞士苏黎世理工学院，由 Pascal Mueller 设计研发。2011 年 7 月，ESRI 公司总裁 Jack Dangermond 先生在圣地亚哥的 ESRI 国际用户大会上向数万名与会者宣布收购瑞士 Procedural 公司，产品正式更名为 ESRI CityEngine；随后相继发布 ESRI CityEngine2011、2012、2013 版本，目前最新版本为 2019 版。

CityEngine 是一套对于大型的三维建筑城市批量创建的模型生成器，是基于 CGA 规则快速地构建大型都市模型。可以根据现有 GIS 数据以及数据属性中建筑物和设施的信息程序化建模，创造三维场景。例如建筑物的高度、屋顶样式、楼层数量、外墙纹理等；公共设施的大小、功能、间距等；公路桥梁的材质、尺寸等都可以实时通过规则调整修改，并且快速展现。这也是通过 CityEngine 创建的三大依托，要素、属性信息和规则。这也为城市建设规划、辅助设置管理、建筑设计等方面提供了快速建模方法并展示的工具。同时也为用户提供了可以直接在三维场景中进行规划设计的功能，并对其他建模工具构建的模型进行规则定义和修改，这开启了三维 GIS 在三维建模方面对模型进行后期处理的先河，不仅能够缩短建模周期、减少建模成本，而且可以实现高效、批量、交互式的建模。

除此之外，CityEngine 创造出来的模型拥有广泛的应用领域，比如规划者可以将模型存在 GIS 数据库中并通过相应的 GIS 软件，通过 GIS 软件提供的工具进行分析。同样其他专业的人士也可以将模型应用到其他可视化环节或者分析过程中。

（4）倾斜摄影建模软件。目前主流的倾斜摄影建模软件有 ContextCapture、Photoscan、OpenDroneMap 等。ContextCapture 也称 Smart 3D Capture 是 Acute3D 公司的主打的具有突破传统摄影测量的软件产品。能够处理手机、单反相机、激光雷达等多种数据源的数据，处理的模型效果在当今所有三维软件中也是名列前茅。现在 Acute3D 公司已经被 Bentley 公司收购，从而实现了摄影测量、3D 扫描、CAD 建模技术的融合使用。该软件建模优势主要包括：1）快速，简单，全自动；2）三维模型效果逼真；3）支持多种三维数据格式；4）支持多种数据源。

（5）BIM 建模软件。作为一种新兴的建筑设计方法，BIM 被誉为继 CAD 之后的第二次设计革命。与传统的二维图纸不同，BIM 可以说是三维、四维（空间+时间）甚至更多维度的设计，可以构建建筑物的三维模型，同时还可以加入时间、成本的维度，这对于业主、设计方和施工方来讲，都将发挥重大的作用。BIM 的经典案例有美国世贸中心原址上新建的自由塔，国内的经典案例有上海世博会的多个场馆如中国馆、芬兰馆等。

目前国外 BIM 软件中，美国 Autodesk 公司的 Revit 系列核心建模、Robert Mc Neel 的犀牛（Rhino）、Bentley 的 Architecture，匈牙利 Graphisoft 的 Archi CAD，法国 Dassault 的 Caitia 较为主流；国内 BIM 主流软件包括广联达系列（自主平台）、鲁班系列（Auto CAD 平台）、神机妙算系列（自主平台）和品茗系列、天正系列、斯维尔系列、理正系列、浩辰系列、博超系列、PKPM 系列等，他们均基于 AutoCAD 平台开发，完全遵循中国工程标准、规范和建筑设计师习惯，几乎成为土木行业必备软件。

2 SketchUp 三维建模

2.1 软件的安装与部署

SketchUp 是各种三维建筑模型设计软件中非常有特色的三维模型设计软件，该软件创立了一种全新的 3D 模型设计方式。直接面向设计过程是 SketchUp 软件一大特色，从而使该软件具有使用方便、建模简易、精准和快捷的特点。该软件能够使建筑设计师的设计思想打破表现方式的约束，能够使快捷的现代科技与传统草图的灵活性完美结合，其独特的草图性质能与建筑师的设计思维持续互动，建筑设计大师在大脑中构思的灵活形象，能够在 SketchUp 软件中精准快速地体现为三维建筑模型，从而能常常为建筑设计师带来灵感。

（1）双击 SketchUpPro-zh-CN-x64 运行安装程序。如图 2-1 所示。

图 2-1　SketchUpPro 安装程序

（2）使用安装向导，点击下一步，如图 2-2 所示。接受许可协议，点击我接受。如图 2-3 所示。

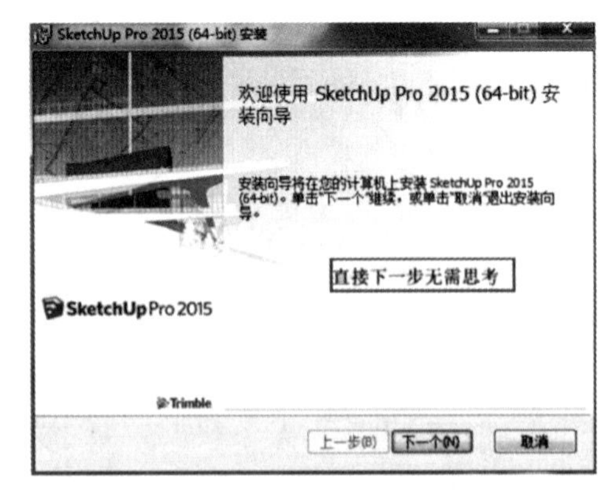

图 2-2　安装向导

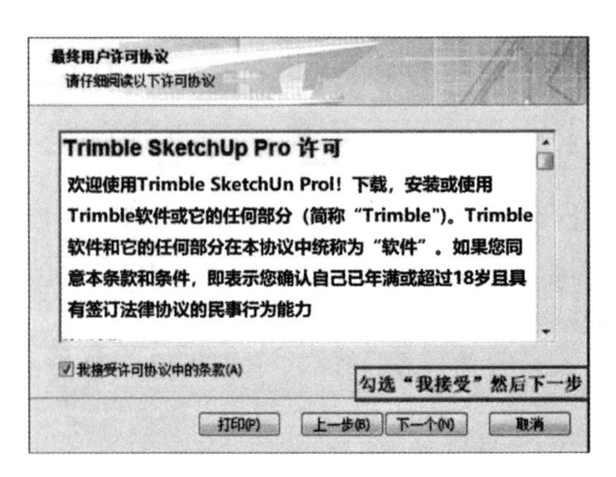

图 2-3　接受许可协议

（3）修改路径，然后点击下一步，如图 2-4 所示，最后点击下一步，直接安装。如图 2-5 所示。

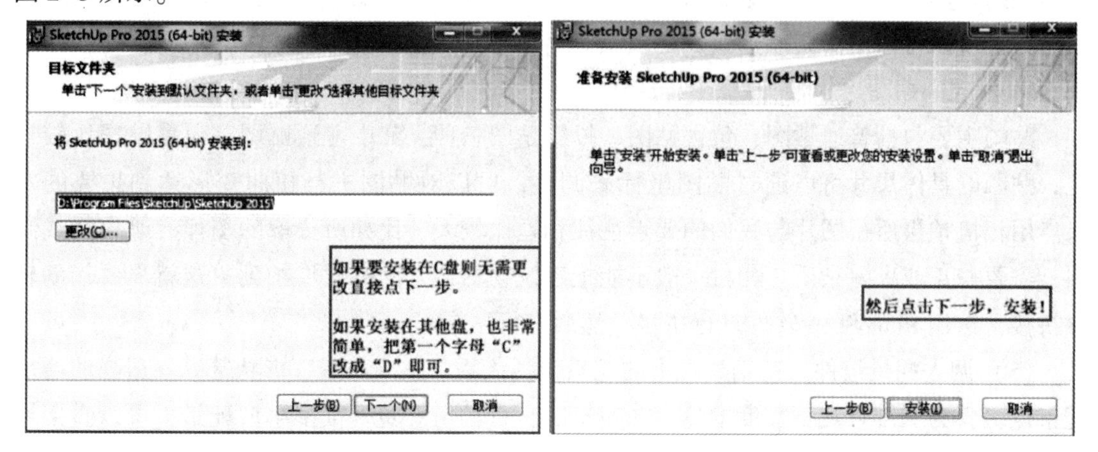

图 2-4　修改路径　　　　图 2-5　准备安装

2.2 SketchUp 建模流程

（1）导入 CAD 底图。SketchUp 可以利用画笔工具手动画底图轮廓线，也可以利用现有的 CAD 底图建立三维模型。利用 CAD 建模需要注意的是导入 SketchUp 之前对图形需要"瘦身"，即在 CAD 里进行预处理，因为 CAD 文件有许多冗余信息，例如门、窗和文字信息，标高等等，不仅占用空间大，如果直接导入到 SketchUp，建模软件运行速度慢，在 SketchUp 里删除冗余信息非常麻烦。

打开 SketchUp 软件，单击窗口菜单，点击下拉菜单栏里的场景信息命令，设置单位为十进制米；单击文件下拉菜单，导入命令，导入需要创建模型的二维底图，点击常用工具栏里的全屏放大工具，找到导入的图形，单击窗口菜单，点击显示设置下拉菜单，修改轮廓线，默认设置是 3，将轮廓线改为 1。

（2）描绘底图。描绘底图是建模中最基础也是最重要的一部分，底图的精确直接关系到后期三维模型合理布局。描绘底图就是根据导入的 CAD 文件重新绘制模型的重要组成部分，绘制顺序是由大到小、由主到次得顺序。描绘出各个建筑物及主干道路。绘制完底图按住 Ctrl+A 组合键选中全部视图，单击右键，选择创建群组命令，将绘制好的地图建组。

（3）创建三维模型。三维模型创建是 SketchUp 建模核心部分，模型的精确程度关系到后期纹理贴图，三维模型创建包括主体建筑物建模和其他建模。建筑物建模，首先双击进入建筑物底图群组，选中底图，根据采集的高程信息，拉伸高度，将模型边线隐藏，创建群组，完成建模。其他次要三维模型建模要求不是很严格，可以粗略建模即可。

（4）赋予模型材质。贴图的好坏，直接决定了所建模型与原形的相似程度，贴图的使用很频繁，能极大地增加作品的真实感。用 SketchUp 建好对象的三维模型后，需要对其表面进行纹理映射即贴图，SketchUp 可以对两种物体贴图，一种是规则物体贴图，另一种对不规则物体进行贴图，如球面贴图，SketchUp 可以利用材质库中的材质和纹理直接进行贴图，也可以自己拍摄获取建筑物的真实照片，获取材质信息，经过 Photoshop 处理导入到 SketchUp 中贴图。

贴图主要包括普通贴图、包裹贴图、投影贴图三种，其中普通贴图，包裹贴图比较常见，贴图的具体尺寸可以通过贴图坐标来调整，可以对贴图进行扭曲变形达到想要的效果。用相机拍摄所得图片与我们的要求往往相差比较大，比如所摄取的图片有遮挡物或倾斜，需要校正或去除杂质。相机一般不能把建筑物的某个面一次性拍到，这就需要辅助软件拼接，选用 PhotoShop 软件进行拼接，然后进行贴图。

（5）调入配景组件。三维景观中的配景包括人物、室内布置、形状等等。适当的增加配景点缀，为三维景观真实度增色。SketchUp 自带的组件包含很多小型配景，可以直接导入现有的景观模型中利用，选择窗口下拉菜单中的“组件”编辑器，选择需要的模型导入即可。

（6）模型渲染。建模完成后，选择窗口下拉菜单中的场景信息子菜单，打开子菜单中的颜色命令，将“天空”和“地面”复选框勾选，并调整天空与地面的颜色。调整适当的角度，将阴影效果打开，选择文件下拉菜单，导入命令，出现导出对话框，设置导出信息，勾选“抗锯齿”复选框选项卡，导出三维效果图。

另外，Sketchup 这个软件可以直接在互联网上下载很多需要的 3D 模型，这些模型虽然粗糙．但只要稍加深入刻划，就可以做出相当精致的模型，这是一条建模“捷径”，非常方便也希望这个 3D 模型库能不断地充实。Sketch Up3D 仓库还有一个更省事的手法，就是把搜到的建筑模型直接导到 Google Earth 地图上，同时利用 Google Earth 得到准确的地形和贴图，这种独特、快捷的手法，是其他软件所望尘莫及的，我们在做建筑仿真模型时经常用到此法。

2.3 典型地物建模

本节以路灯制作为例，介绍其制作过程。

（1）绘制底座。通过绘制矩形、推拉、偏移以及缩放等操作，绘制出底座。如图2-6所示。步骤为：

1）创建矩形：边长为 500、500 的正方形；

2）向上拉伸 50；

3）向内偏移 40；

4）缩放比例 0.7。

（2）通过拉伸和移动操作，将灯柱部分做出来，如图 2-7 所示。

（3）最后可以通过自己的想法，把自己想做的路灯的样式做出来就好了，如图 2-8 所示。

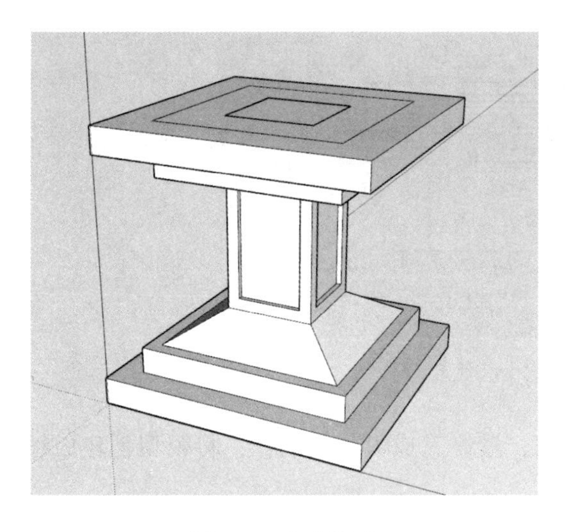

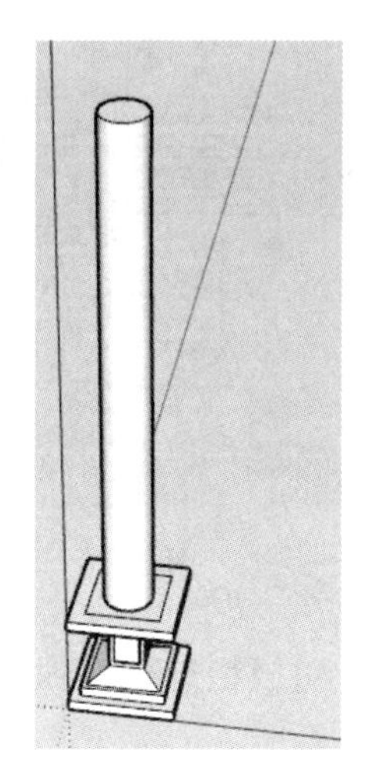

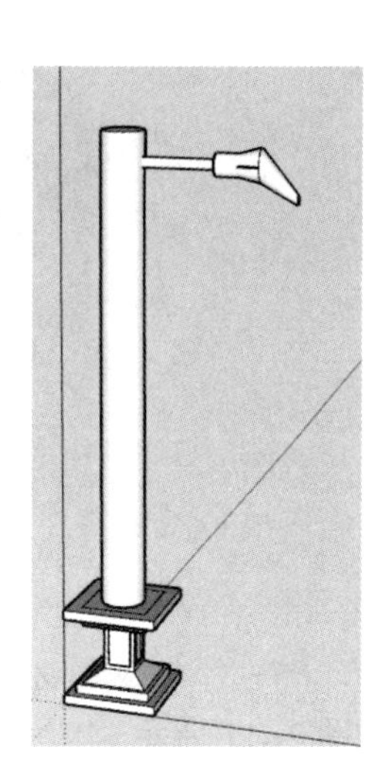

图 2-6　底座模型　　图 2-7　灯柱模型　　图 2-8　路灯模型

2.4　建模实例——图书馆三维快速建模

2.4.1　图书馆模型的建立

（1）先是导入或者画出图书馆的平面图，也就是矢量图，图书馆的大概轮廓。

（2）对面进行画线分割。

（3）在利用推拉工具对分割出来的面进行推拉生成新的面。如图 2-9 所示。

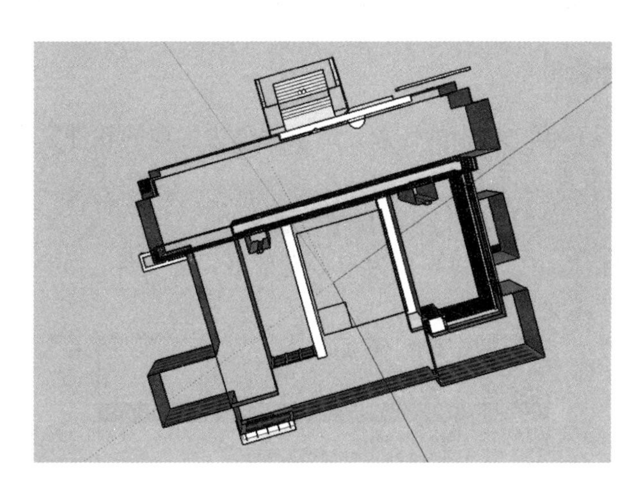

图 2-9　图书馆的轮廓

（4）选择顶视图，用矩形工具画矩形。

（5）全选视图，在“编辑”菜单中选择交错中的选择相交。清除面上多余的线和面。如图 2-10 所示。

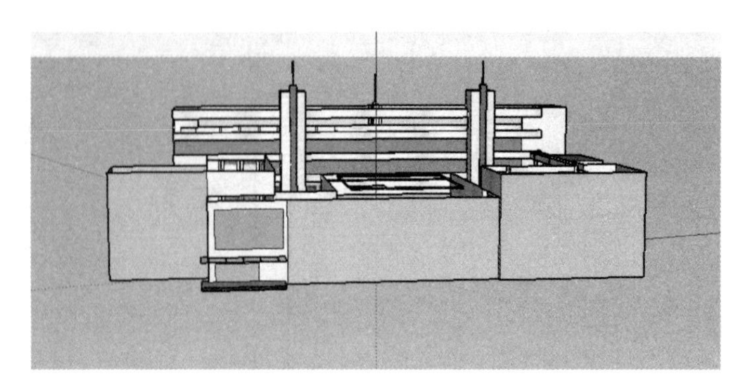

图 2-10 清除多余的线和面

（6）添加纹理材质。对模型进行纹理贴图，最终完成模型的制作，将模型创建成组。如图 2-11 所示。

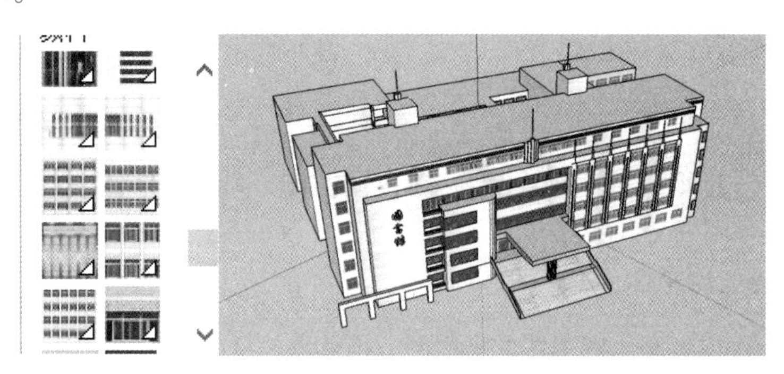

图 2-11 添加纹理

就这样完成了图书馆模型的制作，建模效率很高。

2.4.2 SketchUp 模型输出

SketchUp 的强项是建模，渲染的任务让给以渲染为强项的软件完成吧。只要把模型做好后，输出 DXF 格式文件就行了。

（1）选择“文件”→“导出”→“模型”命令。

（2）在弹出的对话框中，可以导出为很多类型格式的文件，如图 2-12 所示。选择文件类型为 obj 格式，并起文件名即可。

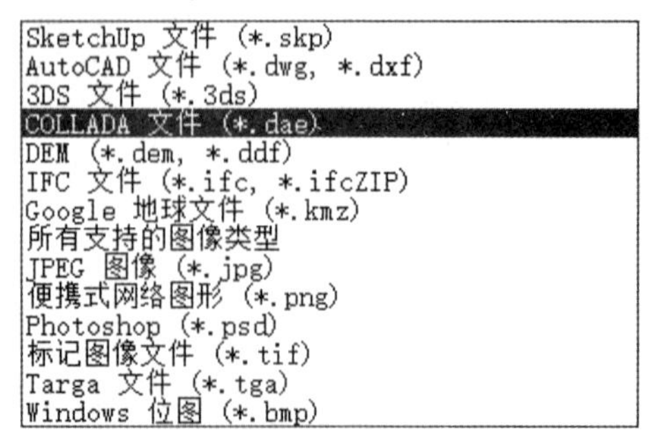

图 2-12 导出格式选择

同样的方法也可以导出 OBJ 格式文件供 Maya 使用，导出 3DS 供 3DS MAX 使用，但没有必要导出贴图。SketchUp 三维建模就讲到这里，总之 SketchUp 是一款容易上手，并且建模速度便捷的建模软件。

3 3DS MAX 建模

扫码获取
数字资源

3.1 3DS MAX 2018 软件安装与部署

3.1.1 3DS MAX 在三维古建筑建模方面的应用

古建筑是当时人类为了满足自身生存需求，利用当时所掌握的工具和技术，结合当时的自然规律和审美所创造的一种别具特色的居住建筑群。与现代建筑相比，古建筑具有其时代独特的设计思想和艺术价值，包含着时代的社会风貌和人文气息。伴随三维技术的快速发展，利用数字化方法对历史文化精粹和古典建筑结晶进行记录和保存成为研究热点，国内外已有诸多探索。如李春晓基于 Unity3D 平台，采用 3D MAX 建模工具，开发了虚拟农耕场景智能展示平台；刘箴利用 3DS MAX 软件与 VRML 语言构建了河姆渡遗址博物馆虚拟展示系统；Zhang 等利用虚拟现实技术设计并实现了北宋皇家园林的虚拟景观。

通过 3D MAX 建模工具，还原古建筑。本节内容是通过对 3DS MAX 2018 的基础教学，结合《红楼梦》中大观园实例建模来对 3DS MAX 在古建筑建模方面的应用进行探讨。

3.1.2 3DS MAX 2018 安装

（1）下载安装包。下载完成之后，右键单击 3DS MAX 2018 64bit 中文版压缩包，选择解压到文件夹。

（2）双击安装包，进行安装。点击打开 3dmax2018 64bit 中文版文件夹，双击打开文件 Autodesk_3ds_Max_2018_EFGJKPS_Win_64bit_dlm_001_002. sfx. exe，选择好解压到目标文件位置，点击确定，跳转到初始化界面，初始化完成后，自动打开安装界面，如图 3-1 所示。

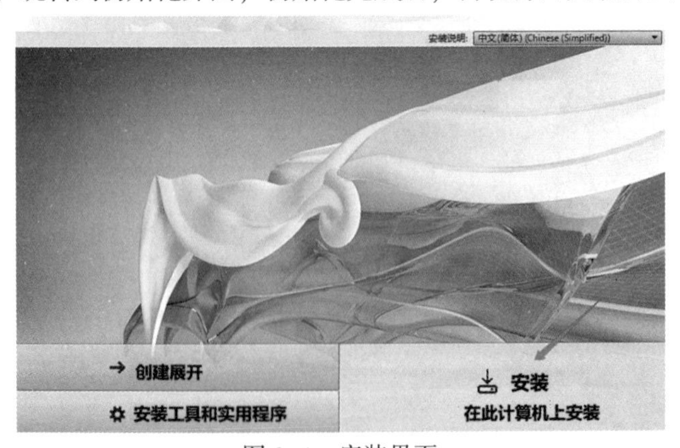

图 3-1　安装界面

（3）点击安装。点击安装，接受许可服务协议，点击下一步，选择好相应的安装路径，点击安装，开始安装软件。静待几分钟，直到所有配件安装完成，即表示软件安装成功。

3.2 标准（扩展）几何体建模

3.2.1 3DS MAX 2018 界面定制

3.2.1.1 界面认识

（1）打开软件。默认打开四个视图窗口，依次为顶视图、前视图、左视图和透视图。

（2）打开材质编辑器，则发现所有的材质球都变为灰色的，需要我们自己去添加。

（3）设置单位。点击自定义-单位设置-显示单位比例-公制-毫米，系统单位设置-系统单位比例-毫米-确定，如图 3-2 所示。

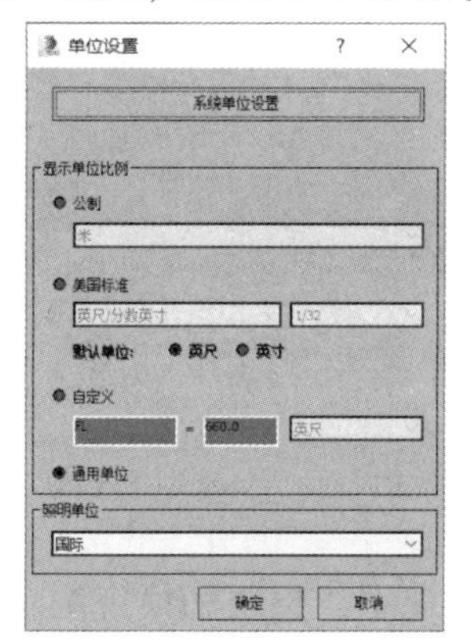

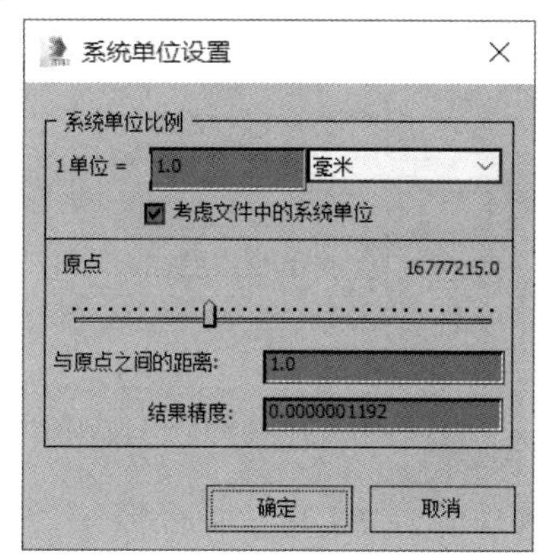

图 3-2 单位修改

快捷键的认识如图 3-3 所示。

Q	选择	Z	选择视图最大化显示	Ctrl+O	打开文件
H	从场景选择	Shift+Ctrl+Z	所有视图最大化显示	Ctrl+A	全选场景中物体
W	移动	+	放大坐标轴(视觉效果)	Ctrl+I	反选
E	旋转	-	缩小坐标轴(视觉效果)	Ctrl+D	取消选择(不选择任何物体)
R	缩放	Delete	删除所选物体	Ctrl+S	保存
M	材质编辑器	F3	物体切换线框或实体	Ctrl+X	专家模式
A	角度捕捉开关	F4	物体外围是否显示线框	Ctrl+V	原地复制物体
S	捕捉	空格	对被选择的物体进行锁定	Shift+Q	在选定的视图进行渲染
I	按鼠标所在的方向进行移动	F5	切换到坐标轴X	Shift+C	隐藏摄像机
T	切换到顶视图	F6	切换到坐标轴Y	Alt+A	对齐
F	切换到前视图	F7	切换到坐标轴Z	Shift+F	用户视图外框
L	切换到左视图	F8	切换XY,XZ,YZ坐标轴	Shift+L	隐藏灯光
P	切换到透视图	F9	渲染	Alt+Q	单独编辑所选物体
B	切换到底视图	F10	渲染设置	Alt+W	最大化显示所选窗口
U	切换到用户视图	G	栅格	Alt+X	被选择物体以半透明方式显示
C	切换摄像机视图	F12	变换输入	Alt+鼠标中键	自由旋转(透视图窗口)
Ctrl+Z	撤销			鼠标中键	上下左右移动视图和放大缩小视图
1—6	只有在加了可编辑命令情况下切换命令的子层级(此属于命令快捷键)				

注：深色底为最常用

图 3-3 3DS MAX 快捷键的认识

3.2.1.2　工作视图操作调整

（1）顶视图、前视图、左视图、透视图四个视图的认识，如图 3-4 所示。

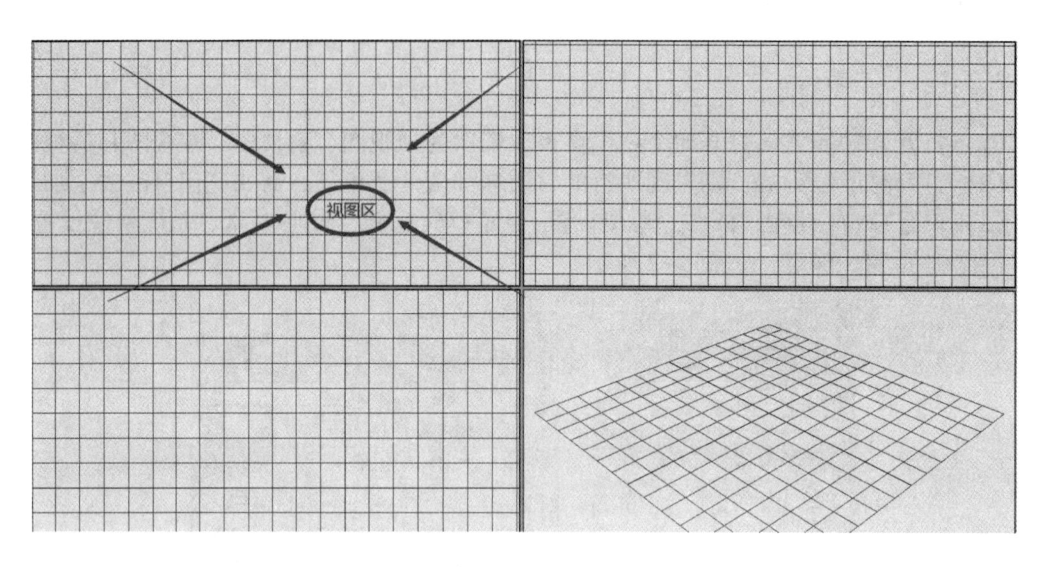

图 3-4　视图区的认识

（2）工作视图切换。默认状态下工作视图为透视图，想要切换视图工作区，则在相应的工作区点击鼠标左键，直到实心的黄色线框框住该区域则表示视图切换成功，如图3-5所示。

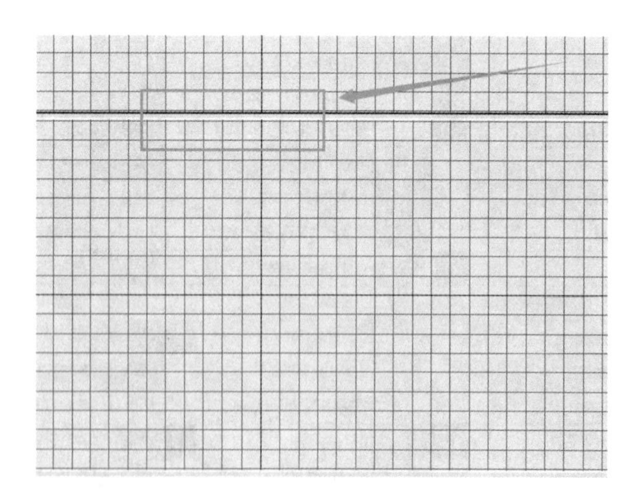

图 3-5　工作视图切换

在右下角视图控制区点击鼠标右键，进入视口配置界面，可以设置成自己想要的工作视图布局，如图 3-6 所示。

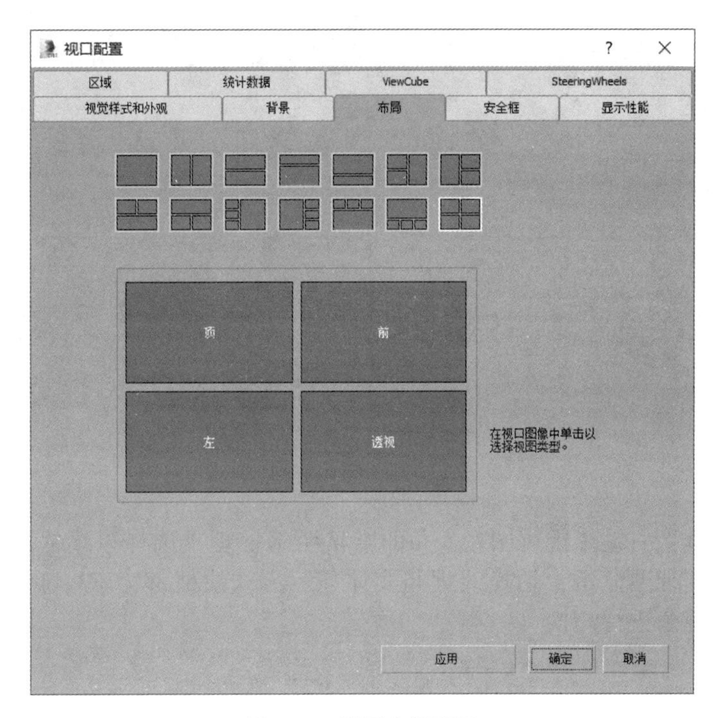

图 3-6 视图布局配置

3.2.1.3 线框视图与实物视图

在顶视图中随意创建一个物体，我们发现，物体在顶视图、左视图、前视图都是以线框的形式存在的所以这三个视图又称为线框视图，而在透视图中是通过明暗处理，以实体的方式存在，如图 3-7 所示。注意，通常线框视图是用来创建和修改物体，而透视图是用来渲染和观察物体的。

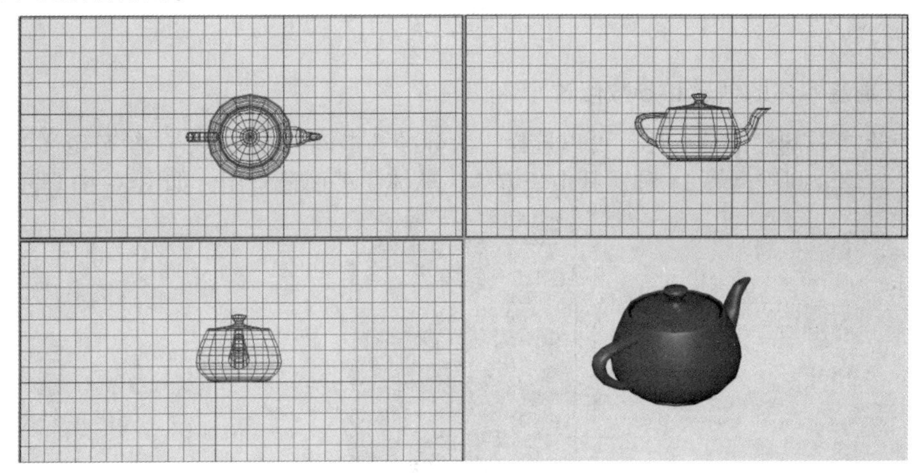

图 3-7 线框视图与透视图

在前视图与左视图也分别创建一个同样的物体，来观察从不同视图创建物体的区别，如图 3-8 所示。

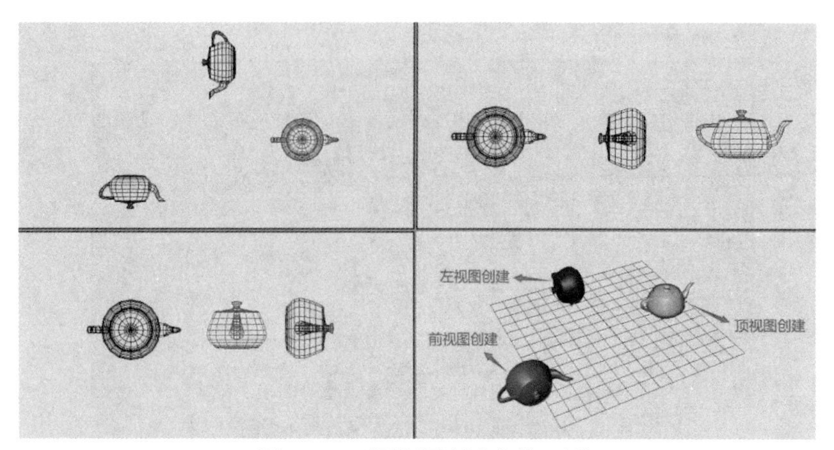

图 3-8 不同视图创建物体区别

以透视图为例，右键单击视图左上角的默认明暗处理，选择以线框图覆盖，如图3-9所示，则可以改变视图显示，切换线框与实体显示方式快捷键为 F3。点击视图右上角的图标，可对视图视角进行切换。

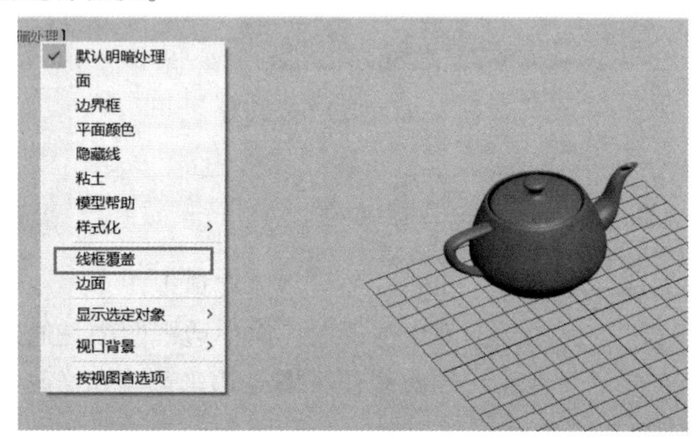

图 3-9 线框图覆盖对话框

3.2.2 标准基本体的创建和参数修改

（1）点击右侧标准基本体，可以选择一个标准基本体进行创建，系统自定义的标准基本体有长方体、圆锥体等 11 种，其中长方体、球体、平面最常用，如图 3-10 所示。

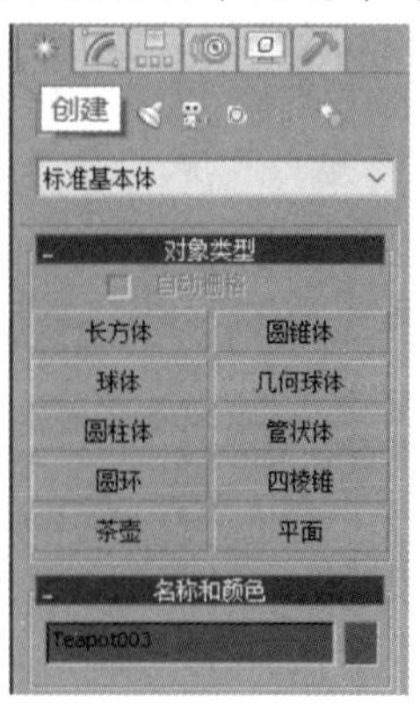

图 3-10 创建物体

（2）点击标准基本体中的长方体，将鼠标放置顶视图，进行拖拽可完成长方体底面创建，松开鼠标左键，将鼠标向上拖动，即完成长方体高的创建，再点击鼠标右键，结束创建，至此，一个长方体就创建完成，如图3-11所示。

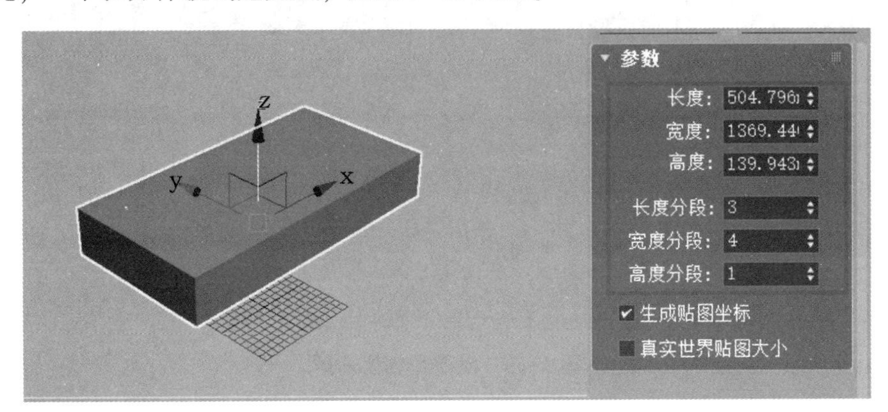

图3-11　创建长方体及其参数修改

（3）在右侧命令面板中点击修改图标，打开长方体参数修改界面。这里修改参数有两种方法：第一种为双击参数框，可通过输入法来确定长方体具体参数。第二种是将鼠标放至相关参数微调器一侧，点击微调器即可通过向上向下移动鼠标来实现数的修改。同时，通过对相关参数的修改，可以确定长方体具体的某一条边（长、宽和高）值得注意的是，这里的长宽和高跟我们熟悉的立体几何中的长宽和高不对应（立体几何中多半横向长度，纵向为宽度，此处恰恰相反）。同样，可通过输入或移动鼠标来实现对长方体长宽高的分段。

（4）将鼠标放置微调器，单击鼠标右键，参数可以归零为最小值，即把长度进行归零设置。

（5）对参数进行数值求值。点击长度微调器，使用快捷键Crtl+N键，调出数值表达求值器，可通过输入相应的表达式来对长度进行求值设置。如图3-12所示，输入相应表达式，计算出结果后，点击粘贴，即可实现对长方体长度的求值设置。

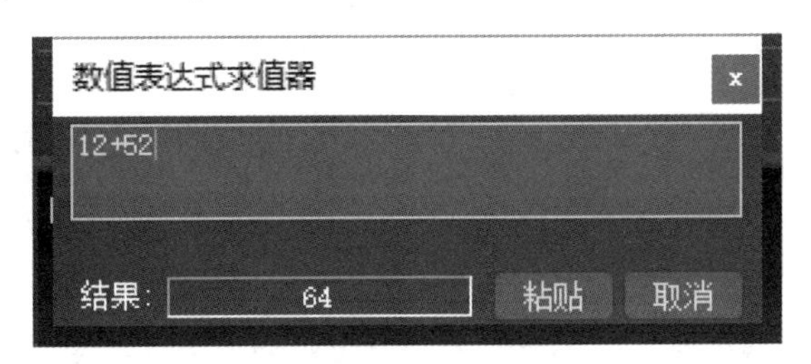

图3-12　数值表达式求值

3.2.3　选择工具与移动工具的使用

（1）选择工具、加选工具、减选工具、反选工具以及场景选择。点击右侧标准基本体，随意创建几个基本体。点击顶端菜单栏选择工具，可对单个物体进行选择，如图3-13所示。

1）按住Crtl键，再点击物体，即可实现物体的加选。

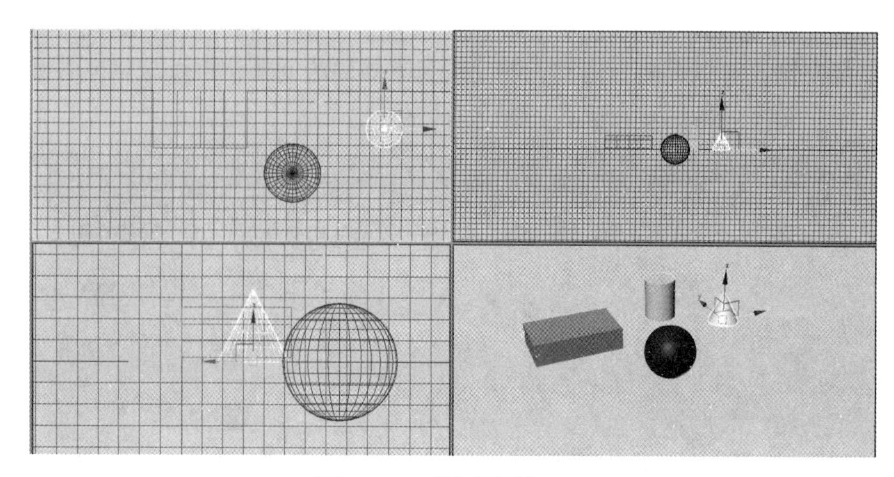

图 3-13 对单个物体选择

2）按住 Alt 键，再点击物体，即可实现物体的减选。

3）按住 Crtl+I 键，再点击物体，即可实现物体的反选。

4）按住 Crtl+A 键，即可实现物体的全选。

5）按住 Delete 键即可实现对选中物体的删除。

6）点击顶端主工具栏，选择自定义-首选项-常规-场景选择，点击勾选按方向自动切换窗口-交叉，右-左-交叉点击确定进行设置。在顶视图对物体进行场景框选，可以发现，从左往右框选为实线，且需将物体全部框选在框内才选中物体；改变方向，从左往右进行场景选择，选择框为虚线，且只需要选择框与物体进行交叉选择即可选中。

(2）移动工具与捕捉。点击右侧标准基本体，随意创建几个物体，并在右侧命令面板中为其命名，如图 3-14 所示。

图 3-14 将物体命名

任意选择一个物体，将鼠标放置任一坐标轴上，使其所在坐标轴成黄色，如图 3-15 所示，黄色表示选定该坐标轴，按住鼠标左键再拖动鼠标，则可以将物体在这个坐标轴上进行移动。

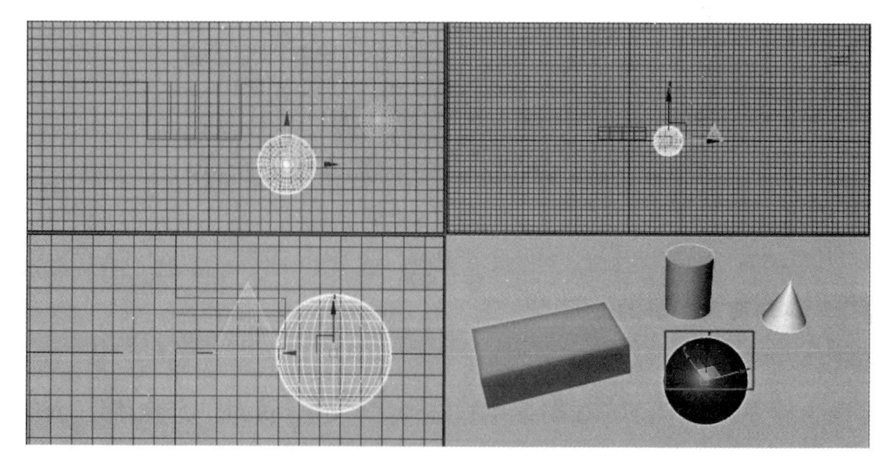

图 3-15 移动物体

右键单击顶端主工具栏捕捉工具，打开捕捉设置面板，默认状态为栅格点捕捉，这里只选择顶点、端点，中点捕捉，如图 3-16 所示；点击选项，勾选启用轴约束，完成捕捉设置，如图 3-17 所示。再点击顶端主工具栏中开启捕捉图标，使其变为，打开捕捉。按 F5（F6）键，锁定 x（y）轴，将物体进行移动对齐。

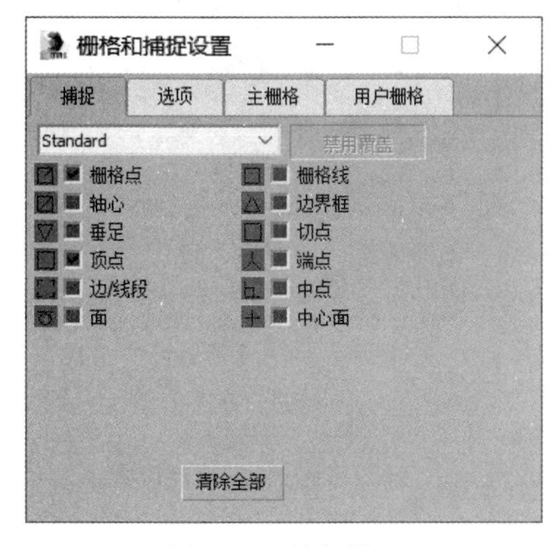

图 3-16 捕捉设置

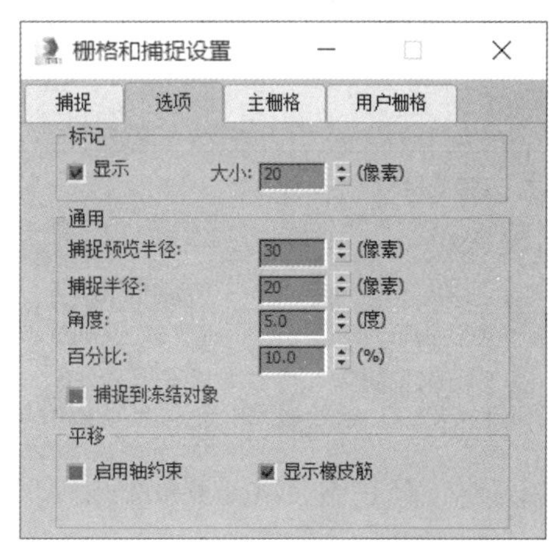

图 3-17 捕捉设置参数调整

3.2.4 旋转工具、角度捕捉与复制

（1）点击右侧标准基本体，点击茶壶，在页面上创建一个茶壶。

（2）选择顶端主工具栏的旋转工具，将其放置在某个坐标轴上，按住鼠标左键，则可以对物体进行旋转，如图 3-18 所示。

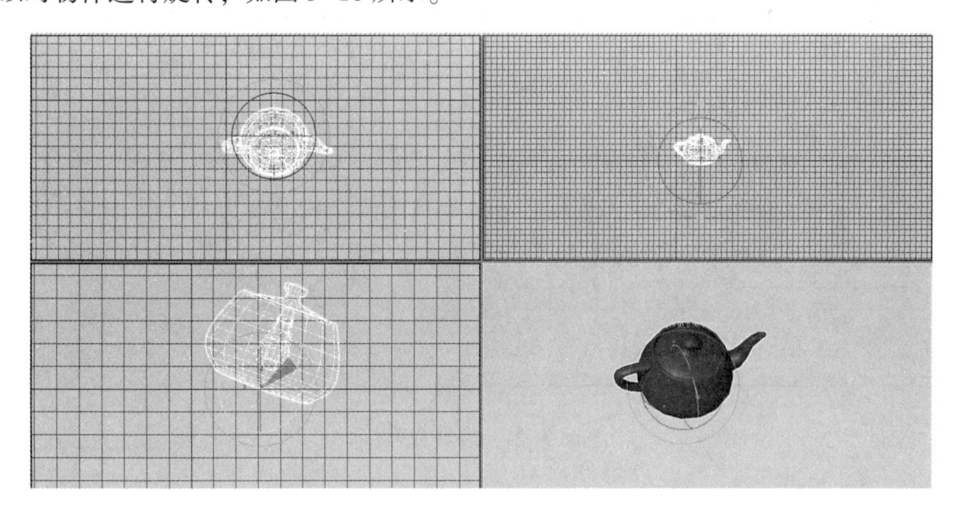

图 3-18 旋转物体

（3）将鼠标放置顶端主工具栏旋转工具，点击鼠标右键，打开旋转输入面板（注意，其中世界坐标指的是第四视图（透视图）中的坐标，屏幕坐标指的是其他三个视图的坐标），可在旋转输入面板任一轴输入任一角度，对物体进行偏移，如图 3-19 所示。

（4）右键单击顶端主工具栏角度捕捉工具，打开角度捕捉面板，设置捕捉角度为30°，如图 3-20 所示，则可以发现每旋转都是以 30°为以基数进行捕捉旋转。

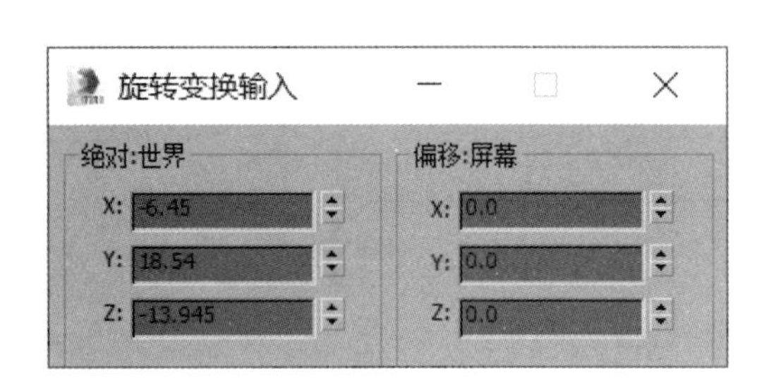

图 3-19 设置偏移角度

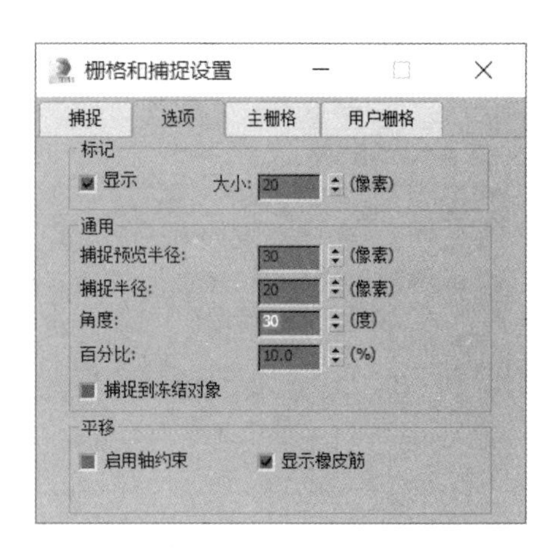

图 3-20 角度捕捉设置

（5）将茶壶删除，点击选择并旋转工具，同时按住 Shift 键与鼠标左键，沿着某个坐标轴方向旋转，出现克隆选项面板，选择复制，设置副本数为 5，这里默认按照上一步设置的旋转角度进行旋转设置，点击确定，则进行了一次数量为 5 的旋转复制，如图3-21所示。

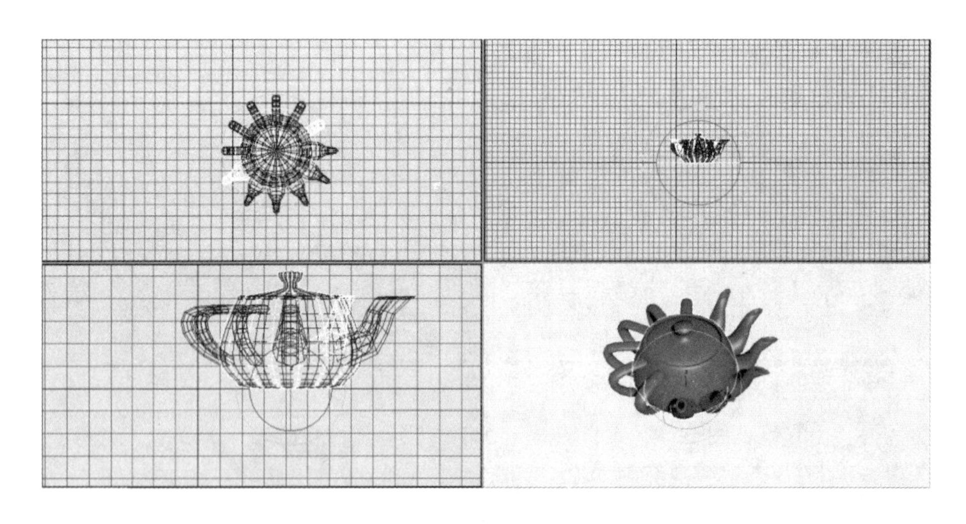

图 3-21 旋转克隆

（6）以同样的方式再创建一个茶壶，对其进行旋转复制，在克隆选项面板，选择实例，设置副本数为 5，再进行一次数量为 5 的旋转复制。

（7）单击选择步骤（5）所创建图形的任一茶壶，对茶壶进行任一拉伸、参数修改等操作，我们发现，此时其他的茶壶都没有变化。选择步骤（6）的任一茶壶，对齐进行拉伸等操作，则所有茶壶都跟着发生改变，这就是复制与实例复制的区别。

3.2.5 缩放、对齐与镜像

（1）缩放。点击右侧标准基本体，点击球体，在页面上创建一个球体。点击选择顶端主工具栏缩放工具，将鼠标移至 x 轴方向，摁住鼠标左键，向右拖动，则对球体进行了 x 轴方向上的拉伸缩放，如图 3-22 所示。

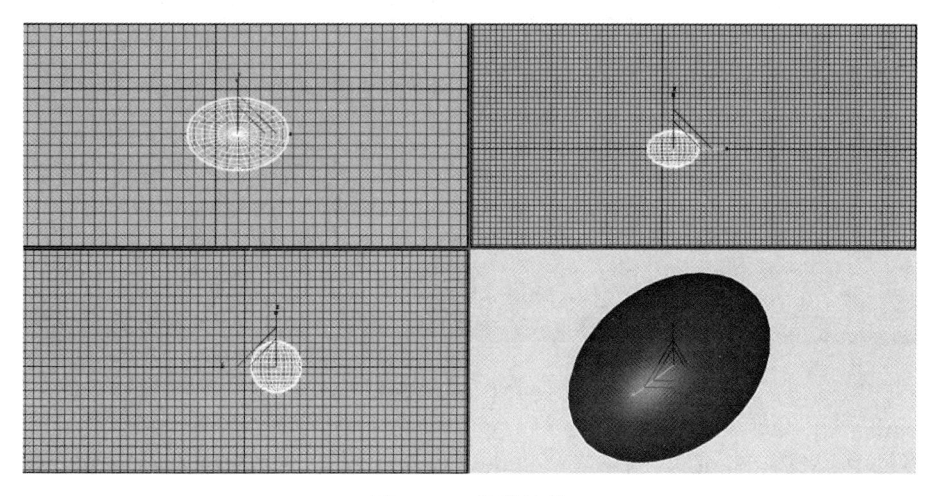

图 3-22 拉伸缩放

（2）对齐。点击右侧标准基本体，点击长方体，在页面上任意创建两个长方体，如图 3-23 所示。在顶端主工具栏打开选择工具，选择一个长方体作为当前对象，再在顶端主工具栏选择对齐工具，再选择另一个长方体作为目标对象则可以打开对齐当前选择面板，在此面板中可以选择对齐的参考坐标轴以及端点（此面板中，最大指的是在相应轴上，最靠近右上且最大的边，最小指的是在相应轴上，最靠近左下且最小的边），这里我们选择 y 轴，中点，再点击应用，将物体进行对齐。

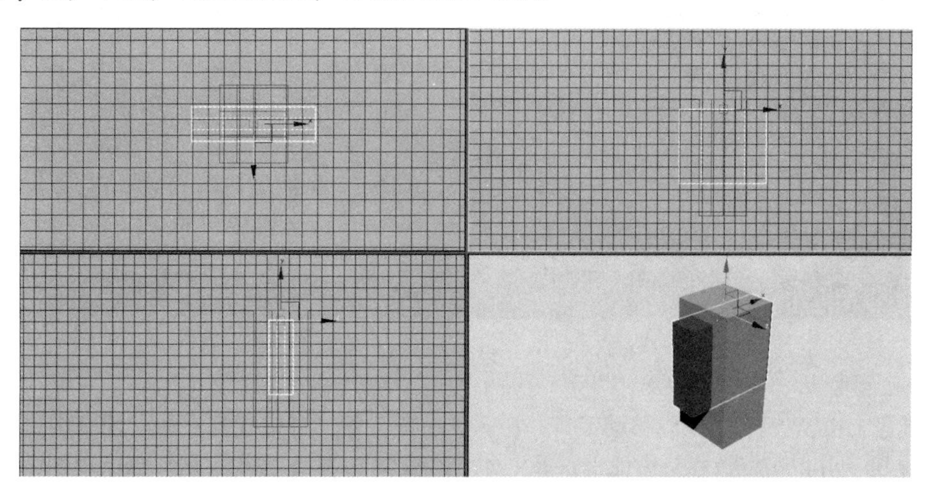

图 3-23 对齐操作

（3）镜像。首先点击右侧标准基本体，点击茶壶，在页面上创建一个茶壶。在键盘上按 W 键切换到移动工具，按住 Shift 向上选择复制一个一模一样的茶壶，如图 3-24 所示。

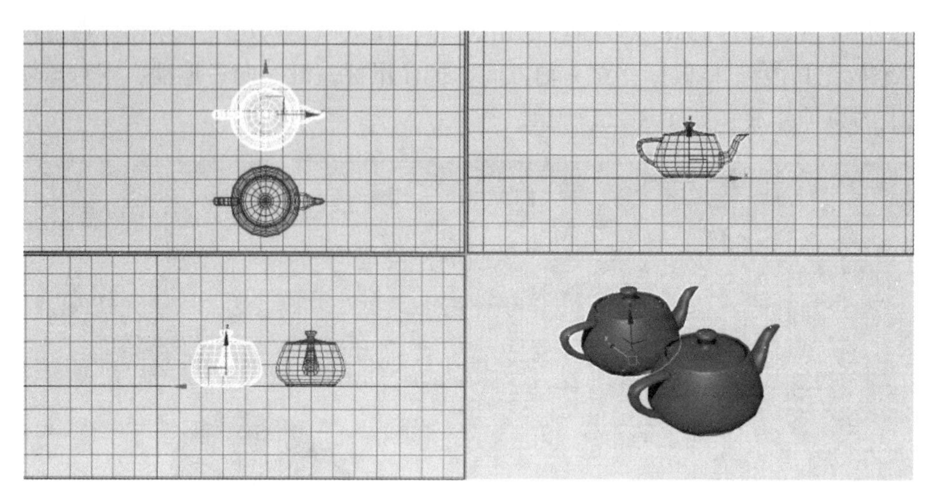

图 3-24 镜像操作

选择其中一个茶壶，在右侧工具栏点击镜像命令，选择镜像轴为 x 轴，克隆选择为不克隆，点击确定，观察选中茶壶的变化。选择一个茶壶，点击镜像命令，镜像轴依旧为 x 轴，输入偏移量为 200，克隆选择为复制，点击确定，则在原茶壶 x 轴方向偏移距离为 200 处，生成一个镜像茶壶。

（4）应用实例——简易楼梯。首先点击右侧标准基本体，点击长方体，在顶视图上创建一个长方体。点击修改，设置长度为 260mm，宽度为 1000mm，高度为 140mm，如图 3-25所示。

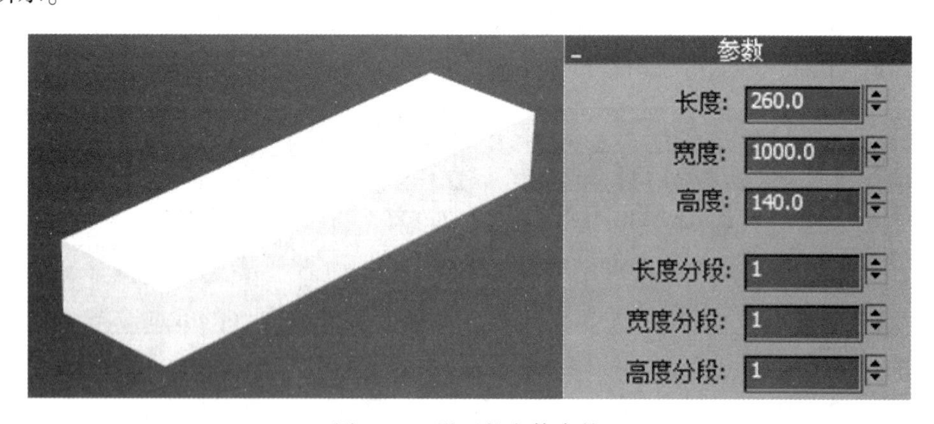

图 3-25 设置长方体参数

在键盘上按 W 键，切换到移动工具；在键盘上按 S 键，开启捕捉；在左视图中进行操作，按住 Shift 键，并把鼠标放在长方体端点处，使其选择在 xy 轴上进行复制，移动到图中位置后，松开鼠标，进入克隆选项面板中，选择以实例的方式，输入副本数 10，开始实例复制。

框选所有的长方体，点击顶端工具栏的【组】，如图 3-26 所示，设置组名为楼梯一号，如图 3-27 所示，点击确定，将其设置为一个楼梯组，如图 3-28 所示。

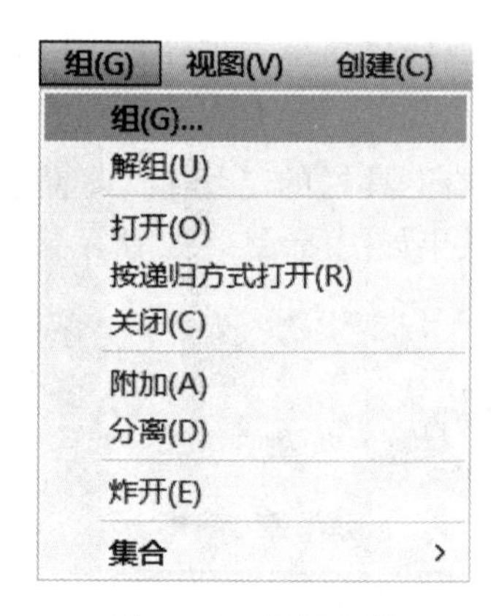

图 3-26　设置为组

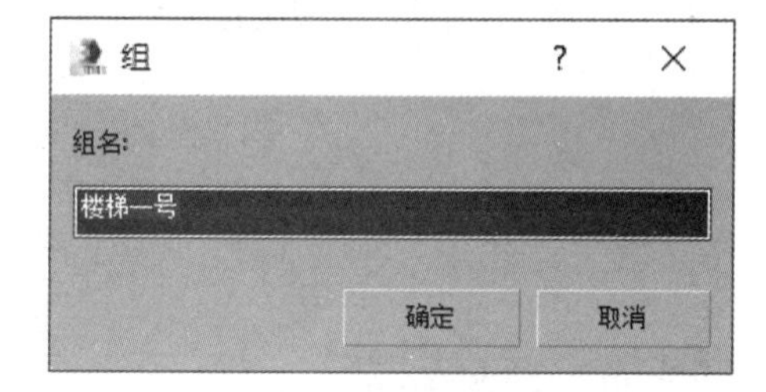

图 3-27　更改组名

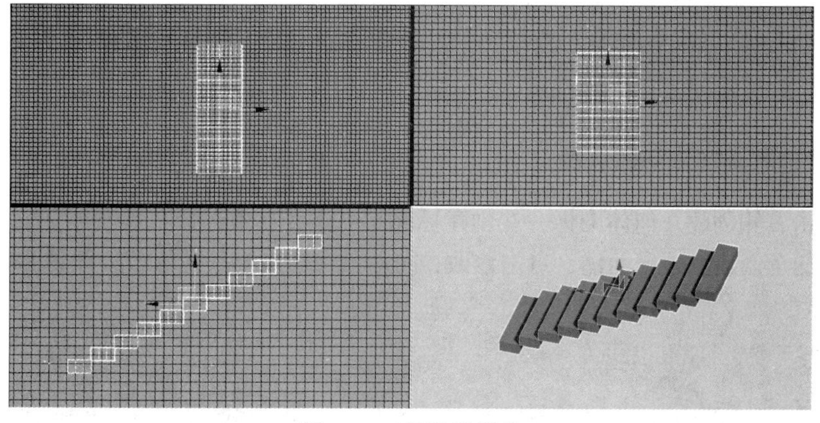

图 3-28　设置楼梯组

在键盘上按 S 键，关闭捕捉；点击右侧标准基本体，点击长方体，在视图上再创建一个长方体。点击修改，设置长度为 1500mm，宽度为 2100mm，高度为 140mm。在键盘上按 S 键打开捕捉，在顶视图与左视图将长方体与楼梯一号进行 x 轴与 y 轴的对齐。

在键盘上按 S 键，关闭捕捉；选择楼梯一号，点击顶端工具栏镜像工具，选择其镜像方式为变换，镜像轴为 xy 轴，克隆选项为实例，如图 3-29 所示，点击确定，如图 3-30 所示。

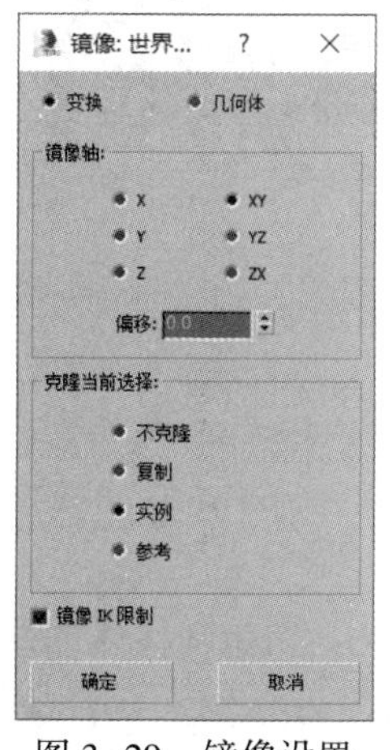

图 3-29　镜像设置

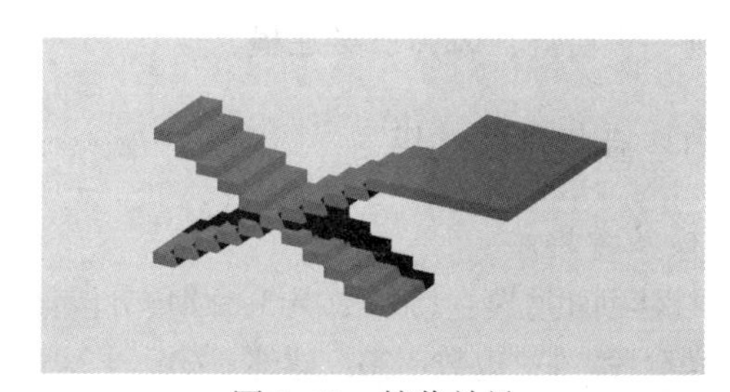

图 3-30　镜像效果

在键盘上按 S 键，打开捕捉；点击移动工具，将复制楼梯与长方体在顶视图与左视图分别进行 x 轴与 y 轴的对齐。

在键盘上按 Ctrl+A 键，对物体进行全选，点击顶端工具栏的【组】，设置组名为楼梯。在修改器中修改物体颜色，如图 3-31 所示，最终效果如图所示 3-32 所示。

图 3-31　组颜色修改器

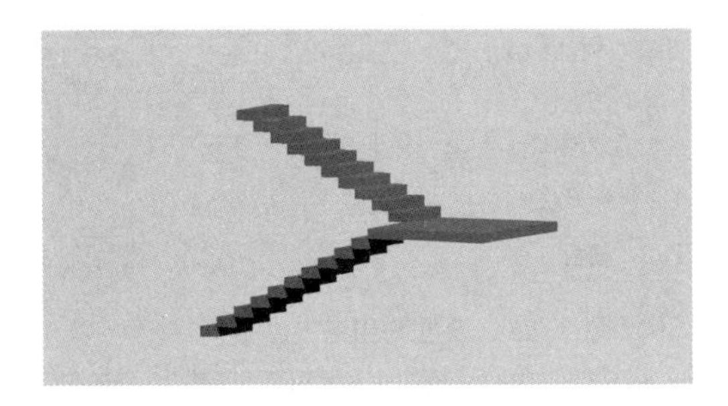

图 3-32　楼梯最终效果

3.2.6　创建扩展基本体与微调器

首先点击右侧创建几何体图标，在创建标准基本体处点击选择扩展基本体，出现扩展基本体选项，任意创建一个异面体，点击修改，可对其参数进行任意修改，如图 3-33 所示。

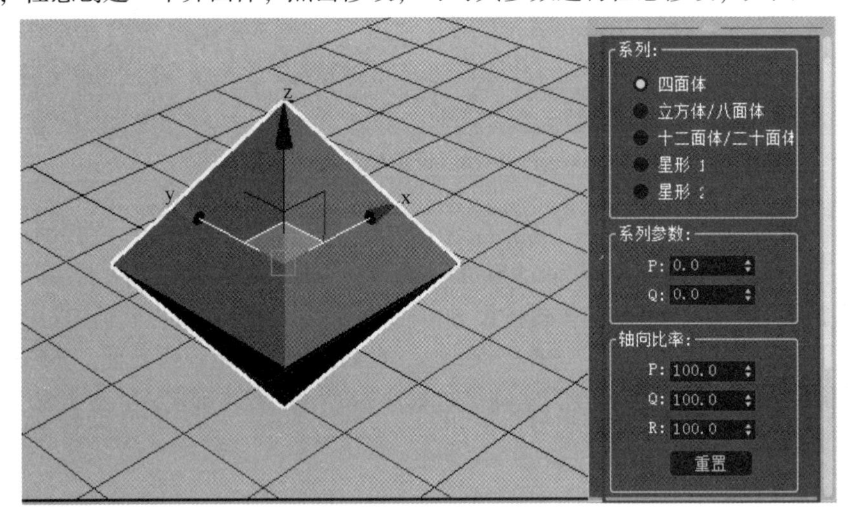

图 3-33　创建异面体

3.2.7　实例——台灯、风铃三维建模

3.2.7.1　台灯三维建模

A　建模参考思路

切角圆柱体创建底座：150 * 30 * 3；圆角分段：8；边数：30；切角圆柱体创建立柱：6 * 400 * 0；圆角分段：1；边数：30；球体：60；半球：0.5；球体：40；半球：0；球体：30；半球：0；球体创建灯泡：70；管状体创建灯罩：150 * 146 * 300；球体创建装饰珠：6。

B　建模步骤

点击扩展基本体，创建一个切角圆柱体；点击修改，设置半径、高度、圆角参数分别为 150 * 30 * 3，圆角分段数为 8；边数为 30，如图 3-34 所示。

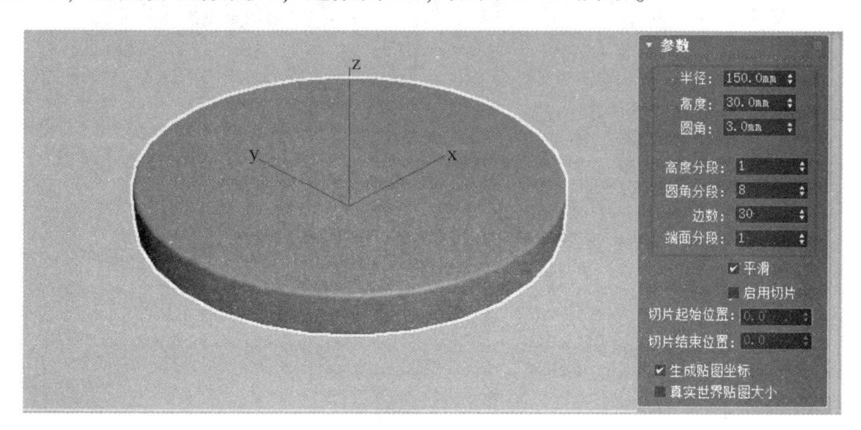

图 3-34　创建切角圆柱体

将鼠标置于底部物体坐标栏，右键坐标轴，对切角圆柱体的坐标进行归零设置。点击扩展基本体，在顶视图创建一个切角圆柱体；点击修改，设置半径、高度、圆角参数分别为 6 * 400 * 0，圆角分段数为 1；边数为 30，如图 3-35 所示。

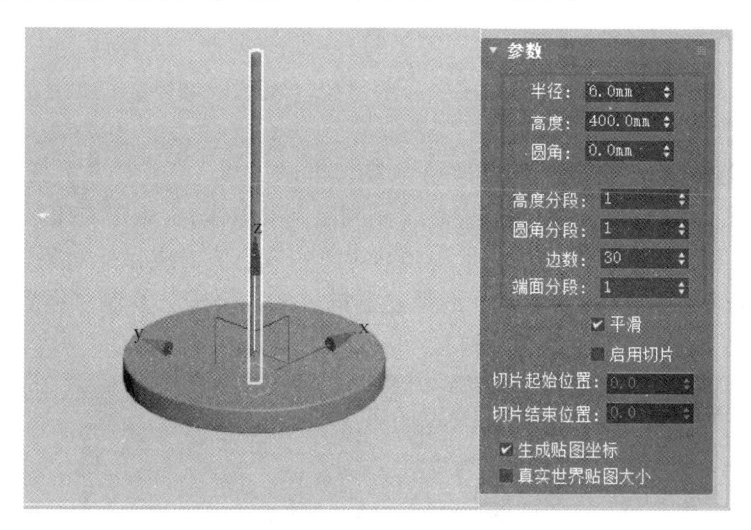

图 3-35　创建扩展基本体

点击对齐工具，勾选 x、y、z 三轴，设置当前对象中心对目标对象中心，点击应用。再次打开对齐工具，将其沿着 y 轴，使得当前对象的最小值对应目标对象的最大值，点击应用。

点击创建球体，点击修改，设置半径为 60，半球为 0.5。

点击对齐工具，勾选 x、y、z 三轴，设置当前对象（半球）中心对目标对象（下方的切角圆柱体）中心，点击应用。再次打开对齐工具，将其沿着 y 轴，使得当前对象的最小值对应目标对象的最大值，点击应用。

点击创建球体，点击修改，设置半径为 40，半球为 0，如图 3-36 所示。

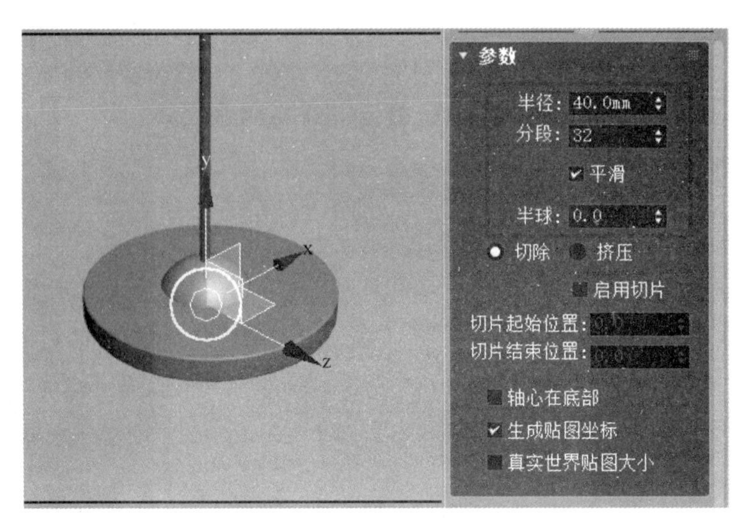

图 3-36 创建球体

右键单击缩放工具，在 z 轴输入 150。点击对齐工具，勾选 x、y、z 三轴，设置当前对象中心对目标对象（半球）中心，点击应用。

再次打开对齐工具，将其沿着 y 轴，使得当前对象的最小值对应目标对象（半球）的最大值，点击应用。

按住 Shift 键，向上移动球体，选择实例的方式，来复制一个球体。

打开对齐工具，将其沿着 y 轴，使得当前对象（复制的球体）的最小值对应目标对象（原球体）的最大值，点击应用。

点击创建球体，点击修改，设置半径为 30，半球为 0。点击对齐工具，勾选 x、y、z 三轴，设置当前对象中心对目标对象中心（刚刚复制的球体），点击应用。

打开对齐工具，将其沿着 y 轴，使得当前对象的最小值对应目标对象的最大值，点击应用。按住 Shift 键，向上移动球体，选择复制的方式，来进行复制。设置复制球体半径为 70。移动到如图 3-37 所示的合适位置。

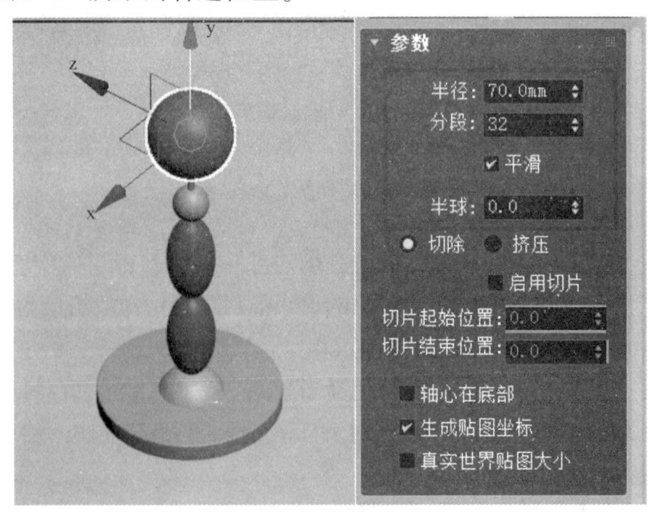

图 3-37 移动球体

点击创建管状体，点击修改，设置半径 1、半径 2、高度参数分别为 150 * 146 * 300，边数为 30。点击对齐工具，勾选 x、y、z 三轴，设置当前对象中心对目标对象（切角圆柱体）中心，点击应用。将管状体移动到如图 3-38 所示位置。

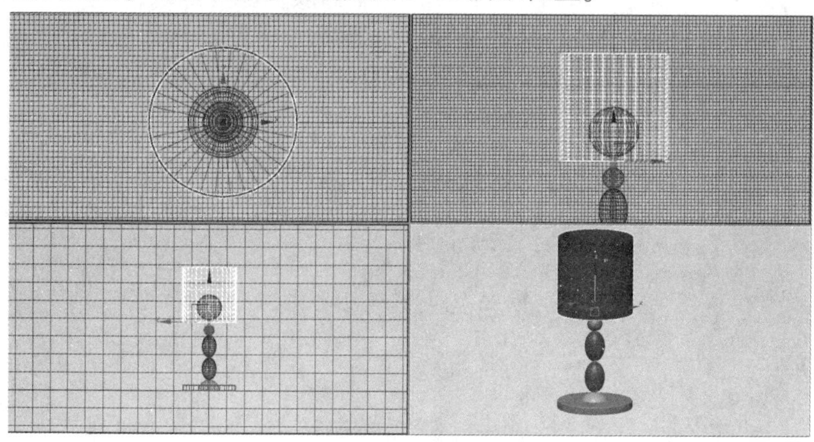

图 3-38 移动管状体

点击创建球体，点击修改，设置半径为 6，半球为 0。移动球体到合适的位置。打开对齐工具，将其沿着 y 轴，使得当前对象（小球体）的轴点对应目标对象（管状体）的最小值，点击应用。

点击右侧工具栏层次图标■，选择仅影响轴，使球体的轴点在 x、y、z 三轴方向都对齐管状体轴点，再点击关闭仅影响轴。点击顶端菜单栏工具，选择阵列，在阵列面板中点击旋转，设置旋转角度为 360°，设置阵列数量为 80 个，以总计的方式来对球体进行旋转阵列。框选所有球体，对其进行命名为装饰球体。

按住 Shift 键，向上移动装饰球体，以复制的方式来对其进行复制。选择对齐，点击管状体，将其沿着 y 轴，使得当前对象的轴点对应目标对象的最大值，点击应用，如图 3-39所示。最后对物体进行设置成组，得到的台灯效果如图 3-39 所示。

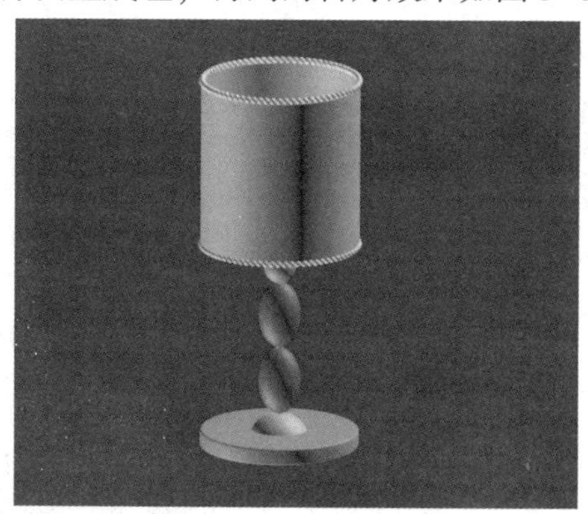

图 3-39 台灯效果图

3.2.7.2 风铃三维建模

A 建模参考思路

切角圆柱体：150 * 20 * 5，边数：50；切角圆柱体：2 * 300 * 0，边数：12；切角圆柱体：

2＊400＊0，边数：12；异面体：20；异面体星形：20；球体：10；阵列（旋转）：5个和9个。

B　建模步骤

点击扩展基本体，创建一个切角圆柱体；点击修改，设置半径、高度、圆角参数分别为150、20、5，圆角分段数为8；边数为50。将鼠标置于底部物体坐标栏，右键坐标轴，对切角圆柱体的坐标进行归零设置，如图3-40所示。

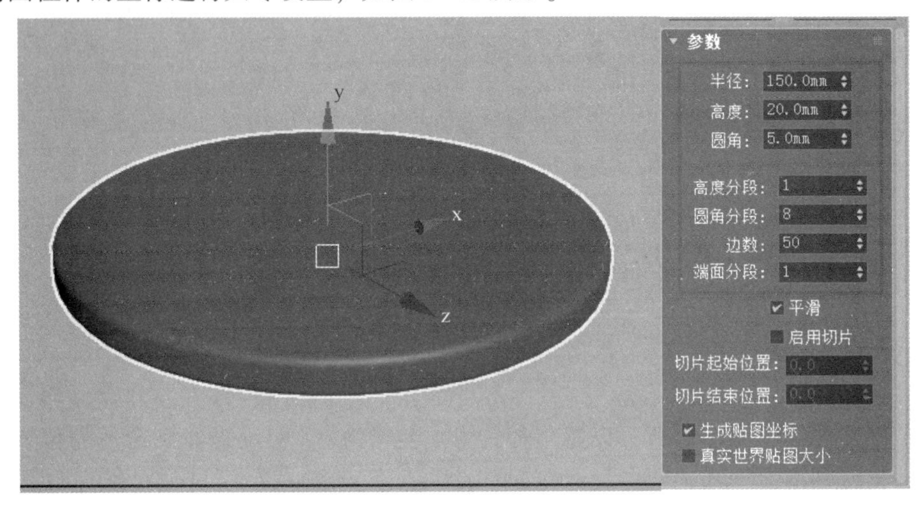

图3-40　切角圆柱体设置

点击扩展基本体，创建一个切角圆柱体；点击修改，设置半径、高度、圆角参数分别为2、-300、0，圆角分段数为1；边数为12。

点击扩展基本体，创建一个异面体；点击修改，设置半径为20mm，再将其和圆柱体进行对齐。点击对齐工具，勾选x、y、z三轴，设置当前对象中心对目标对象中心，点击应用。

按住Shift键，向下移动异面体，选择复制的方式，来进行复制。点击修改，在系列一栏中，选择星形1；将两个异面体移动到如图3-41所示位置。

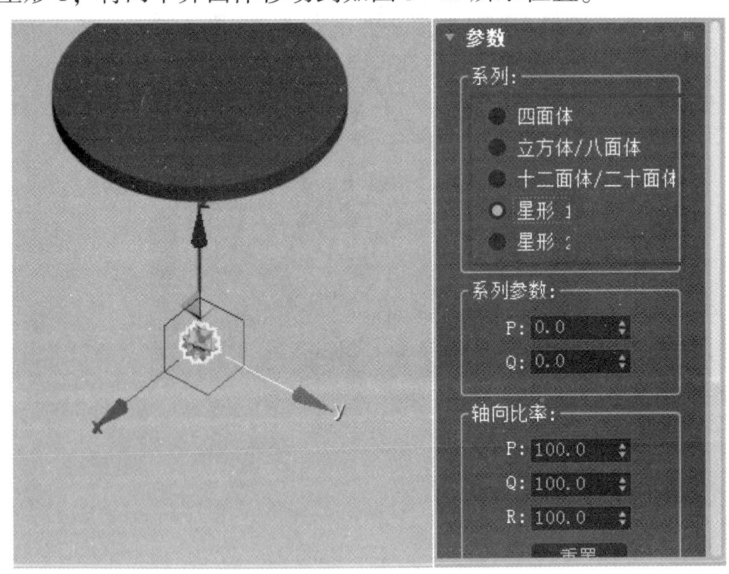

图3-41　异面体移动

点击创建球体，点击修改，设置半径为10。点击对齐工具，勾选x、y、z三轴，设置当前对象中心对目标对象（异面体）中心，点击应用，再调整到合适位置。选择刚才制作的三个物体，按住Shift键，向上移动，以实例的方式进行复制2个。

框选这几个物体，设置为组，命名为装饰柱。在键盘上按T键切换到顶视图，将装饰柱调整至合适的位置。点击层次，打开仅影响轴。再点击对齐，勾选x、y、z三轴，设置当前对象轴点对目标对象轴点，点击应用，关闭仅影响轴。

点击顶端菜单栏工具，选择阵列，在阵列面板中点击旋转，设置旋转角度为360°，设置阵列数量为9个，以总计的方式来对球体进行旋转阵列。切换到透视图，可看到旋转阵列之后的效果，如图3-42所示。

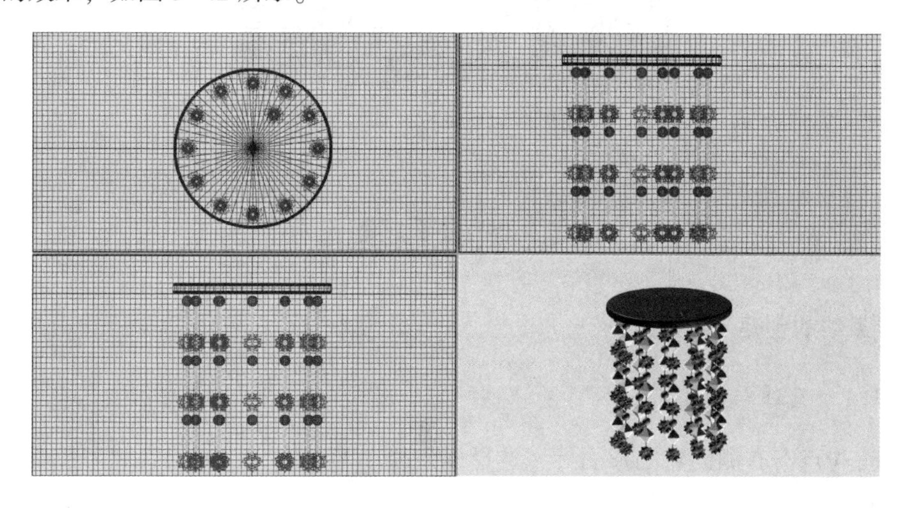

图3-42 旋转阵列后的效果

回到顶视图，点击一个装饰柱，点击重置轴，关闭仅影响轴。按住Shift键，选择x、y轴，移动到相应位置。来以复制的方式复制装饰柱。按住Alt+Q键，对单个物体进行编辑，选择组—打开，选择中间的圆柱体。

单选择柱体，将其高度设置为-400。选择三个小物体，打开层次—仅影响轴—重置轴，再关闭仅影响轴，按住Shift键，将其向下移动，以复制的形式，调整到合适位置。

点击组—关闭，重新使其合并为组。点击下方按钮，关闭孤立物体，点击层次—仅影响轴，将其与圆柱体进行x、y、z轴方向上轴点与轴点的对齐，如图3-43所示。

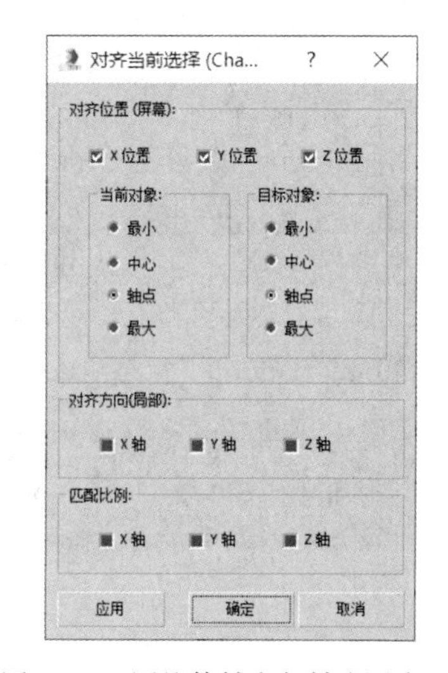

图3-43 圆柱体轴点与轴点对齐

点击顶端菜单栏工具，选择阵列，在阵列面板中点击旋转，设置旋转角度为360°，设置阵列数量为5个，以总计的方式来对球体进行旋转阵列。切换到透视图，可看到旋转阵列之后的效果，如图3-44所示。框选所有物体，将其设置为组合，命名为风铃。

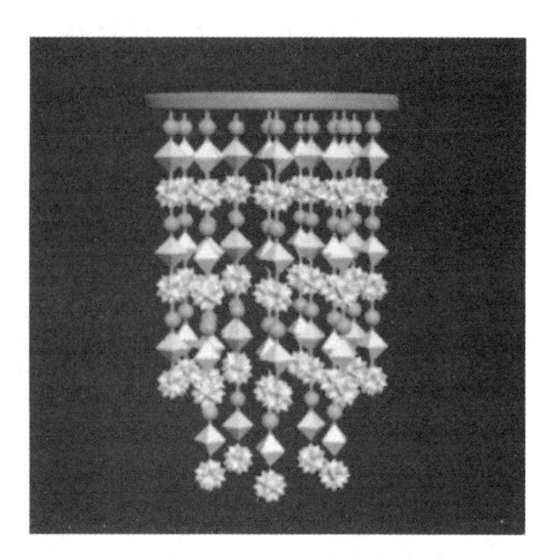

图 3-44 风铃效果图

3.3 样条线建模

3.3.1 样条线的创建与修改

3.3.1.1 直线与图形

(1) 首先点击右侧创建图形图标，选择样条线。

(2) 点击选择创建一条线，在页面上点击左键生成线的第一个端点，移动鼠标，再点击鼠标左键生成线的第二个端点。注意，在生成线的过程中，只要没有点击鼠标右键，则多段线可一直生成，如图 3-45 所示。

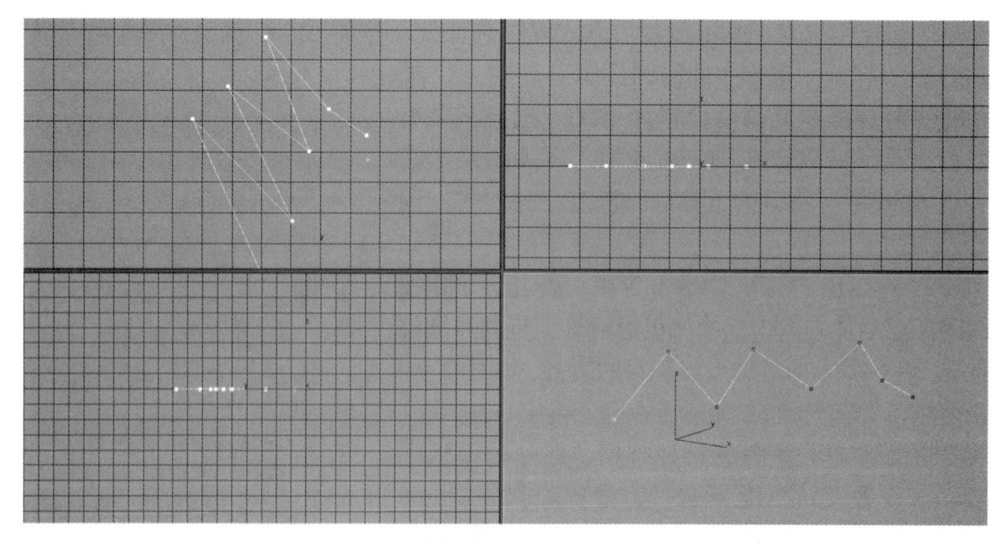

图 3-45 创建线

若要生成水平或竖直的直线，只需要按住 Shift 键。

（3）在生成多段线的过程中，如果将鼠标放置端点位置，则会出现样条线对话框，是否闭合样条线，选择是，则样条线闭合为封闭的图形。

3.3.1.2 曲线

（1）首先点击右侧创建图形图标，选择样条线，设置其初始类型为角点。

（2）点击选择创建一条线，在页面上点击左键生成线的第一个端点，移动鼠标，再按住鼠标左键生成线的第二个端点与此同时，一直按住鼠标左键，进行拖动，可以看到曲线的生成，如图 3-46 所示。

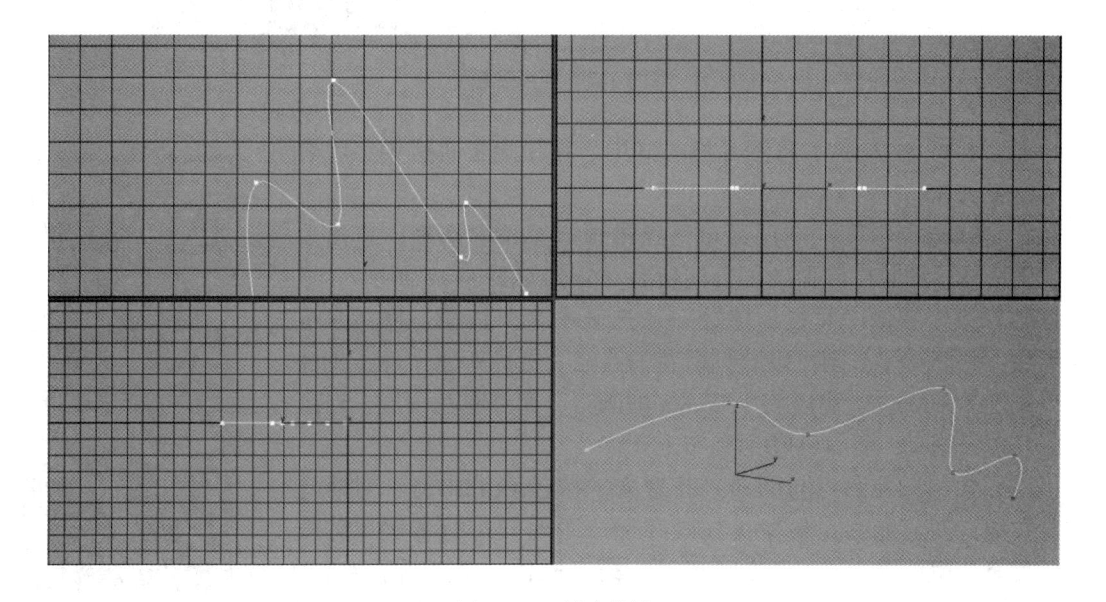

图 3-46 创建曲线

（3）点击右侧创建图形图标，选择样条线，设置其初始类型为平滑。

（4）点击选择创建一条线，在页面上点击左键生成线的第一个端点，移动鼠标，在合适的位置点击鼠标左键，再拖动鼠标，则自动生成一条平滑曲线。

（5）创建完成后，点击修改，可在修改面板对线的端点等进行修改。

3.3.2 实例——镂空雕花

3.3.2.1 建模参考思路

PS 创建画布大小为 60cm * 180cm；在软件中导入图形，挤出厚度为 18；矩形：1800 * 599mm；样线条—轮廓—30；挤出：30。

3.3.2.2 建模步骤

（1）打开百度，搜索屏风矢量图，选择任意一张花样，进行保存，如图 3-47 所示。

图 3-47　屏风矢量图

（2）打开 PS 软件，将图片拖入其中。在顶端工具栏中，将容差值设置为 30。

（3）任意点击图片空白区域，点击顶端菜单栏选择，点击反向，则选择了图片中除白的部分的所有部分，如图 3-48 所示。

图 3-48　图片反向选择

（4）点击右侧工具栏，路径→从选区中生成路径，将其生成为图层。关闭图层，则可以看到雕花的路径。选择新建文件，创建一个宽度为 600mm，高度为 1100mm 的画布，回到雕花图层，对雕花路径进行拖动，将其移动到画布上。

（5）再将雕花路径与画布进行对齐。按住 Ctrl+T 键，对雕花进行拉伸，使其能够完整覆盖在画布上（可对其进行多次拉伸变换，直至合适位置大小）。按回车键，结束操作。全选雕花路径，将其放大，发现路径上存在一些小线段，将其进行删除（线段在 3DS MAX 中是不能被挤出的），如图 3-49 所示。

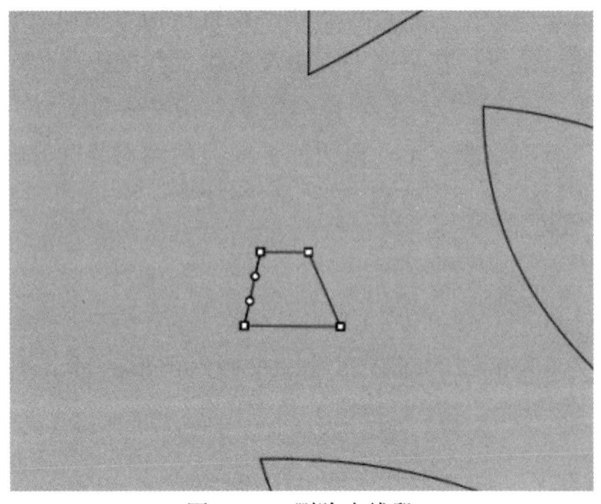

图 3-49　删除小线段

（6）完成后，将文件导出，点击导出路径到文件，选择合适的保存路径，命名，进行保存。打开 3DS MAX 软件，将刚保存的路径文件导入。开启角度捕捉，设置为 90°，将其进行旋转，方便操作，如图 3-50 所示。

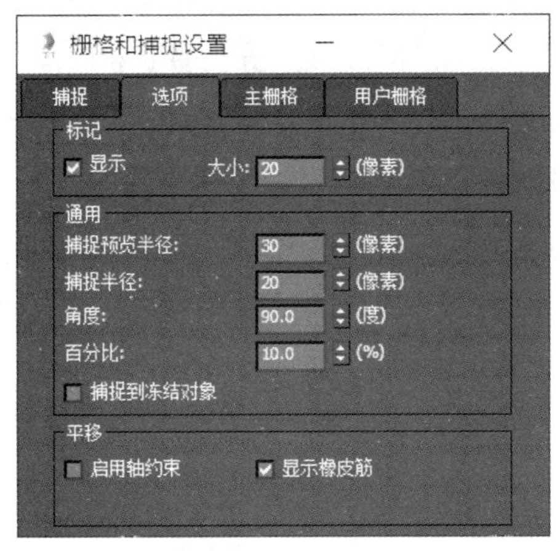

图 3-50　导入 3DS MAX

（7）打开右视图窗口，点击修改，选择这个路径，点击挤出，设置挤出厚度为 20。按 P 键，进行效果查看，如图 3-51 所示。选择前视图，开启捕捉，点击创建一个矩形，使其尽量贴合挤出雕花的大小。点击修改，编辑样条线，在键盘上按 3，进入样条线编辑，点击图标，设置轮廓为-20。点击挤出，设置数量为 30，最后将其与挤出雕花进行 x、y 方向上中心与中心的对齐，完成最终创建，如图 3-52 所示。全选物体，将其设置为组，进行命名。

图 3-51　厚度为 20 效果图

图 3-52　最终效果图

3.3.3　实例——花形吊灯

3.3.3.1　建模参考思路

星形：400 * 320 * 12 * 40 * 40；渲染：矩形 420 * 2；星形：400 * 320 * 12 * 40 * 40；

渲染：径向 10；星形：400＊320＊12＊40＊40；挤出：5；线—渲染—径向 3；阵列：12；圆柱体：220＊390；圆：220—渲染—径向 12。

3.3.3.2 建模步骤

（1）首先点击右侧创建图形图标，选择样条线。点击选择创建星形，点击修改，设置参数为 400＊320＊12＊0＊40＊40，效果如图 3-53 所示。

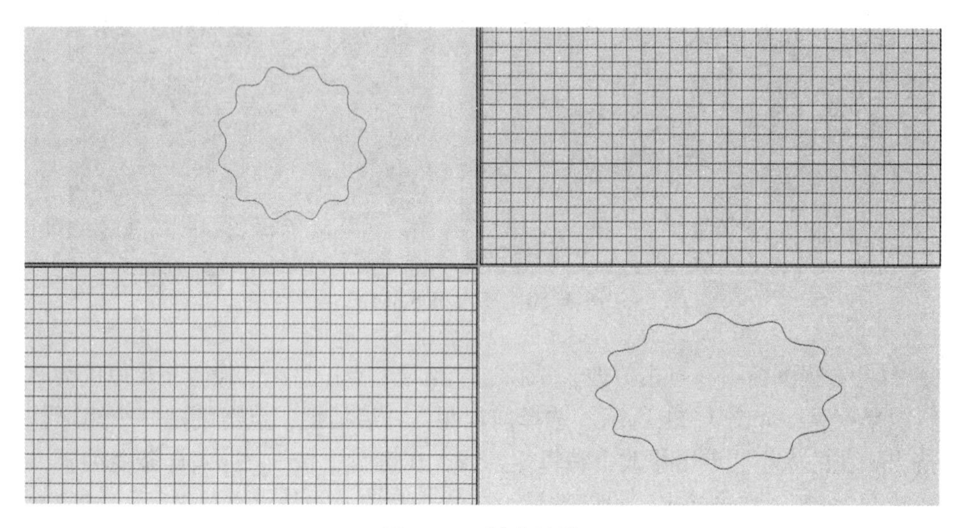

图 3-53 创建星形

（2）点击渲染，勾选在渲染中启用和在视口中启用，将鼠标向下划，点选矩形，设置参数为 420＊2。在键盘上按 Ctrl+V 键，选择原地复制，在修改面板中选择径向，设置厚度为 10，如图 3-54 所示。

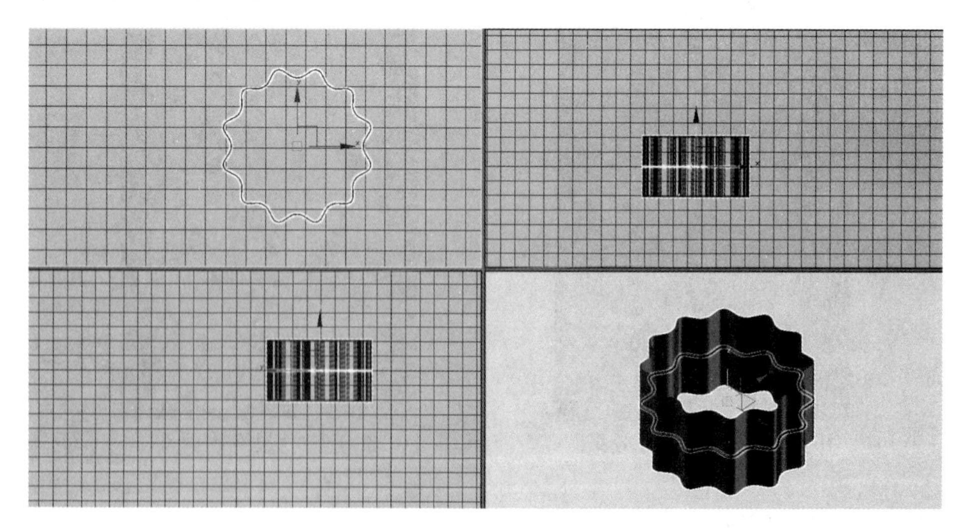

图 3-54 设置厚度为 10 的星形

（3）将两个物体进行对齐，使得其在 y 轴当前对象的最大值与目标对象的最小值对齐。按住 Shift 键，点击以实例的方式进行复制，将复制出来的图形与星形进行对齐，使得其在 y 轴当前对象的最小值与目标对象的最大值对齐。在键盘上按 Ctrl+V 键，选择原地复制，设置挤出 5。

（4）开启捕捉，点击创建线，按住 Shift 键，如图 3-55 所示画一条垂直的线（顶视图中发现该线是歪的，则打开 2. 5 维捕捉 2.5，重新画一条线。

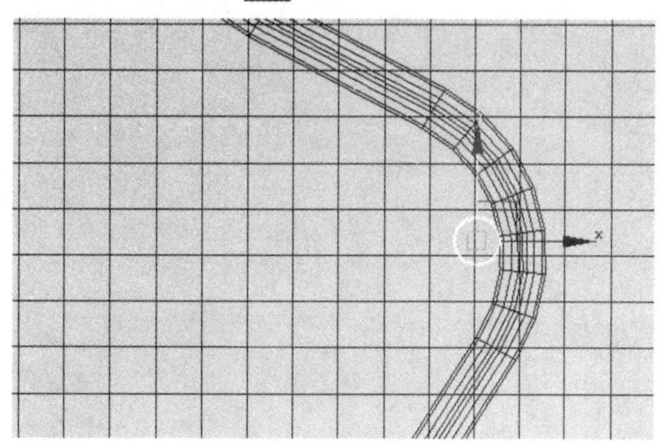

图 3-55 对象捕捉

（5）点击修改，开启渲染，设置径向厚度为 3，对它的位置进行如图 3-56 所示的移动。

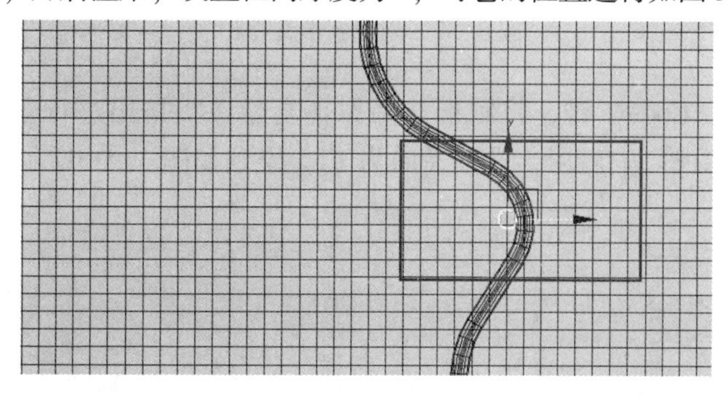

图 3-56 位置移动

（6）点击层次，勾选仅影响轴。使线与物体开始对齐，设置在 x、y 轴轴点对轴点，点击确定。再关闭仅影响轴。

（7）点击工具—阵列—旋转—360°，设置数量为 12，点击确定，如图 3-57 所示。

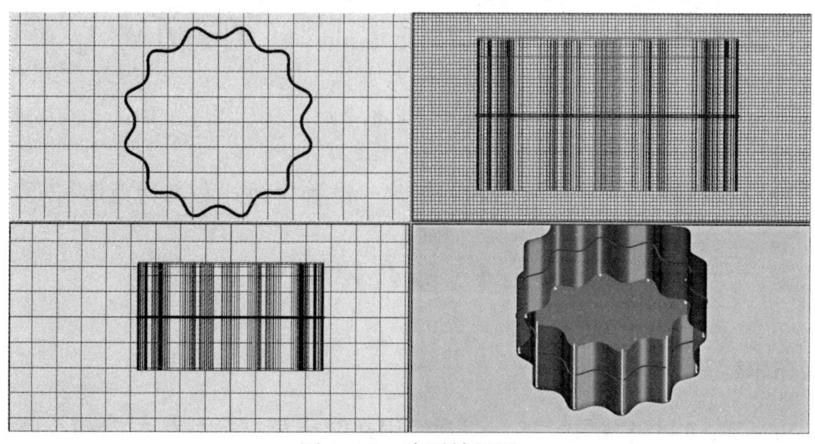

图 3-57 阵列效果图

（8）点击创建圆形，设置半径参数为 220，对其进行挤出，设置数量为 390，如图 3-58所示，在顶视图将圆与星形框进行对齐，设置在 x、y 轴中心对中心，点击确定。在前视图将圆与星形进行对齐，设置在 y 轴当前对象最大对目标对象最大，点击确定。

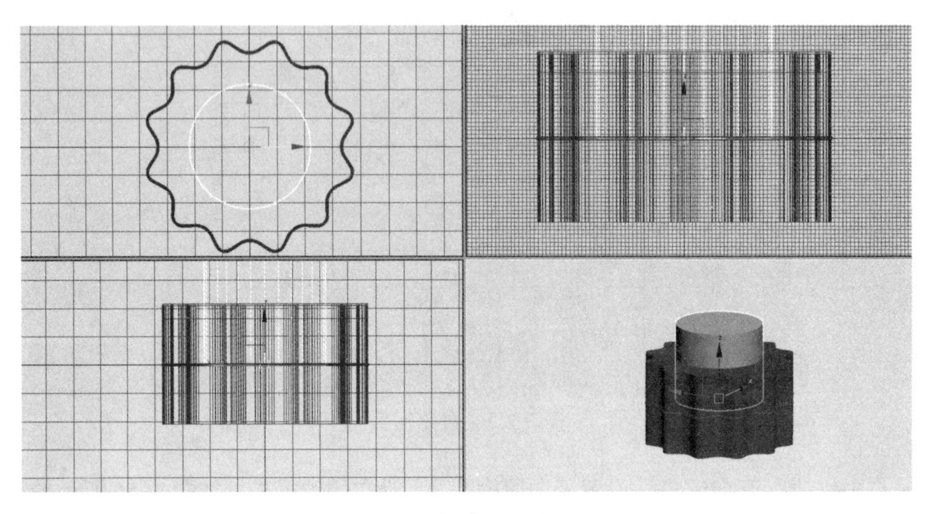

图 3-58　创建圆形并挤出

（9）在键盘上按 Ctrl+V 键，将圆形选择原地复制，将挤出进行删除，点击渲染，开启在渲染中启用和在视口中启用，设置径向为 12，得到如图 3-59 所示效果。

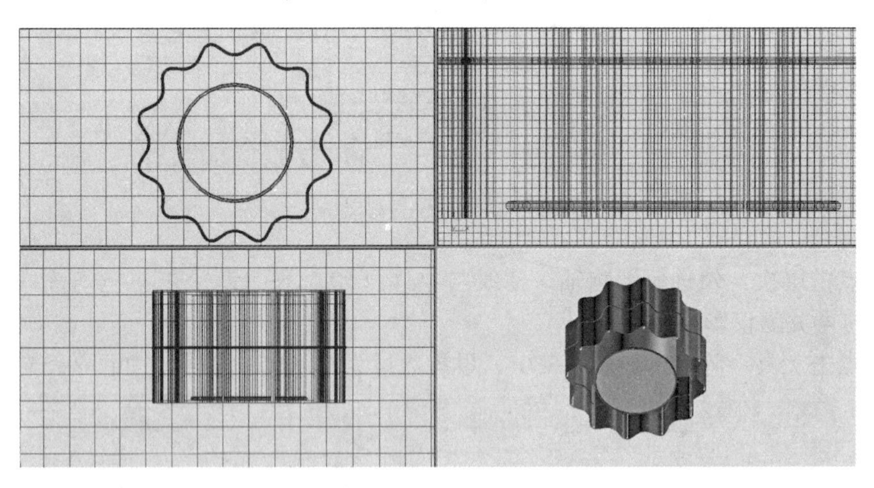

图 3-59　渲染图形

（10）选择所有物体，可对其颜色进行修改，设置为组，命名为花形吊灯。

3.4　复合建模

3.4.1　超级布尔运算

（1）ProBoolean（超级布尔运算）通常运用在两个相交的物体中对两个物体相交的部

分进行求交等操作。

(2) 在视图中随意创建几个图形，如图 3-60 所示。

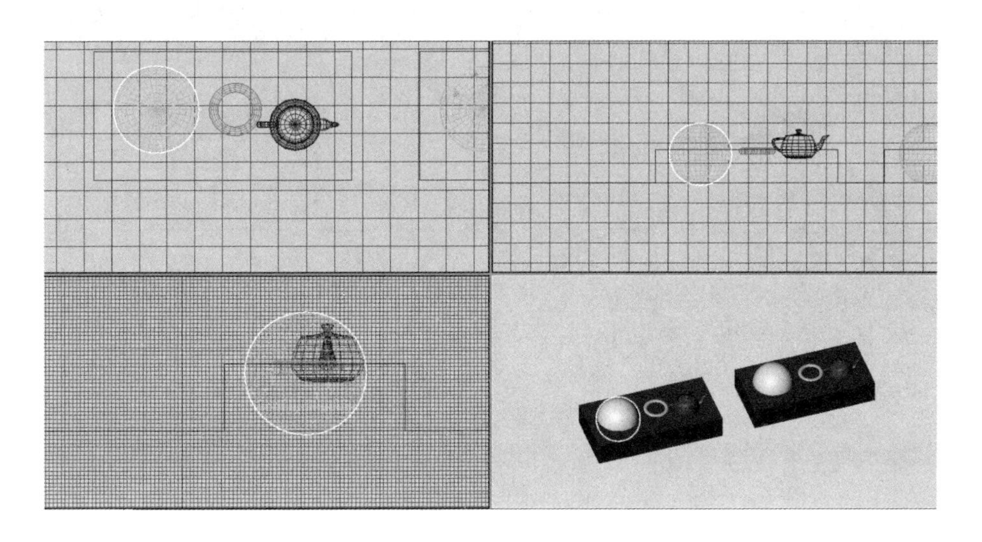

图 3-60 创建图形

(3) 选择长方体，在右侧工具栏中选择复合基本体-ProBoolean，其默认为差集，如图 3-61 所示，点击开始拾取，点击球体，运用布尔运算进行差集求算结果，按下鼠标右键，结束运算。

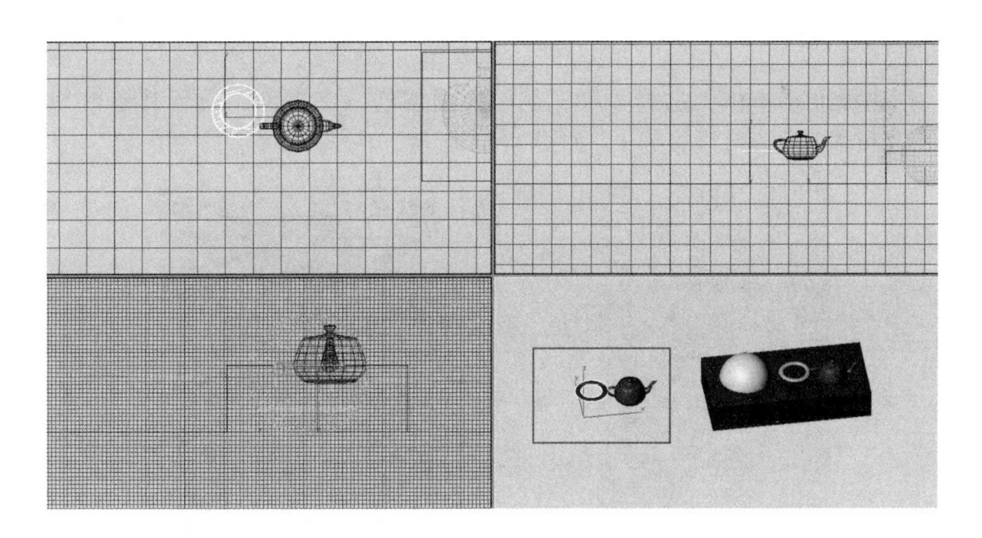

图 3-61 布尔运算求交

(4) 选择长方体，再点击 ProBoolean，选择运算方式为交集，点击开始拾取，点击圆环，运用布尔运算进行交集求算结果，按下鼠标右键，结束运算。

(5) 点击 Ctrl+Z，选择长方体，再点击 ProBoolean，选择运算方式为并集，点击开始拾取，点击几个物体，运用布尔运算进行交集求算，按 F3 键，将其以线框的方式展现，如图 3-62 所示，观察变化（注意使用布尔运算与将两物体进行组合的差别）。

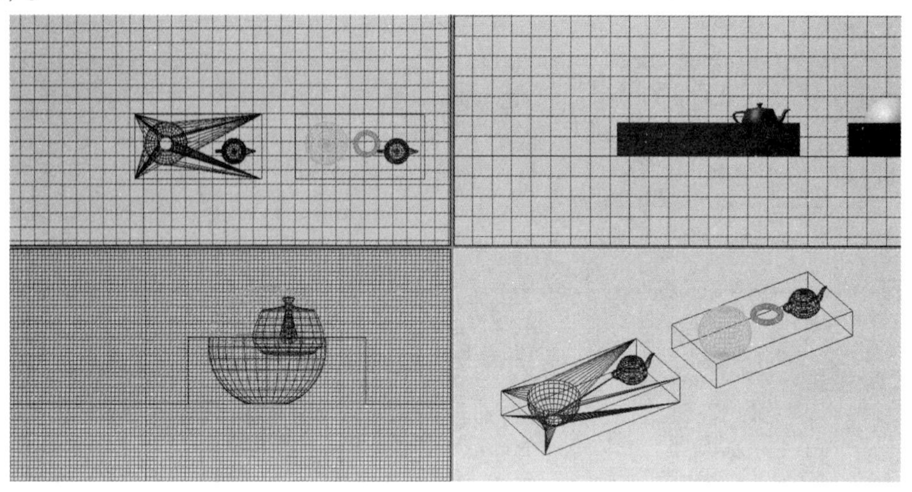

图 3-62　线框展示

3.4.2　实例——造型线条门

3.4.2.1　建模参考思路

平面：2080 * 860 贴图，冻结；先描边；长方体：2080 * 860 * 50；超级布尔运算。

3.4.2.2　建模步骤

（1）创建标准基本体，选择平面，在前视图创建一个平面，设置其参数为 2080 * 860，对长度和宽度分段都设置为 1，如图 3-63 所示。

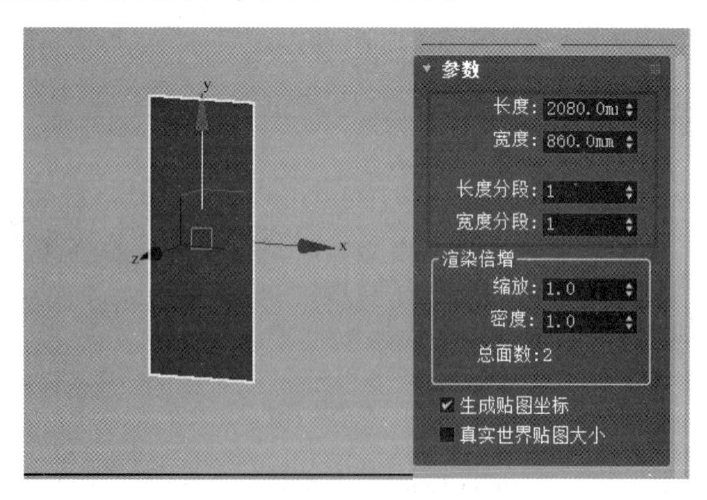

图 3-63　创建平面

（2）打开百度，搜索一个合适的花样，保存，将图拖拽进平面。最大化显示前视图，按 F3，将其以实体的方式进行显示，点击鼠标右键，进行冻结。打开样条线，用线对花样进行描边处理，这里要求用最少的顶点最快的将花样先大概地描绘出来，后面再对其进行编辑，如图 3-64 所示。

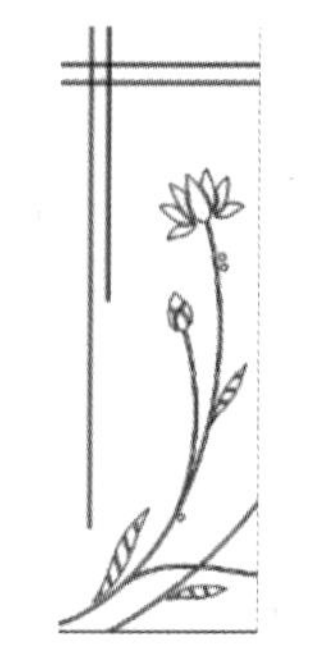

图 3-64　绘制花样

(3) 描边完之后，选择一条线，对线进行编辑，使其尽量贴近花样。框选所有的线，按住 Shift 键，将其向右复制 1 份（设置为可编辑多边形后无法对其进行修改，所以此处先复制一份）。开启捕捉，点击创建一个长方体，设置高度参数为 50，如图 3-65 所示。

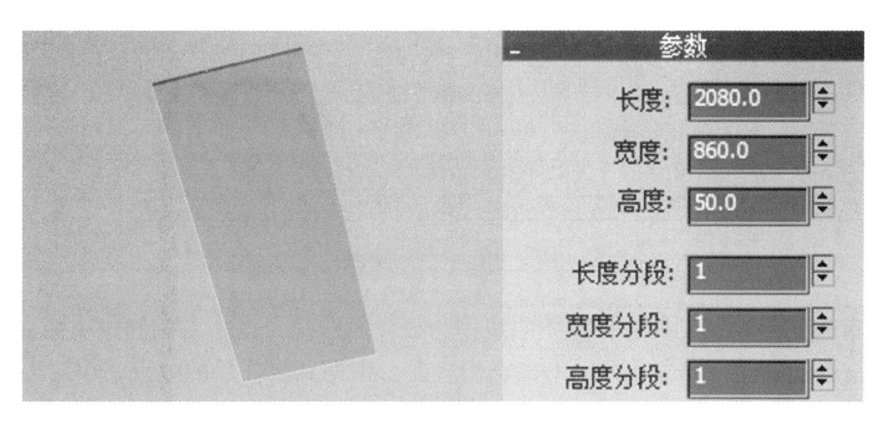

图 3-65　创建长方体

(4) 在选择过滤器中选择图形，在修改器列表中选择可渲染样条线，设置厚度为 12，右键单击样条线图形，点击转换为可编辑多边形。切换到顶视图，确定样条线与长方体有交集。选择长方体，点击创建几何体—复合对象—超级布尔运算，选择差集，点击开始拾取，开始进行布尔运算。重复上面步骤，得到最终效果图。如图 3-66 所示。

图 3-66　最终效果图

(5) 全选所有物体，将其设置为组，命名为造型门。

3.4.3 放样的运用

（1）打开样条线，选择生成一条曲线，创建一个星形，如图 3-67 所示。

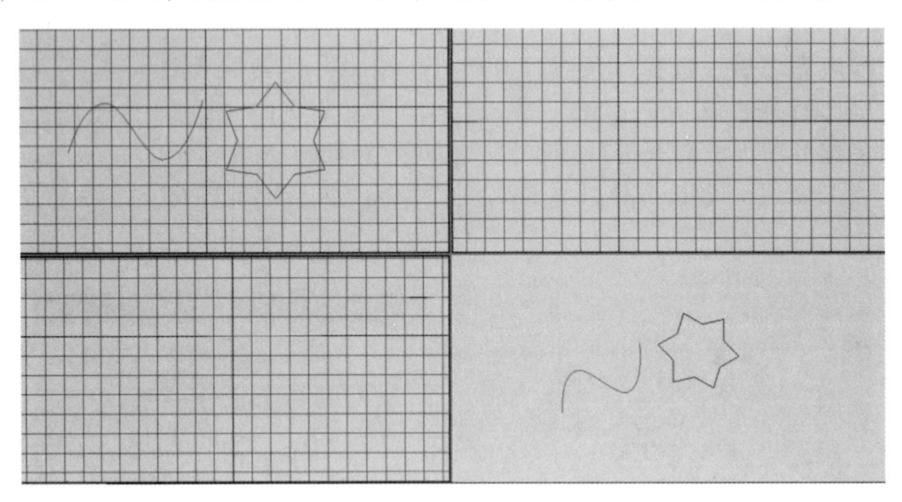

图 3-67 创建星形

（2）首先使用选择工具选择这条曲线作为放样的路径，点击右侧创建图标，选择创建复合对象，点击放样，点击获取图形，点击星形，则得到放样后的效果，如图 3-68 所示。

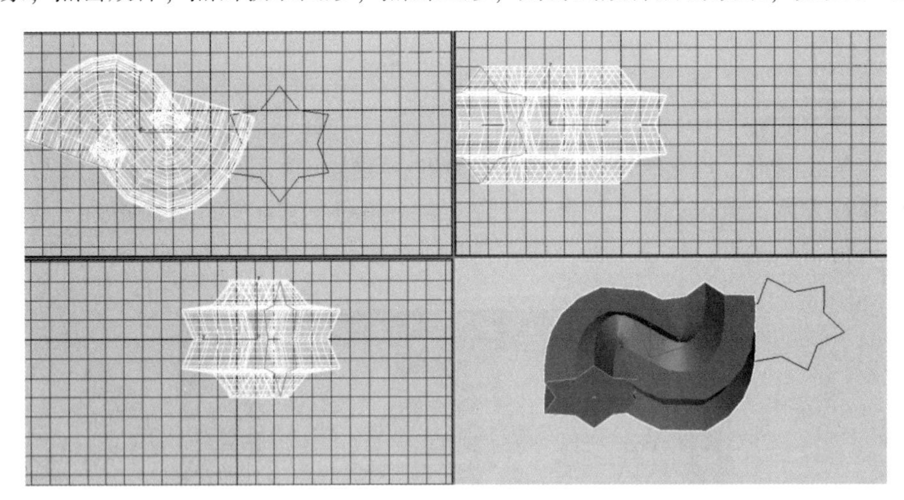

图 3-68 放样后的效果图

（3）撤销操作，选择星形，点击放样，点击获取路径，再拾取这条曲线，其得到的效果和步骤（2）的效果一样。

（4）选择星形，对其参数大小进行修改，放样后的图形也随之改变。

（5）若将星形设置为可编辑样条线，再对其端点等进行修改，此时，不会影响放样后的图形。

（6）删除放样后的图形，留下曲线，点击已设为可编辑样条线的星形，再对曲线进行放样，此时修改星形，则放样图形也随之改变，如图 3-69 所示。

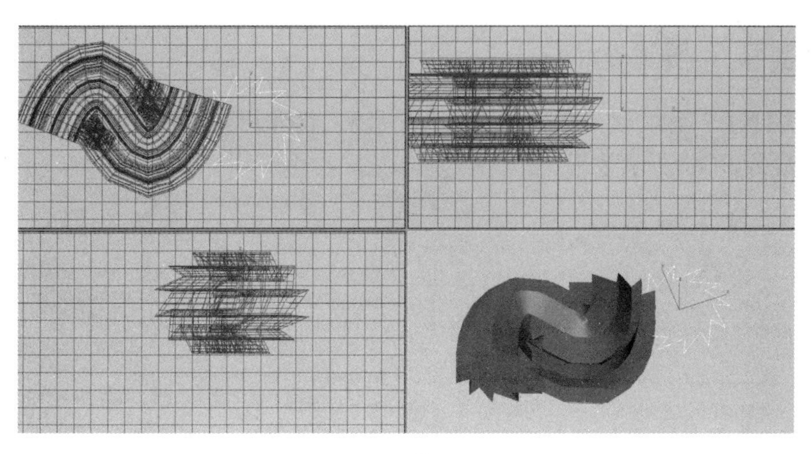

图 3-69　修改星形

（7）随意创建一个圆和一个矩形，点击选择放样后的图形，打开修改面板，在路径参数修改面板中设置路径为 50%，点击创建方法中的获取图形，点击创建的圆形，使其在 50%的长度地方内放样为圆形，如图 3-70 所示；更改路径为 100%，点击获取图形，点击矩形，则在其 100%的地方放样为矩形，效果如图 3-71 所示。

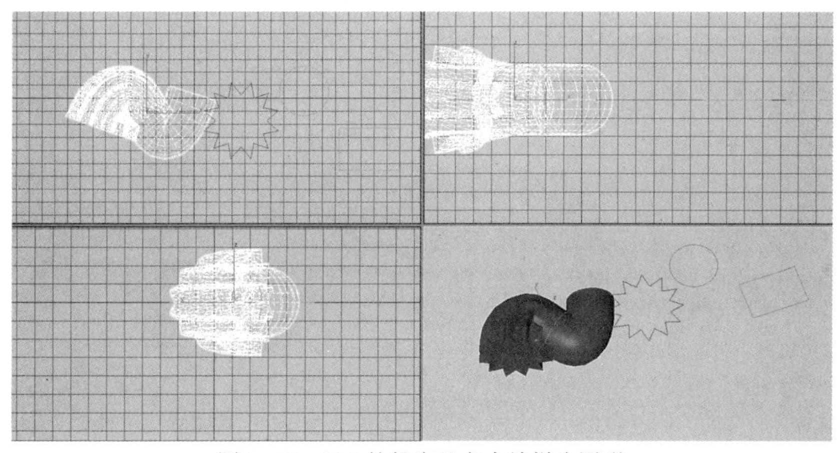

图 3-70　50%的长度地方内放样为圆形

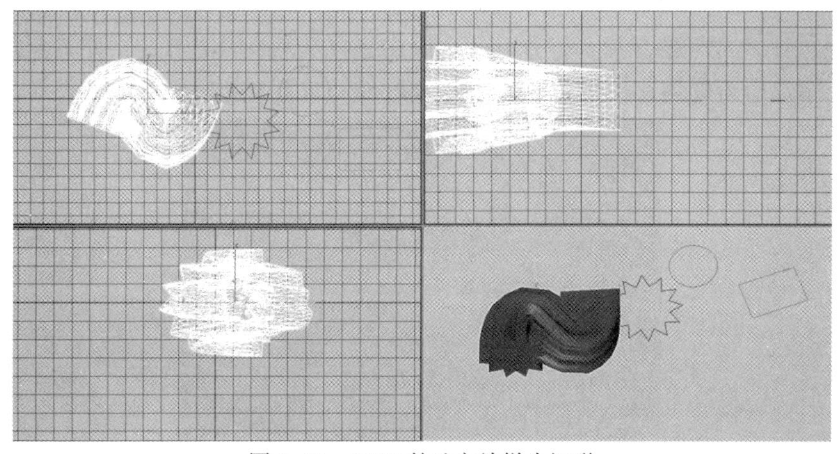

图 3-71　100%的地方放样为矩形

3.4.4　放样实例——餐桌桌布

（1）首先创建一个矩形，再点击创建一个星形，修改其半径与矩形差不多，设置点数为 12，得到如图 3-72 所示效果。

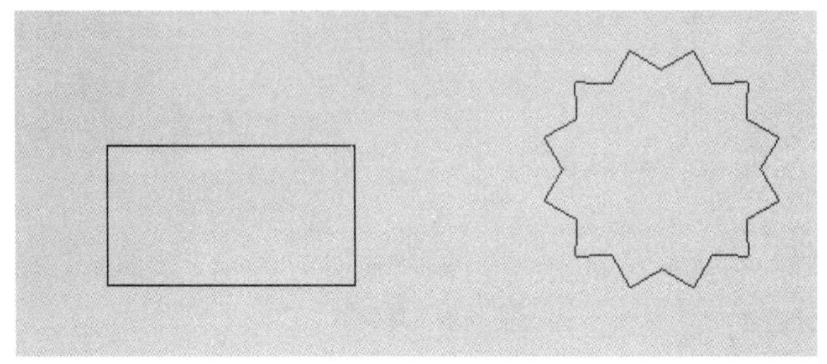

图 3-72　创建图形

（2）在前视图创建一条线，使其成为放样的路径。点击放样，点击获取图形，首先获取矩形，在其路径 100%距离获取星形，得到如图 3-73 所示效果。

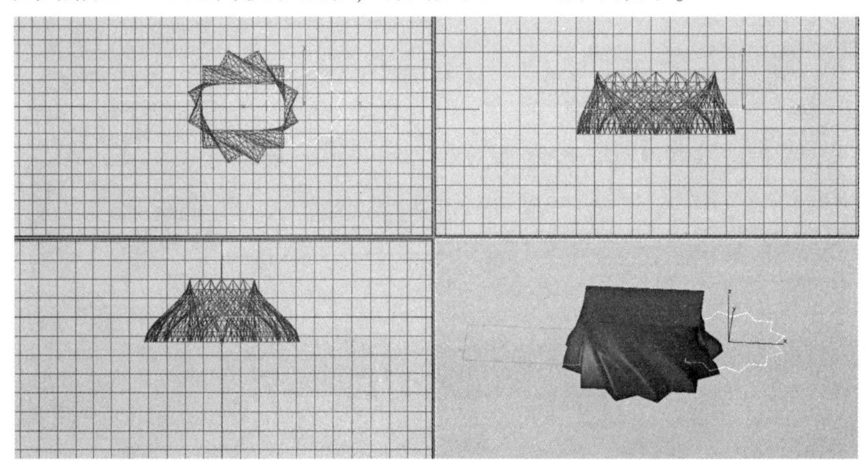

图 3-73　对图形进行放样

（3）选择刚才放样的星形，设置其两个圆角半径分别为 10 和 20，使其圆滑，得到最终效果图。全选所有物体，设置为组，命名为桌布，如图 3-74 所示。

图 3-74　最终效果图

3.4.5 倒角剖面的运用

（1）点击创建一个矩形，一条曲线，一个圆，如图 3-75 所示。

图 3-75 创建图形

（2）利用选择工具选择矩形，点击修改器列表，向下滑动，点击倒角剖面。

（3）在参数栏选择经典（改进版是 3DS MAX2017 之后才有），向下滑动鼠标，在经典栏中点击拾取剖面，拾取刚才创建的曲线，得到如图 3-76 所示效果。

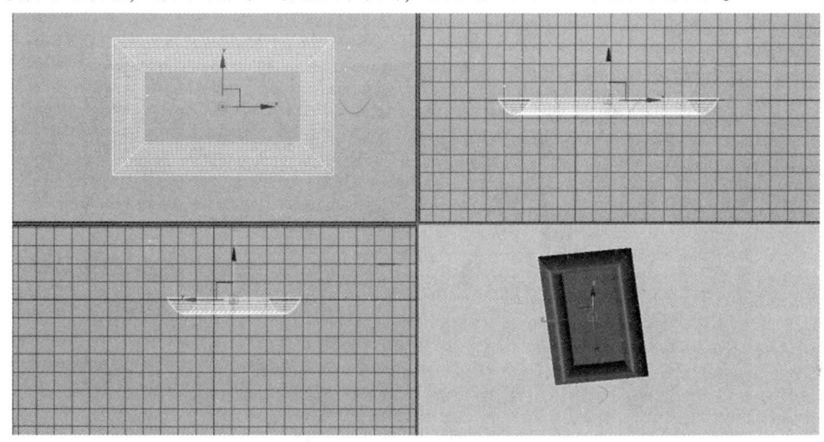

图 3-76 对曲线拾取剖面

（4）同样，点击编辑样条线，对曲线进行修改，则进行倒角剖面效果的图形随之改变。点击删除该曲线，则发现生成的三维效果也随之消失。

（5）再选择倒角剖面工具，点击经典，拾取圆形为剖面。点击选择这个三维图形，右键单击将其转换为可编辑多边形，再删除圆形，则三维效果不会消失。

3.5 古建筑三维建模

3DS MAX 相较于其他软件更能刻画古建筑精美的细节部分，建模过程中通过把握古建筑模型自身代表性特点，可以极大增强模型的逼真效果。本节罗马柱和古风凉亭为例，具体展现 3DS MAX 精细建模过程。

3.5.1 罗马柱

（1）打开 3DS MAX 中文版。点击【样条线】|【螺旋线】工具，在前视图中画出一条螺旋线，如图 3-77 所示。

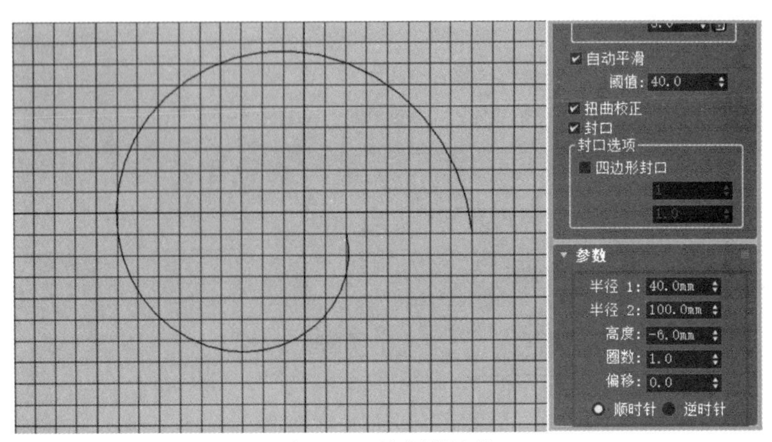

图 3-77 绘制螺旋线

(2) 激活修改面板，对螺旋线进行细致化修改。其中，半径 1：40.0、半径 2：0.0、高度：0.0（即圆心 1 和圆心 2 之间的高度，因为首先要绘制平面轮廓线所以将高度设置为 0）、圈数：3.2、偏移：0.0。修改后如图 3-78 所示。

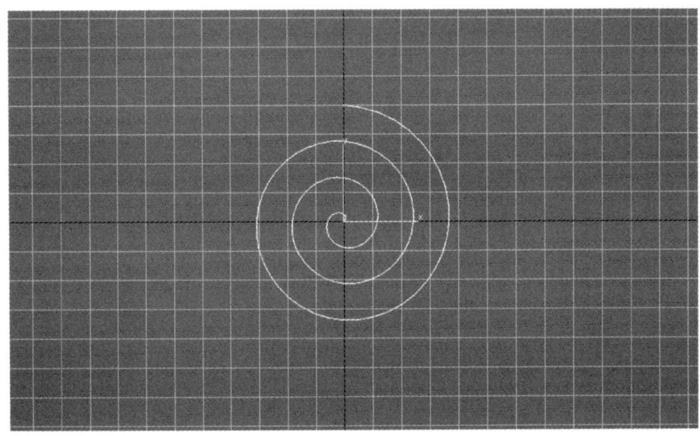

图 3-78 螺旋线修改

(3) 创建一个多边形，并将其轴心与螺旋线对齐。

(4) 打开多边形修改面板，将多边形的对角线设置为与螺旋线直径相同，半径设置为 9。右键选择多边形转换为多边形，让多边形从一个轮廓变成一个平面。如图 3-79 所示。

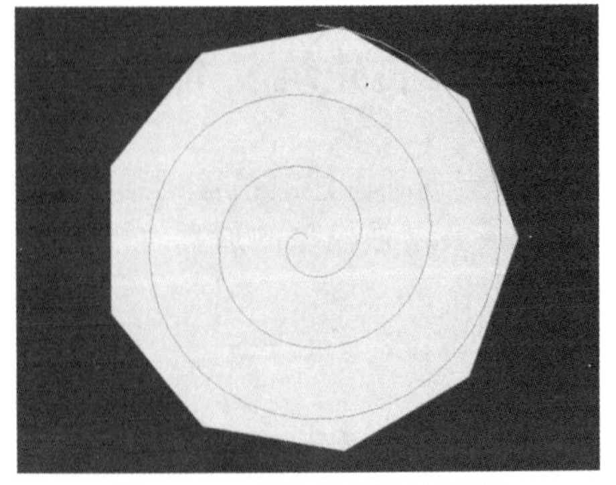

图 3-79 多边形转换为平面

（5）先选择多边形为【多边形】，右键点击多边形选择【插入】命令，将多面形向内插入。

（6）进入多边形修改命令面板，选择【顶点】，利用切割线与螺旋线的交点进行结构的自由切割，快捷键 Alt+C，如图 3-80 所示。

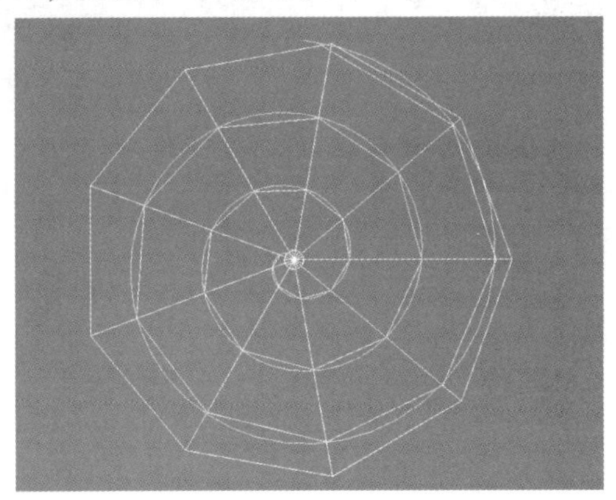

图 3-80 结构自由切割

（7）将超出螺旋线的部分选择删除，如图 3-81 所示。

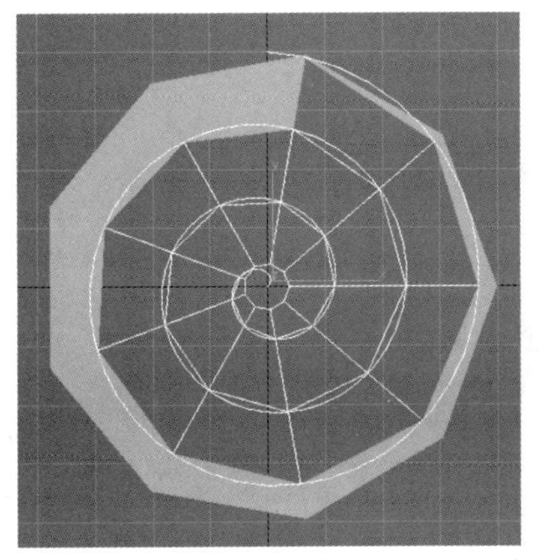
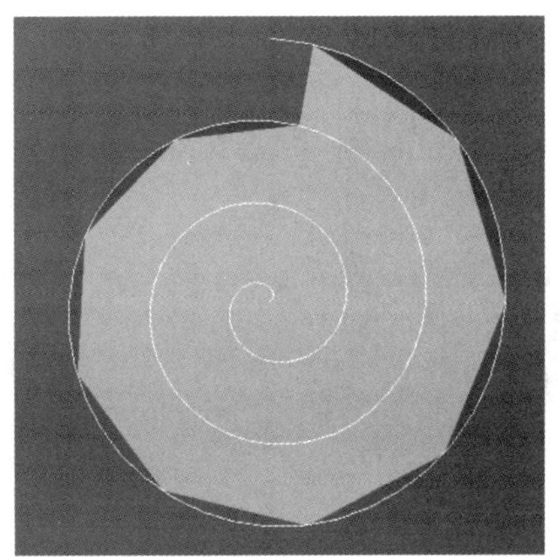

图 3-81 超出螺旋线部分选择删除

（8）再一次对多边形进行切割，使其每一个漩涡的间隔大致相同。结果如图 3-82 所示。

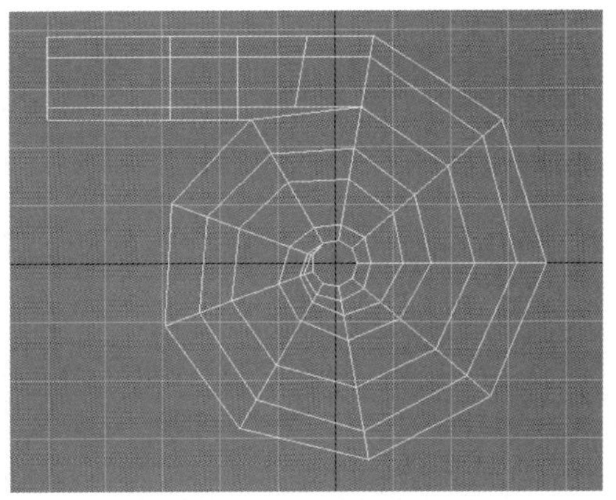

图 3-82 再一次对多边形进行切割

（9）利用【涡轮平滑】工具将多边形平滑处理，迭代次数设置为 3 或者 4。结果如图 3-83 所示。

图 3-83 多边形平滑处理

（10）先选择一个面，按住 Shift 键选择它相邻的面，再用 Ctrl 键加选和减选。按住快捷键 Shift+E，对选中的面挤出使之从二维平面转换为三维模型。结果如图 3-84 所示。

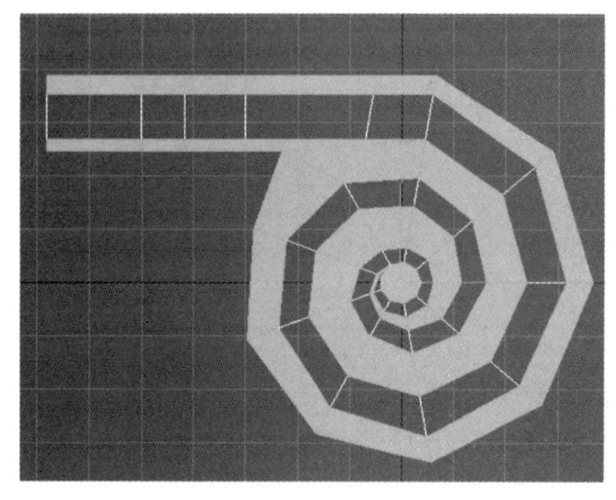

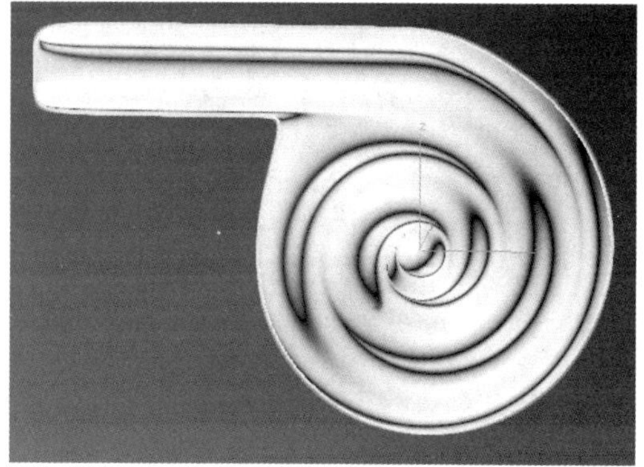

图 3-84 二维平面转换为三维模型

（11）对模型进行一些细化修改后，以 x 为对称轴用镜像复制得到如图 3-85 所示的结果。

图 3-85 模型镜像

（12）到此模型的柱头还缺少一些花雕的点缀，因为花雕大多为不规则的样式所以采用样条线勾勒是最佳的方法。先用样条线画出大概的轮廓，如图 3-86 所示，再复制调整。使用【倒角】工具将二维平面转换为三维模型。最后利用涡轮平滑工具使之更加美观，如图 3-87 所示。

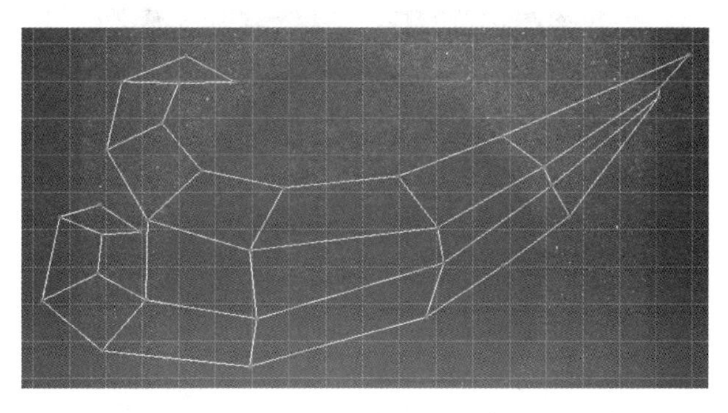

图 3-86 绘制雕花轮廓

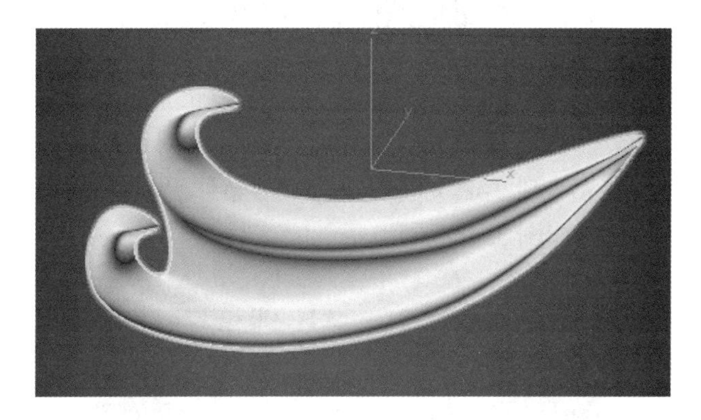

图 3-87 倒角工具使用

（13）可根据需要制作不同样式的花雕，此处不再做过多说明，柱头最终样式如图3-88所示。

图 3-88 柱头最终样式

（14）罗马柱柱身主要是圆柱体结构，先在俯视图创建一个圆柱体，再创建一个小圆柱（大小圆柱高相等）调整小圆的轴心点（仅影响轴）对齐到大圆的轴心。结果如图3-89所示。

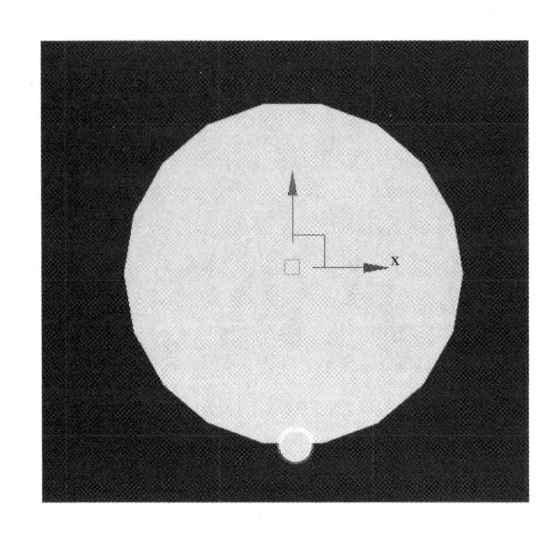

图 3-89　罗马柱柱身制作

（15）打开工具栏中的阵列工具对小圆柱阵列操作，点击预览，旋转角度设置为360°，个数增加到25。结果如图3-90所示。

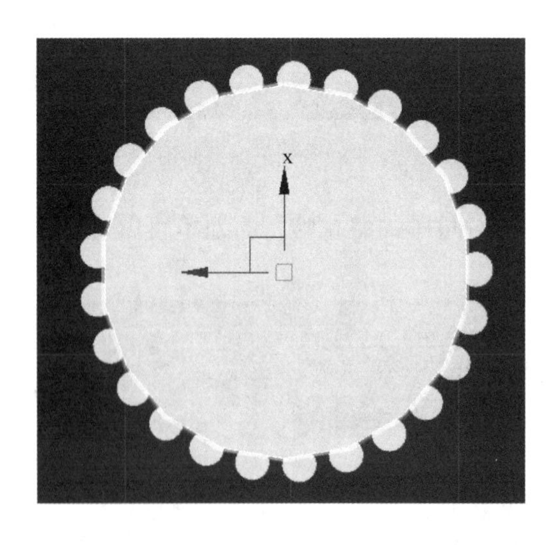

图 3-90　对小圆柱阵列操作

（16）选择其中一个小圆柱体，右键转换为可编辑多边形，点击【附加】工具，将所有的小圆柱体附加成为一个整体。选择大圆柱体，点击【复合对象】|【布尔】，对其进行差集操作，拾取操作对象B点击任一小圆柱体。一个罗马柱体大致完成，如图3-91所示。

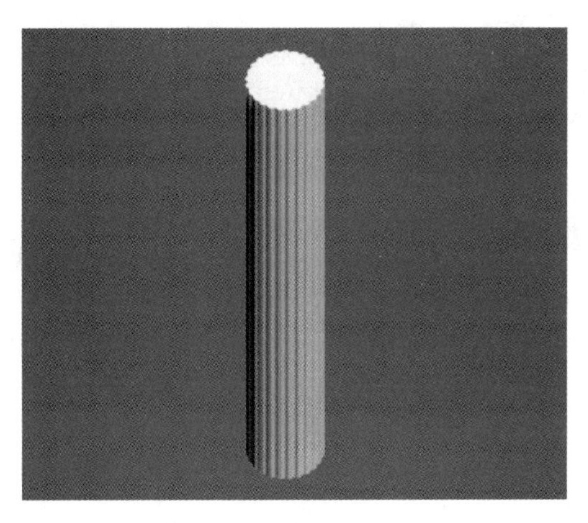

图 3-91　罗马柱

（17）罗马柱底座的主体是一个长方体，先创建一个长方体，再创建一个切角长方体，对其长宽高进行调整并复制，得到如图 3-92 的柱体底座。

图 3-92　柱体底座构建

（18）把各个部分调整间距合成为一个整体，罗马柱的制作基本完成。结果如图3-93所示。

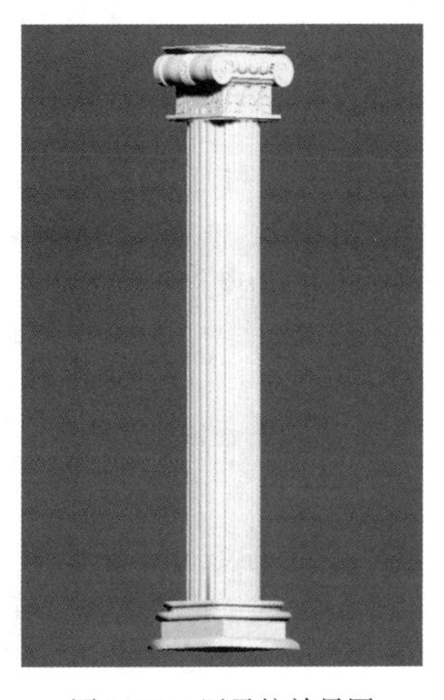

图 3-93　罗马柱效果图

3.5.2 古风凉亭

（1）在标准基本体中创建一个圆柱体，进入修改命令面板，设置参数如图 3-94 所示。

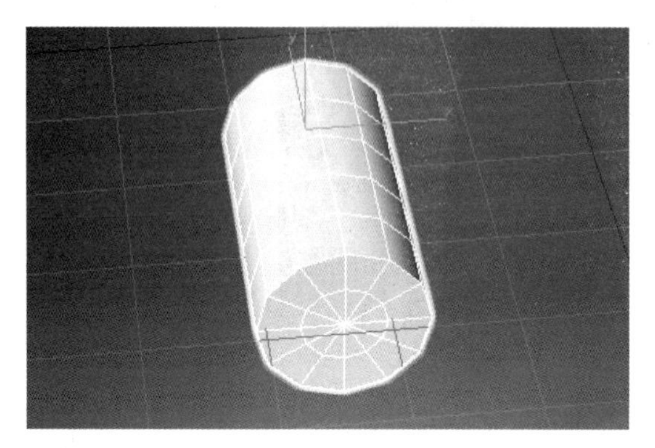

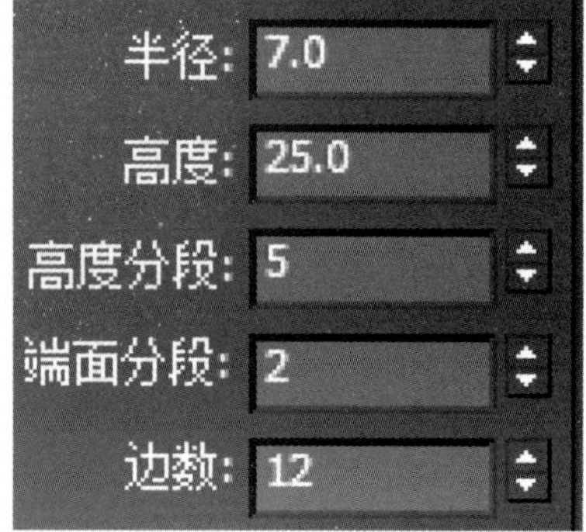

图 3-94 创建一个圆柱体

（2）将创建好的圆柱体转换为可编辑多边形，再向 x 轴方向复制一个圆柱体。

（3）进入复制对象的修改命令面板，以多边形选择，删除圆柱体上半部分只留下如图 3-95 所示的部分。

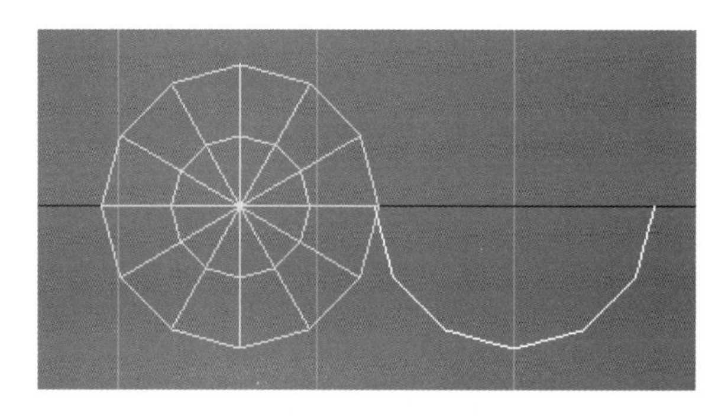

图 3-95 圆柱体修改

（4）用缩放工具将多边形沿着 x 轴拉伸，再调整到如图 3-96 和圆柱体合适的相对位置。

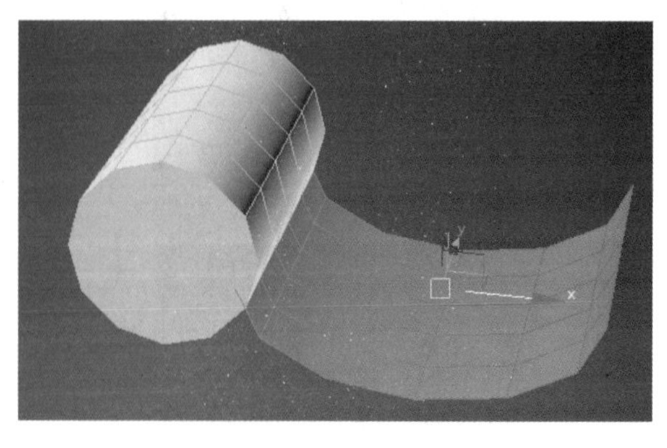

图 3-96 多边形调整

（5）再以边界选择，将多边形拉伸至如图 3-97 所示的效果。

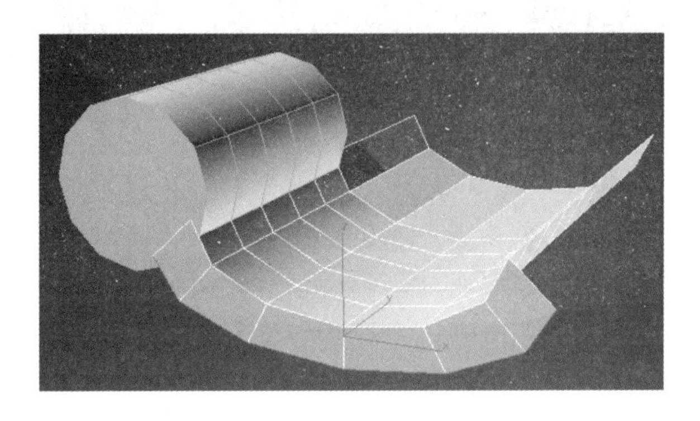

图 3-97　多边形拉伸

（6）再以点选择，在前视图中利用缩放工具修改图形。结果如图 3-98 所示。

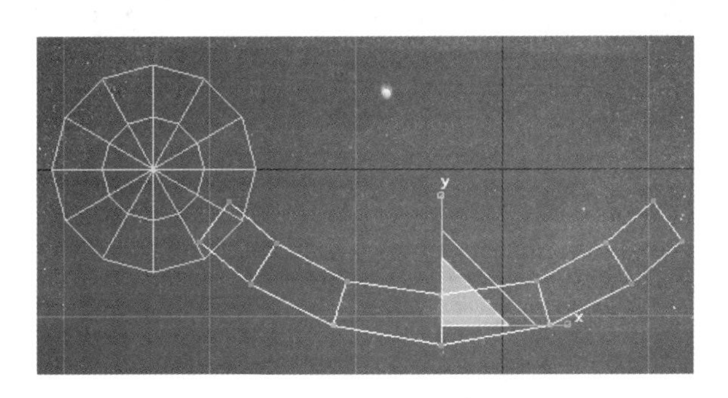

图 3-98　利用缩放工具修改图形

（7）进入圆柱体修改命令面板，选择其横截面内环，利用缩放工具扩大到一定比例。以多边形选择内环的面进行挤出使顶部的结构看起来更加立体。结果如图 3-99 所示。

（8）以多边形选择将圆柱体掏空至如图 3-100 所示的效果。

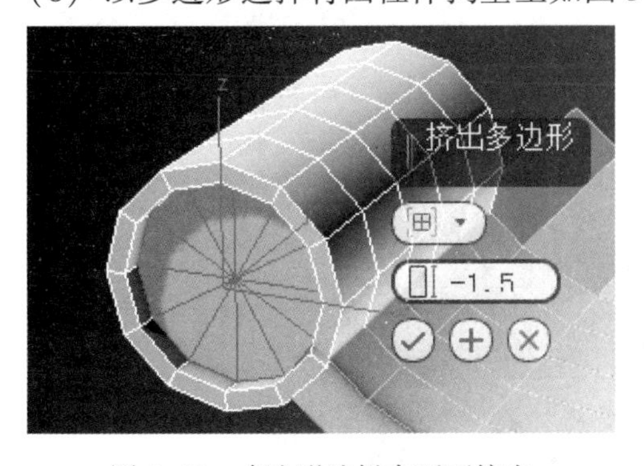

图 3-99　多边形选择内环面挤出

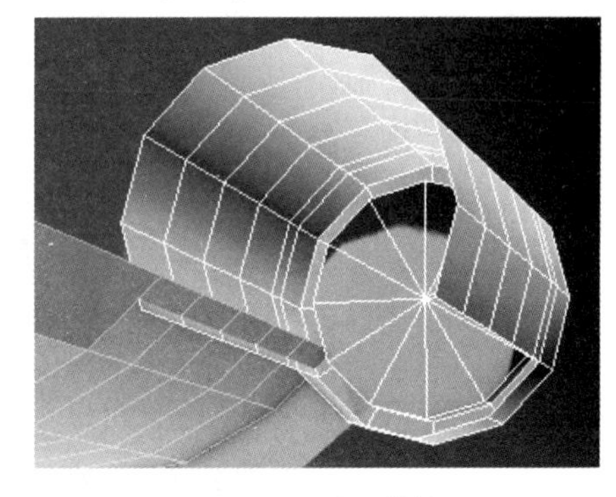

图 3-100　圆柱体掏空

（9）选择之前编辑好的多边形，沿着 y 轴以实例复制。并选择其中一个元素旋转一定角度。结果如图 3-101 所示。

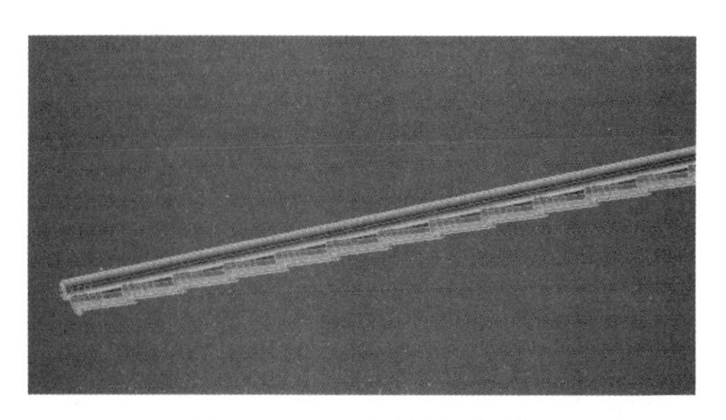

图 3-101　多边形实例复制

（10）按顶点选择，对瓦片的形状进行修改。选择所有对象，在前视图中沿着 x 轴复制。结果如图 3-102 所示。

图 3-102　瓦片修改

（11）在修改命令面板中选择附加工具，选中所有元素，将其合并为一个整体。在修改器列表中选择 FFD（长方体），用 FFD 工具制作屋角起翘，设置如图 3-103 所示参数。

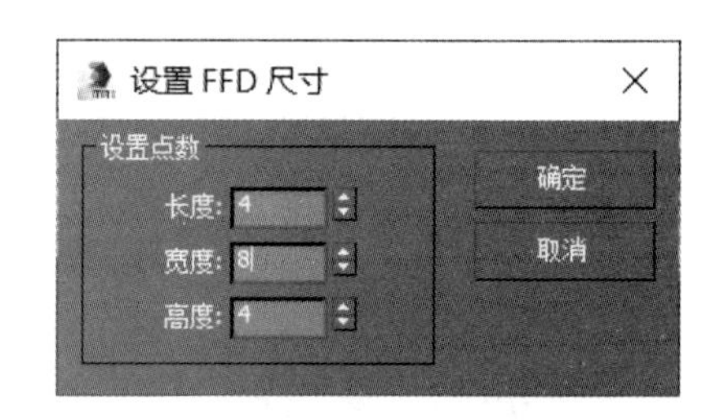

图 3-103　参数设置

（12）在层次命令下找到编辑工作轴，将工作轴放到如图 3-104 所示的位置，对多边形进行旋转命令。再变换一次工作轴位置进行旋转，凉亭顶部翘脚的形状大致呈现。结果如图 3-104 所示。

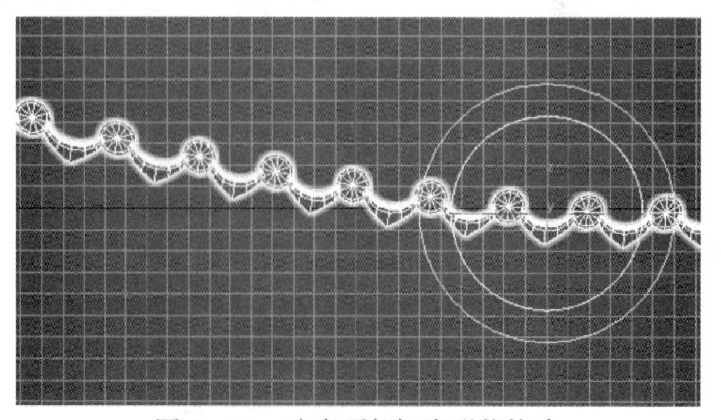

图 3-104　凉亭顶部翘脚形状构建

（13）同理在左视图中做出翘脚。结果如图 3-105 所示。

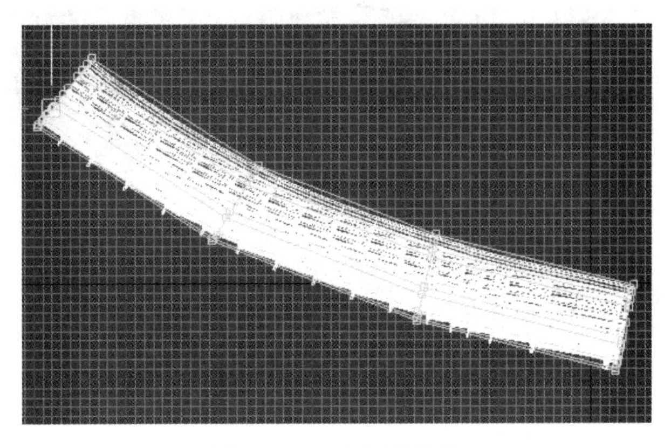

图 3-105　左翘脚构建

（14）在顶视图中创建一个柱体以作参考，柱体参数设置如图 3-106 所示。

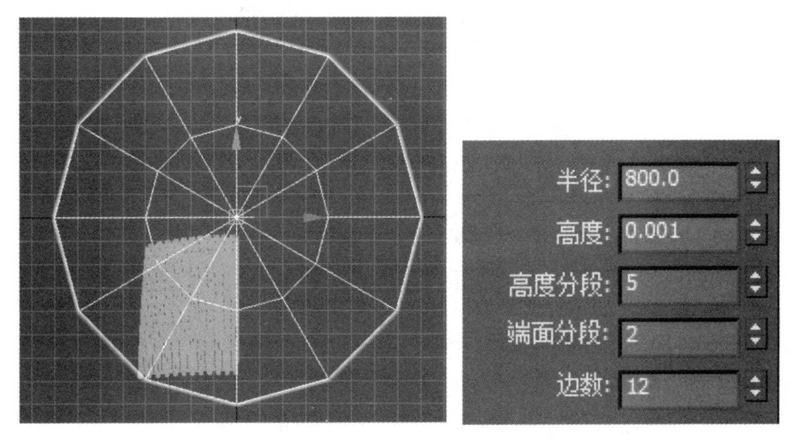

图 3-106　柱体参数设置

（15）在编辑命令下选择快速切片，打开捕捉开关沿着参考柱体切割。

（16）沿着切线将多余部分删除，然后让多边形以 y 轴为对称轴对称复制。结果如图 3-107 所示。

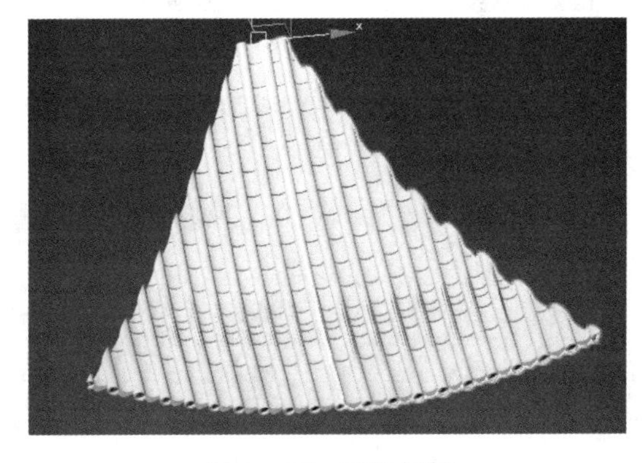

图 3-107　对称复制

（17）在顶视图中以原点为中心点对图形进行复制，得到如图 3-108 所示的屋顶样式。

图 3-108 屋顶样式构建

（18）在顶部中心创建一个圆柱体并转换为可编辑多边形，删除不必要的面。选择其边界，按住 Shift 键，利用移动和缩放工具创建出塔刹。结果如图 3-109 所示。

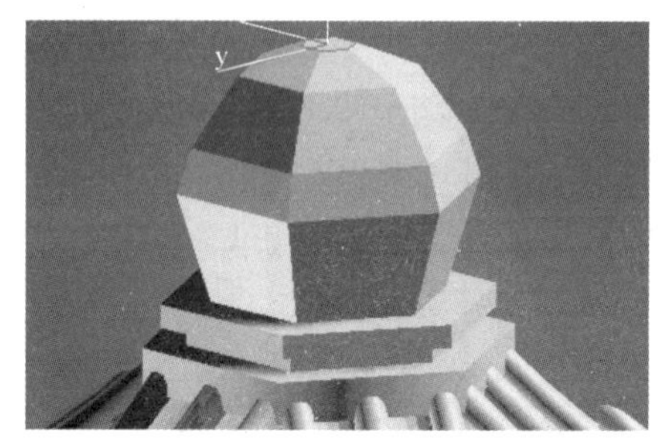

图 3-109 塔刹构建

（19）选择样条线工具中的线勾勒出雕花的样式，然后用挤出工具得到如图 3-110 所示雕花。在顶视图中以原点为中心点旋转复制得到如图 3-111 所示结果。

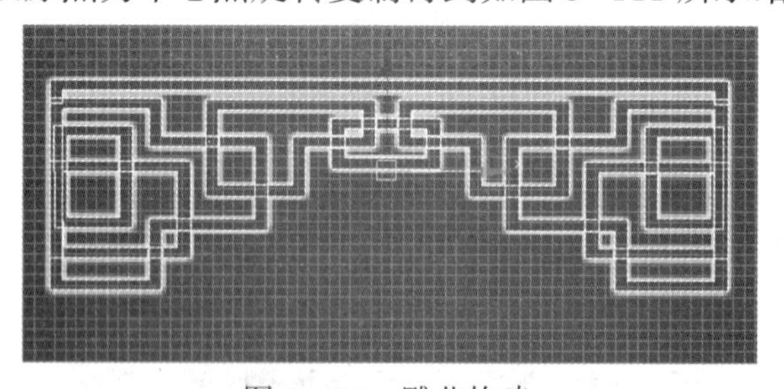

图 3-110 雕花构建

图 3-111 塔顶构建

（20）创建一个圆柱体，同样以原点为中心点进行复制，得到凉亭柱子和底座。结果如图 3-112 所示。

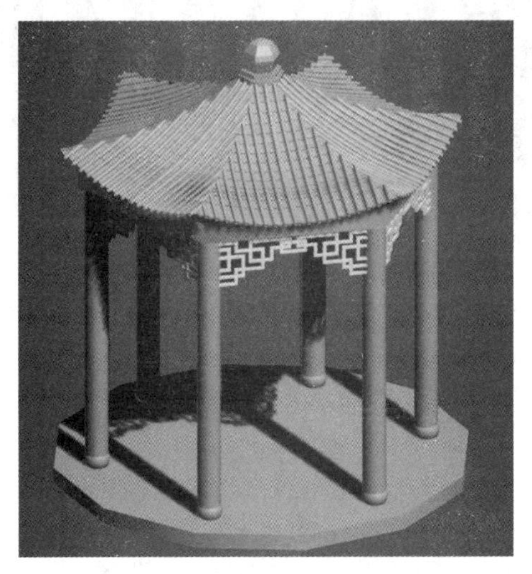

图 3-112 凉亭柱子和底座构建

（21）为了使凉亭更加逼真，需要在底座加入扶手和座位。创建一个六边形柱体，再利用复合对象中的布尔运算构建出如图 3-113 所示底座。创建扶手需要在前视图中先构建一个矩形框，然后在左视图中利用多段线工具绘制出如图 3-114 所示轮廓，点击挤出工具，控制一定间距并复制得到如图 3-115 所示扶手。

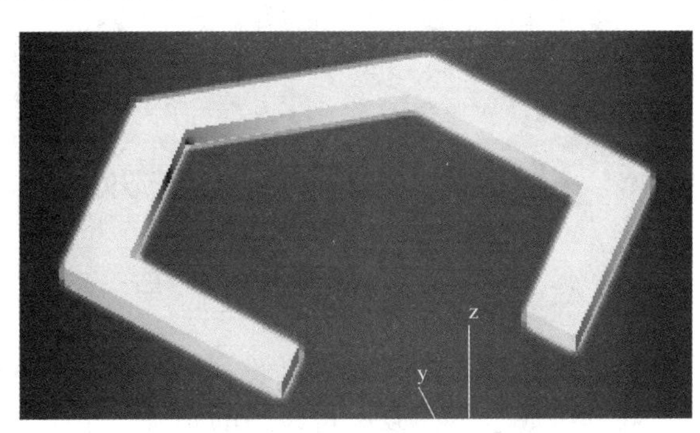

图 3-113 底座

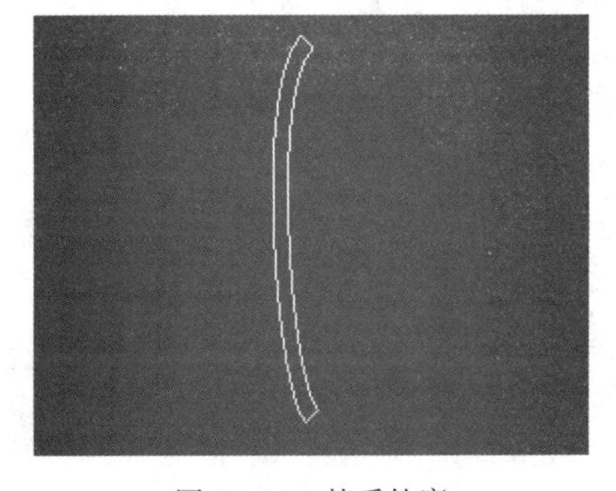

图 3-114 扶手轮廓

图 3-115　扶手构建

（22）最后可以根据不同的场景加入细节。结果如图 3-116 所示。

图 3-116　古风凉亭效果图

3.6　红楼梦大观园典型地物建模

3.6.1　大观园牌匾

红楼梦中的古建筑基本以木结构为主，并辅以砖、瓦、石发展起来的。每个建筑从外观上看都由上、中、下三部分组成。下面以大观园中的牌匾，按图 3-117 为例逐步讲解。

图 3-117　牌匾效果图

3.6.1.1 牌匾顶部

(1) 牌匾顶部的瓦片部分与 3.5.2 小节凉亭顶部瓦片制作过程相同，此处不过多讲解。将制作好的瓦片复制排列，如图 3-118 所示。

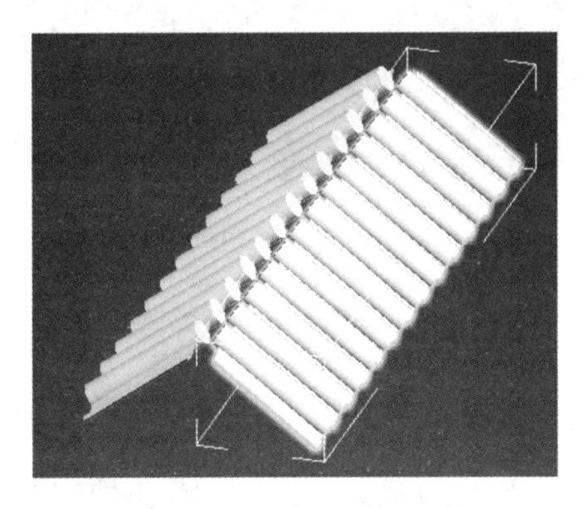

图 3-118 牌匾顶部瓦片

(2) 选择图形中的样条线，绘制出如图 3-119 所示的图形，并挤出一定数量。点击镜像工具以 x 轴为镜像轴复制。结果如图 3-120 所示。

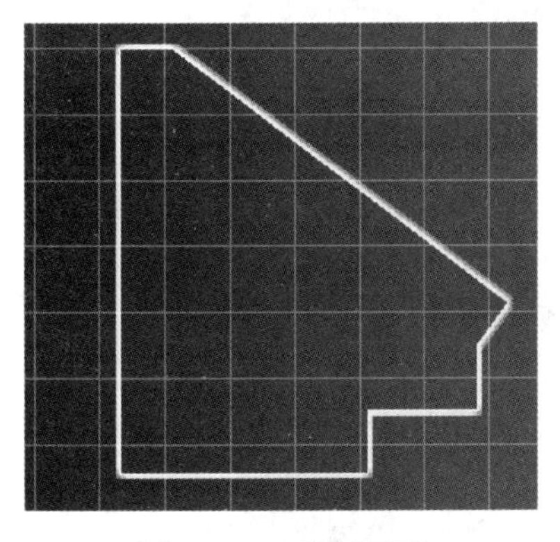

图 3-119 绘制图形

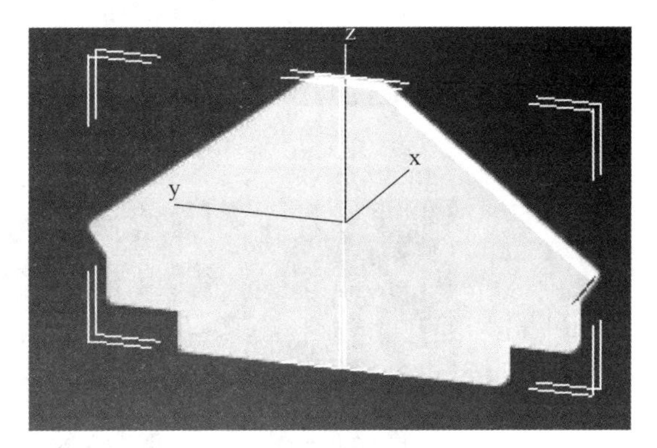

图 3-120 图形镜像

(3) 将图形移动到瓦片一端处，再按住 Shift 键移动至另一端进行复制，结果如图 3-121所示。

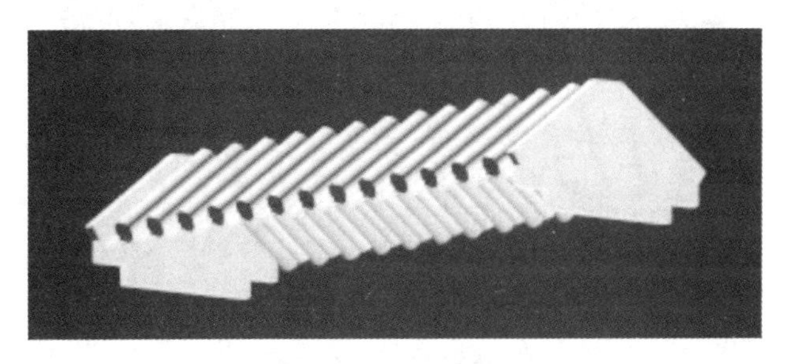

图 3-121 图形复制

（4）在前视图中使用样条线工具绘制出如图 3-122 所示图形，鼠标右键选择顶点将其转换为 Bezier 角点，如图 3-123 所示，通过移动绿点位置来调整图形，最后调整成如图 3-124 所示效果，最终效果图如图 3-125 所示。

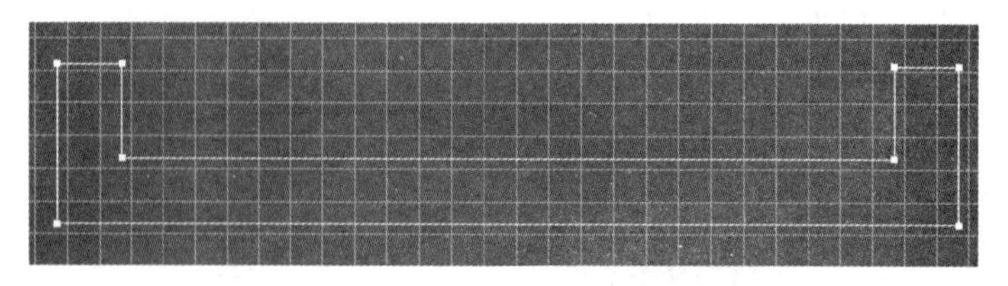

图 3-122　绘制图形

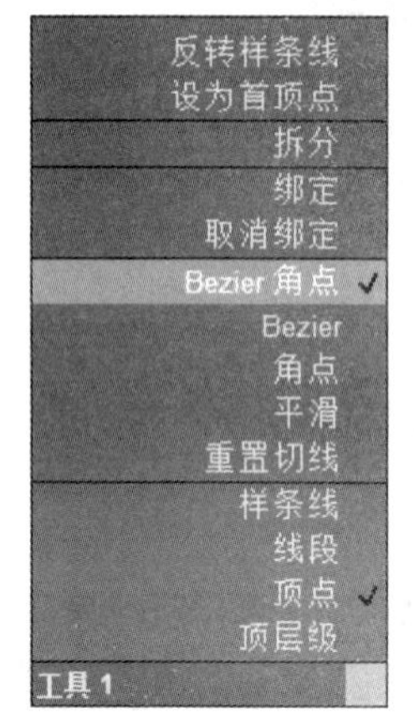

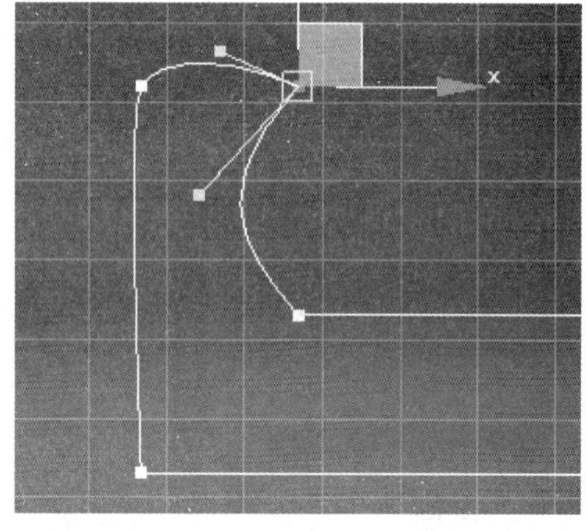

图 3-123　转换为 Bezier 角点

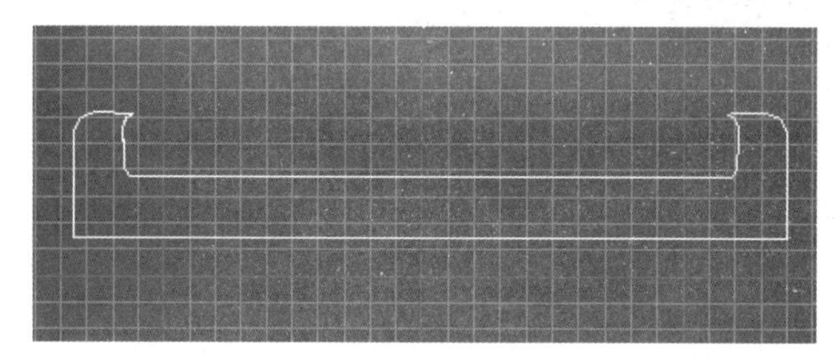

图 3-124　图形调整效果图

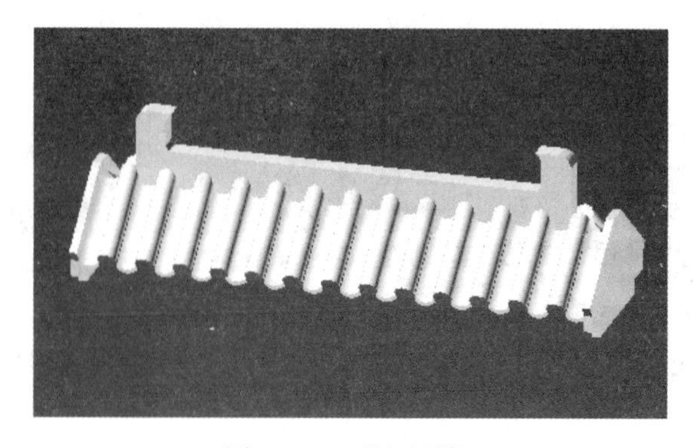

图 3-125　牌匾顶部

（5）创建一个长宽高相同，分段成如图 3-126 所示的长方体，将其转换为可编辑的多边形。

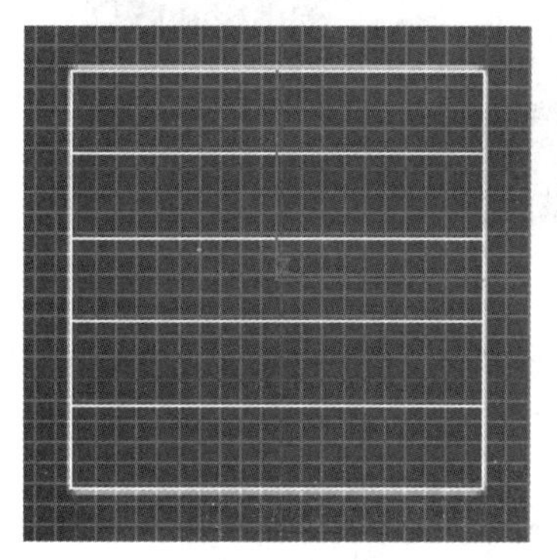
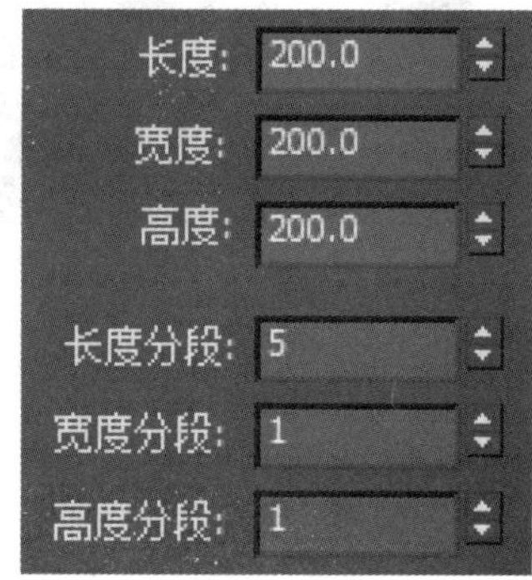

图 3-126　创建长方体

（6）按顶点选择，使用缩放工具将图形修改至如图 3-127 所示，按住 Shift 键移动复制三个放置在瓦片底部。

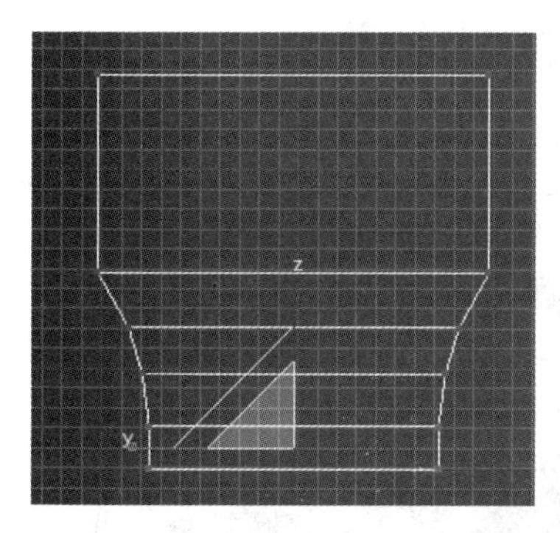
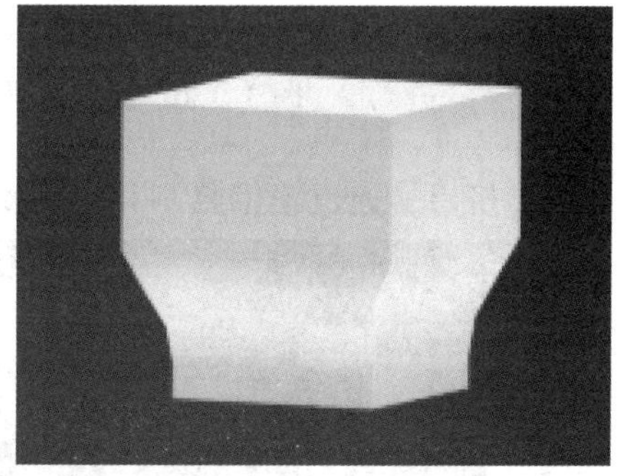

图 3-127　修改图形

（7）至此牌匾的顶部制作完成，如图 3-128 所示。

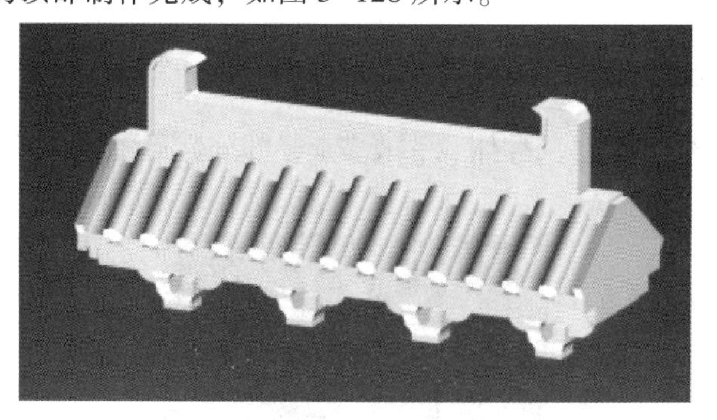

图 3-128　牌匾顶部效果图

3.6.1.2　牌匾中部

（1）牌匾的中部组成比较简单，先创建几个扁平的长方体然后按图 3-129 所示排列。

图 3-129 长方体排列

(2) 在前视图中使用样条线工具描绘出雕花的大致形状，转换为可编辑多边形后将顶点设置为 Bezier 角点，以便勾勒出流畅的曲线。如图 3-130 所示。

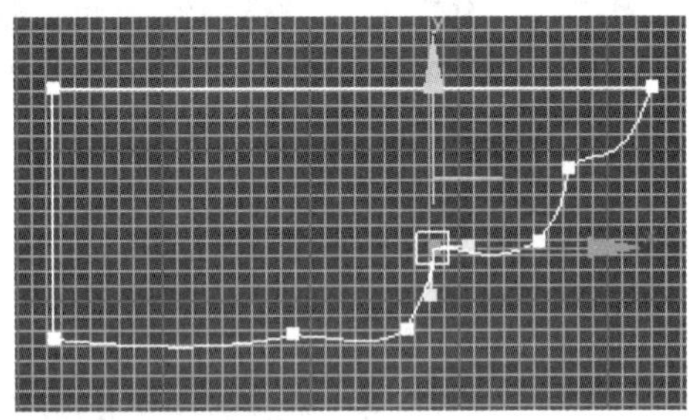

图 3-130 顶点设置为 Bezier 角点

(3) 将多边形挤出，通过镜像复制和移动复制组合成如图 3-131 所示图形。

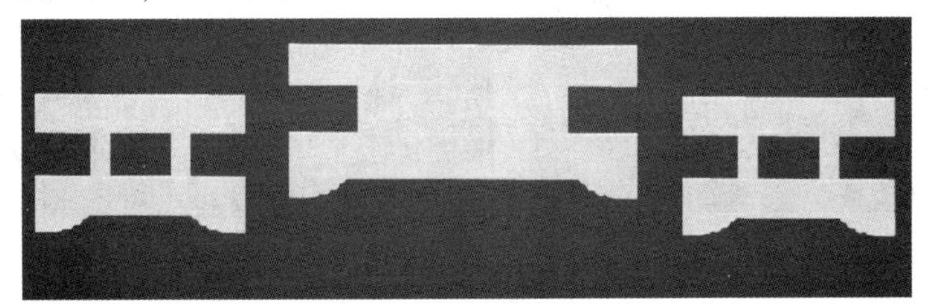

图 3-131 组合图形

3.6.1.3 牌匾柱子

(1) 牌匾的柱身并不全是圆柱体，一般多上半部分为圆柱体，下半部分为长方体，如图3-132所示。

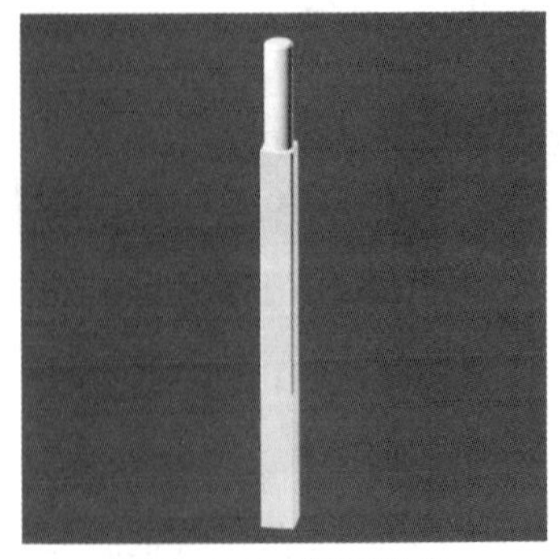

图 3-132 牌匾柱身

（2）柱子底座的雕花，使用样条线勾勒，角点设置为 Bezier 角点，绘制完后挤出，在中间部分插入一个圆柱体，如图 3-133 所示。

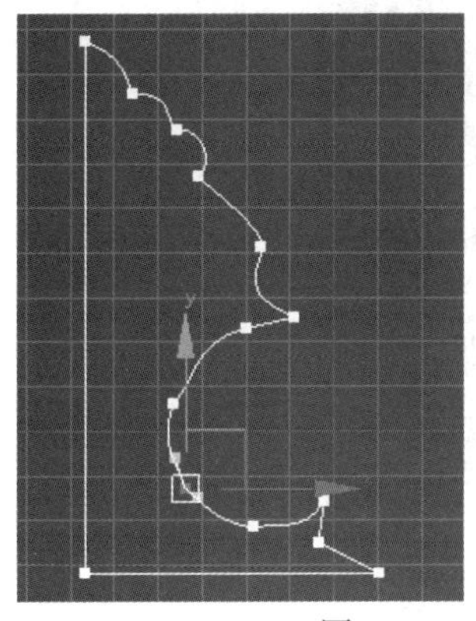

图 3-133　柱子底座的雕花

（3）创建一个长方体并转换为可编辑多边形，以多边形选择它的顶面，使用插入工具和缩放工具将多边形拉伸成如图 3-134 所示。对多边形底面也进行相同的拉伸操作。

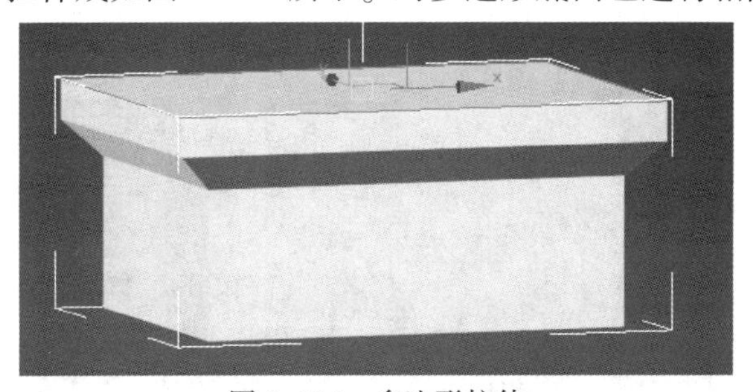

图 3-134　多边形拉伸

（4）将雕花和底座组合，构成如图 3-135 所示结果，通过旋转复制和移动复制等步骤，构成如图 3-136 所示结果，牌匾主体部分制作完成，细节部分可自主添加。

图 3-135　雕花和底座组合

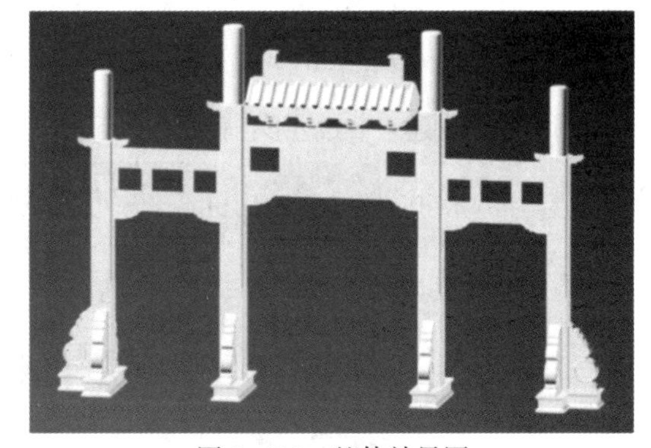

图 3-136　整体效果图

3.6.2　古风吊灯

（1）选择图形中的样条线工具，在前视图中画出如图 3-137 所示线段。

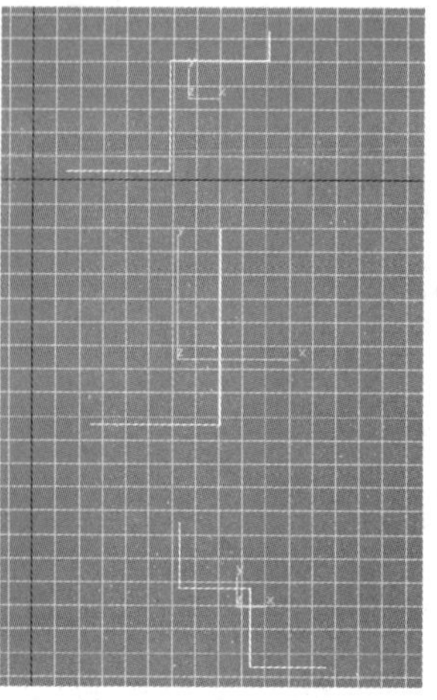

图 3-137 线段绘制

（2）将线段转换为可编辑样条线，进入修改器列表，使用轮廓工具将样条线转换为如图 3-138 所示的图形。

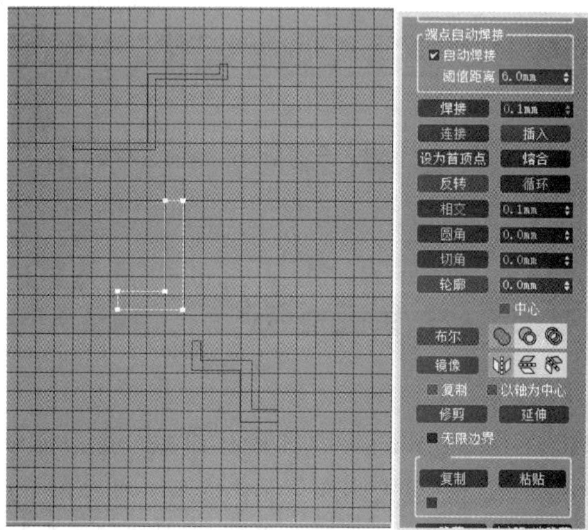

图 3-138 样条线转换

（3）在顶视图中创建一个六边形，转换为可编辑多边形，使用挤出工具挤出，如图 3-139 所示。

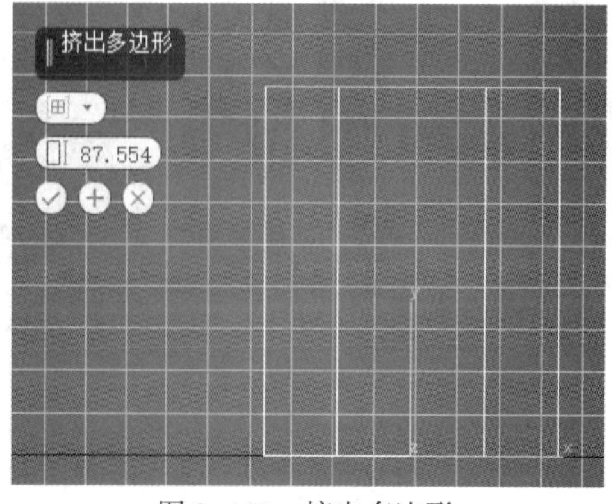

图 3-139 挤出多边形

（4）选择多边形顶面，右键选择挤出工具，将多边形顶面向上挤出，再利用缩放工具将顶面放大，最后再挤出成如图 3-140 所示的形状。

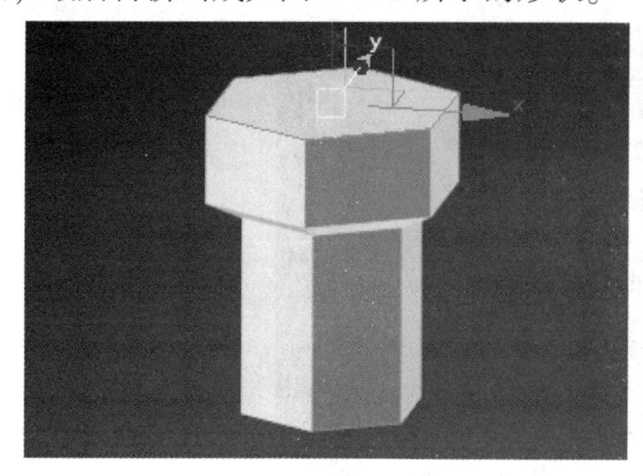
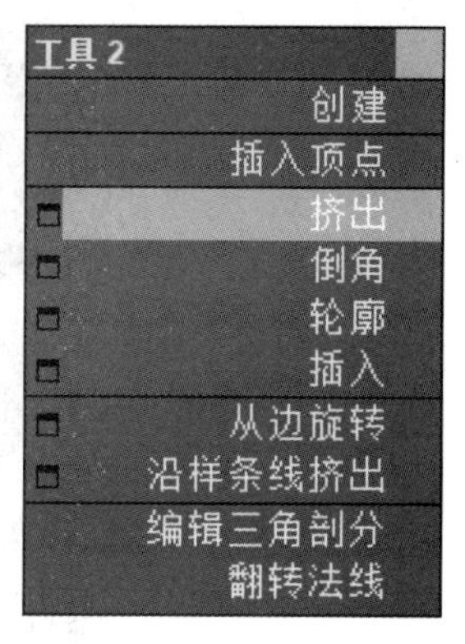

图 3-140　多边形顶面向上挤出

（5）将第一步的图形全部挤出，调整图形位置形状如图 3-141 所示。

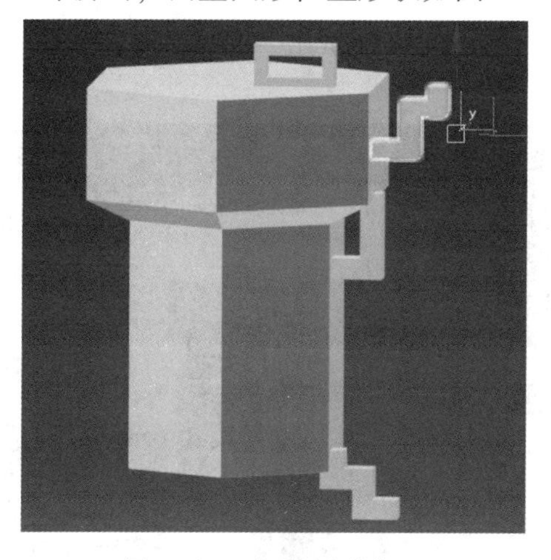

图 3-141　调整图形位置

（6）同时选择这四个图形再点击组命令，创建一个组 001，打开栅格和捕捉设置设置角度参数为 30（度），如图 3-142 所示。

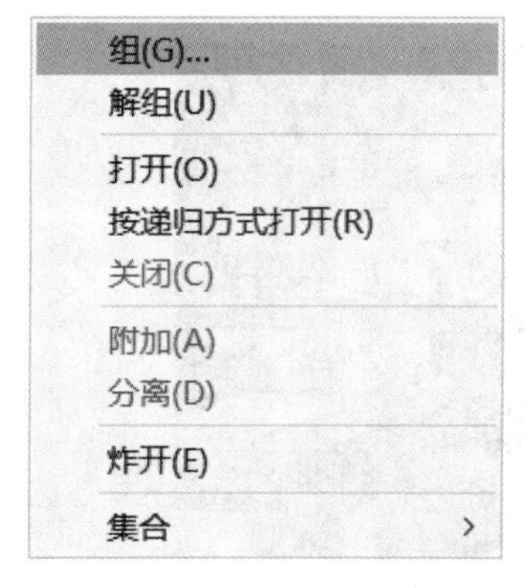

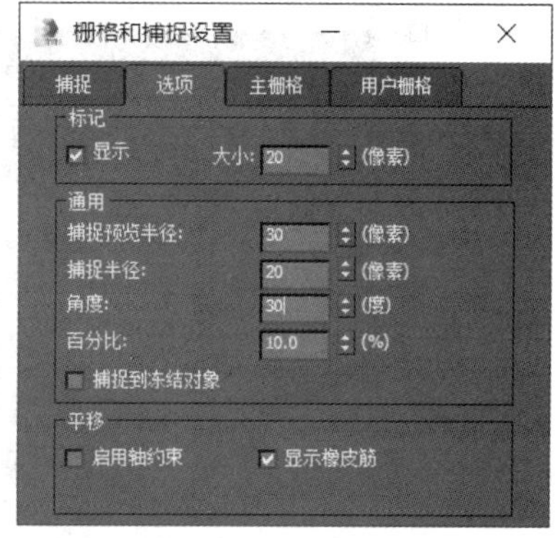

图 3-142　设置捕捉

（7）在顶视图中选择组 001，使用旋转工具同时按住 Shift 键，复制 5 个图形，结果如图 3-143 所示。

图 3-143　复制图形

（8）在顶视图中创建一个六边形并挤出，沿 z 轴复制此图形，调整挤出数量和大小，如图 1-144 所示。

图 3-144　六边形挤出并复制

（9）将两个多边形转换为可编辑多边形并附加到一起，以多边形选择图形四周的面，按住 Ctrl+A 键全选，使用插入工具向内插入并删除内部部分，如图 3-145 所示。

图 3-145　插入工具向内插入并删除内部部分

（10）与步骤（9）同理，向内插入，将内外两部分分离，结果如图3-146所示。

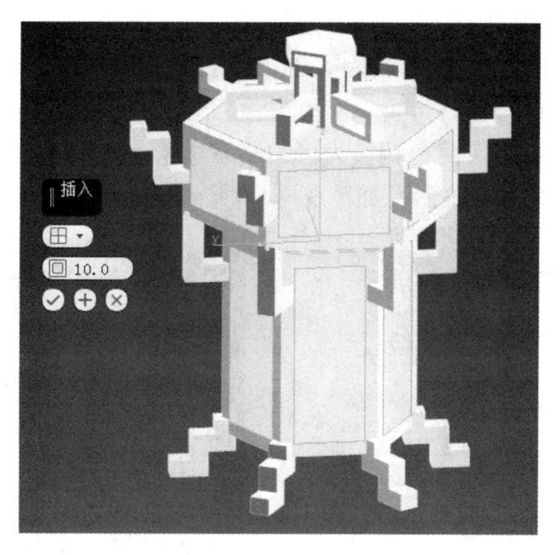

图3-146　内外两部分分离

（11）在修改器列表中选择壳工具，将外部量增加到2~3。最后修改颜色，边框和雕花设置为深棕色，其他部分为乳白色，如图3-147所示。

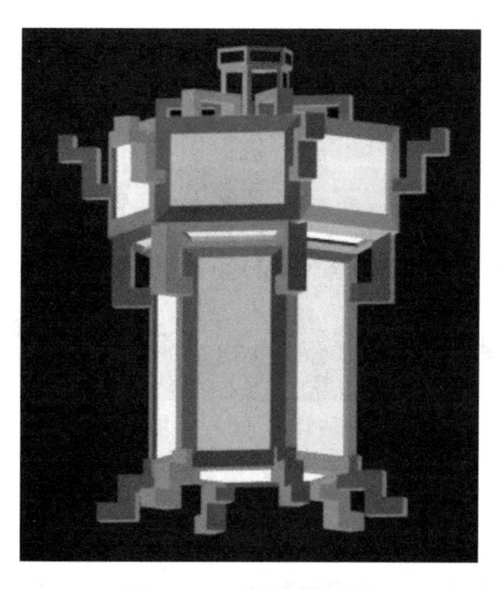

图3-147　最终效果图

3.7　福寿沟三维建模

福寿沟是由数度出任都水丞的水利专家刘彝根据古宋城地势，采用明沟和暗渠相结合，并与城内池塘相连通，以形成调蓄污水处理利用的综合效益的地下排水系统，其全长12km，其主干宽可达1m，最高处为1.6m，是与四川都江堰并称的中国古代伟大的水利建筑。

3.7.1　管道

（1）使用样条线建模制作出形似拱形的管道横截面几何模型，并使用挤出修改器生成一定宽度，如图 3-148 所示。

（2）将上步操作中的几何模型转换为可编辑多边形，通过面挤出方法，沿着福寿沟矢量图进行挤出，生成福寿管道雏形，如图 3-149 所示。

图 3-148　横截面挤出

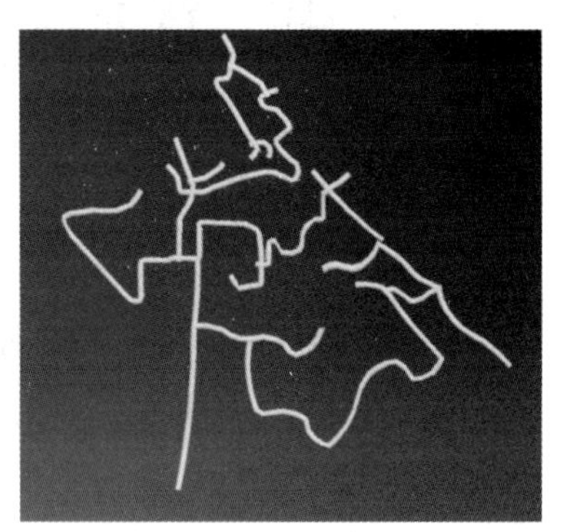

图 3-149　管道雏形

（3）采用布尔命令中的并集操作将福寿沟管道交叉口之间相互连通成一个整体，然后删除管道内不必要的面，如图 3-150 所示。

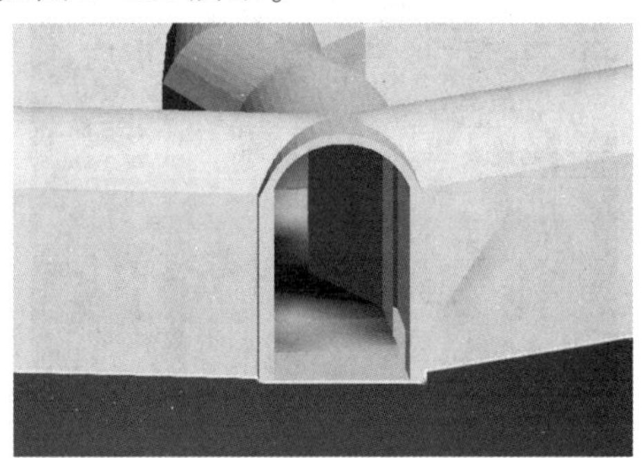

图 3-150　管道交叉口

（4）将需要平滑处的模型面进行竖向线连接，防止后续因使用平滑修改器造成管道形状扭曲，然后赋予涡轮平滑修改器并修改相应参数，如图 3-151 所示。

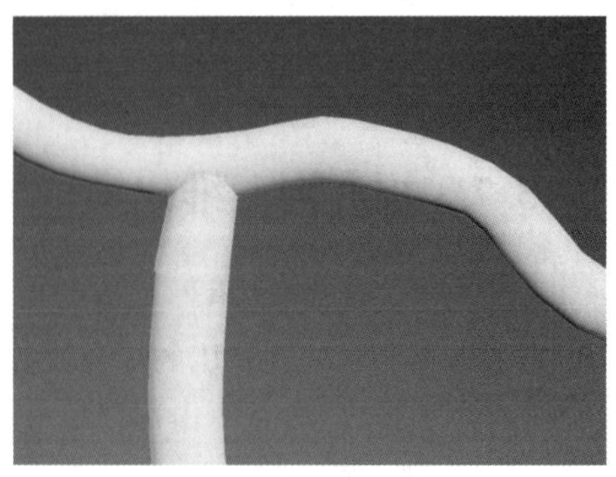

图 3-151　平滑后管道

3.7.2 池塘

（1）导入池塘边界文件（见图 3-152），转换为可编辑的多边形。

（2）将可编辑的多边形挤出一定高度，形成一个柱体。

（3）删除柱体的顶面，添加壳修改器，并增加相应的厚度。

（4）添加涡轮平滑修改器，修改相应参数，形成底部平滑的池塘。

（5）以池塘内部轮廓复制出一面，用于后续进行水面贴图。

（6）通过 PS 将贴图进行处理，导入 3D MAXS 中进行材质贴图。赋予模型 UVW 贴图修改器，反复调整各项参数，达到模型最真实的效果（见图 3-153）。

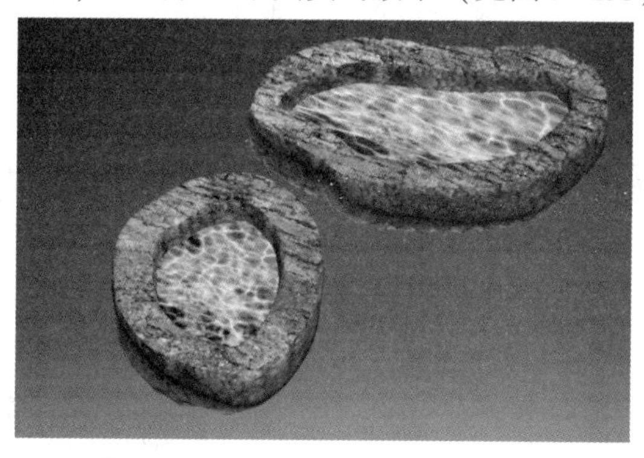

图 3-152　池塘

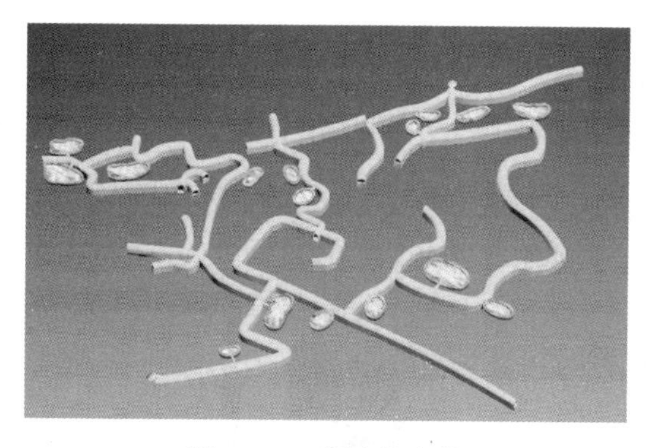

图 3-153　福寿沟全貌

CityEngine 规则建模

扫码获取
数字资源

4.1 软件安装与部署

（1）首先进入 CityEngine 官网授权界面，点击 Start your CityEngine trial，如图 4-1 所示。

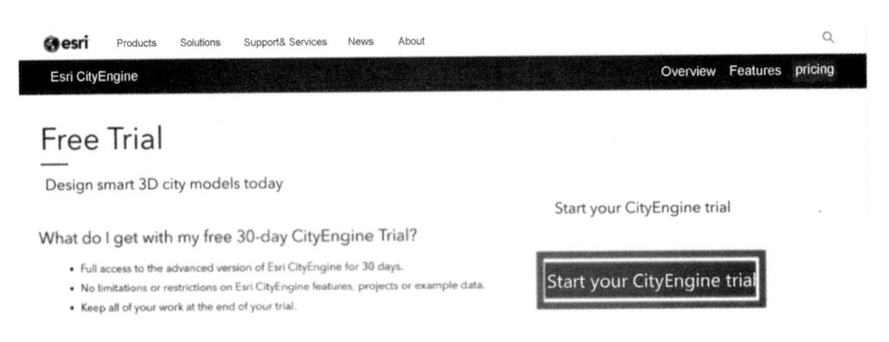

图 4-1　CityEngine 授权界面

（2）在进入登录界面后，输入 esri 用户账号即可，如图 4-2 所示，若无账号则需填写个人信息进行注册后登录，如图 4-3 所示。

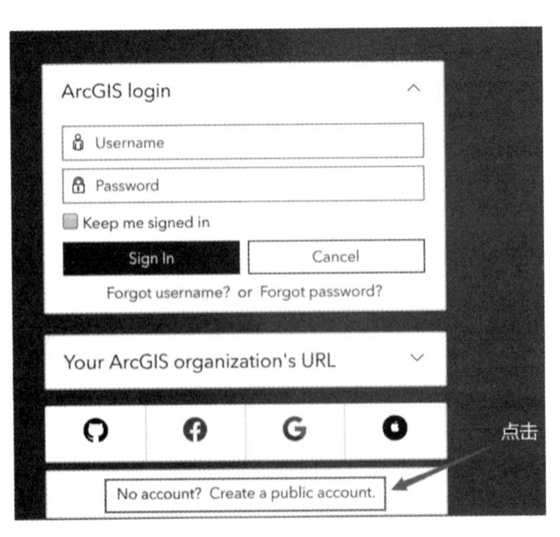

图 4-2　用户登录界面

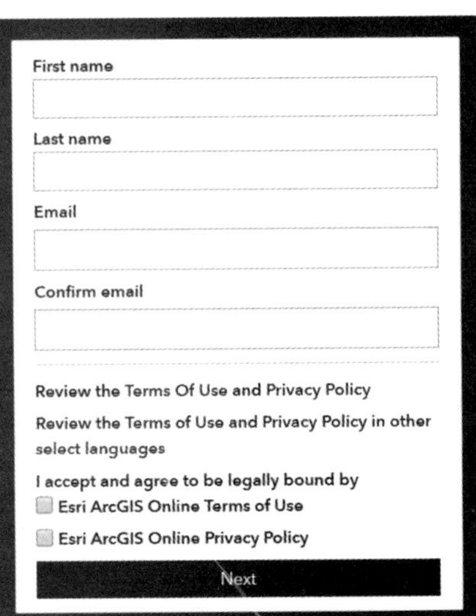

图 4-3　用户注册界面

（3）登入成功后，填写完使用该产品的账户信息后，点击 next。

（4）上述步骤成功后即可进入授权码以及软件下载界面，选择相应的软件包进行下载。

（5）下载完成后，打开下载后的软件安装程序所在的文件夹。

（6）双击运行软件安装程序，开始安装。

（7）选择安装包提取文件的目标文件夹。

（8）选择“我接受主协议”，并点击“下一步”。

（9）点击“安装”。最后点击完成。

（10）点击“CityEngine 2019.1 Administrator”进行软件授权。然后选择“单机版”，同时设置“许可管理器”，最后点击“立即授权”。如图 4-4 所示。

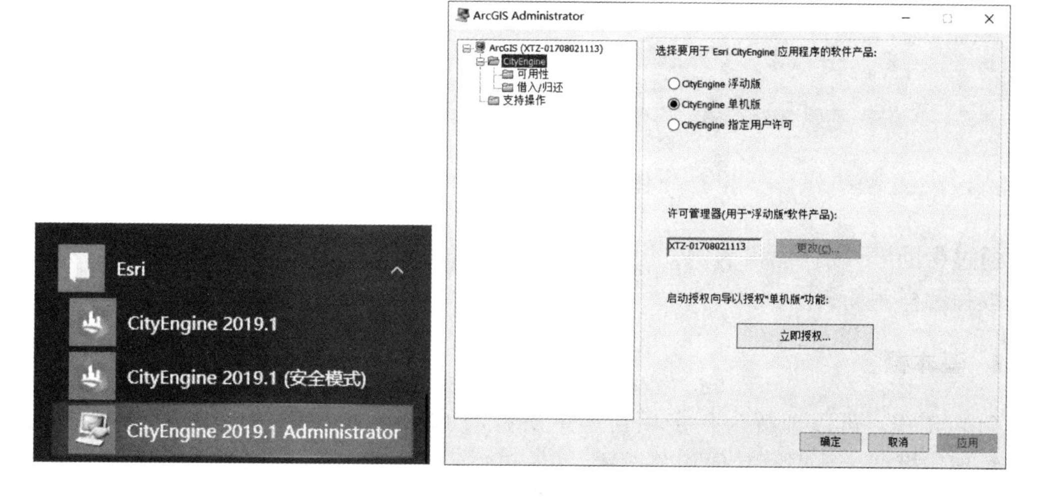

图 4-4　单机版授权

（11）选择“我已安装了软件，需要对其进行授权”，并点击“下一步”。选择“立即使用 Internet 通过 Esri 进行授权”，并点击下一步。

（12）填写授权信息，并点击“下一步”。填写产品授权码，将之前申请的 EVA 授权码输入，并点击“下一步”。授权完成，点击“完成”。

4.2 CityEngine 基础

4.2.1 软件基本操作与教程

软件鼠标键盘操作解译及工具栏分别如表 4-1 和图 4-5 所示。

表 4-1　鼠标键盘操作解译

操作方式	功　能
鼠标左键	选择要素
鼠标滚轮	场景缩放

续表 4-1

操作方式	功　能
F 键	缩放到所选内容，如果什么都不选则缩放到全图
I 键	隐藏除了选中的建筑物以外模型，选中的模型不隐藏
Alt 键+鼠标左键	旋转视角
Alt 键+鼠标滚轮（按下）	平移场景
Alt 键+鼠标右键	场景缩放
Ctrl+A	全选场景中的要素
Shift+Ctrl+A	取消选择

工具栏上也有相应的类似工具实现上述操作，如图 4-5 所示。

图 4-5　数据编辑工具条

通过帮助-下载教程和示例，可以在 CityEngine 后台下载教程与示例数据。一共二十多个教程和样例场景。

4.2.2　基本概念

（1）工程：可以理解为一个项目当中所有与 CityEngine 相关的资源，包括规则、场景、纹理、模型、数据及其他相关设置。

（2）场景：一个工程中可以有多个场景，场景中有多个图层。

（3）规则：CityEngine 的核心部分，存储在规则文件 . Cga 中，通过 Lot 或 street 进行赋予规则可以生成 3D 模型。

（4）CGA 文件：CityEngine 中建筑使用 CGA 文件进行描述。一个 CGA 文件可以由多条规则组成，这些规则定义了真实的建筑几何如何生成。在一个 CGA 文件被赋予一个 shape 之后，建筑模型开始生成。

4.2.3　操作手册

4.2.3.1　用户界面

用户界面如图 4-6 所示。

（1）Scene Editor：场景编辑器，主要对场景中图层、对象进行管理。

（2）CGA rule editor：CGA 规则编辑器，主要用于编写规则文件。

（3）3D viewport：3D 视窗，展示三维场景。

（4）Inspector：属性面板，用来查看和编辑所选对象的细节。

（5）Navigator：资源管理面板，工作空间文件管理与预览。

（6）Second Viewport：第二个 3D 窗口（采用俯视图）。

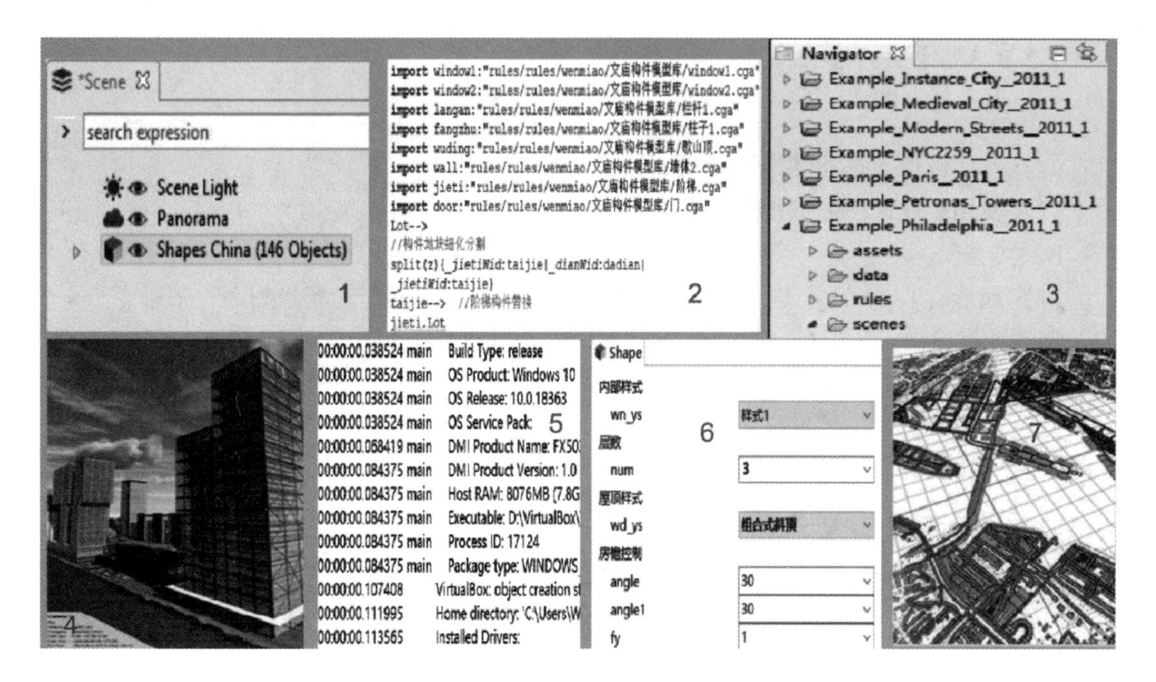

图 4-6 CityEngine 软件界面

(7) Log for Errors/Console：日志窗口、CGA 规则控制台输出窗口、CGA 编译器错误和警告问题窗口。

注：CityEngine 支持选项卡式输出窗口，可以按照任意板式排列。

4.2.3.2 项目管理

CityEngine 以项目为单位进行管理。在 CityEngine 安装的时候会指定工作空间。默认情况下项目会放在默认的工作空间 CityEngine 文件夹中。可以为 CityEngine 中指定不同的工作空间，打开特定的项目之前先切换到项目所在的工作空间。

(1) 工程文件组织。为了使用方便，默认的项目工程包含的文件夹如下：

1) Assets 文件夹：存放模型零件或纹理图片。

2) Data 文件夹：存放道路或地块数据，例如：. shp，. dxf，. osm。

3) Images 文件夹：存放场景快照。

4) Maps 文件夹：存放地图图层来源的影像、图片数据。例如：“. jpg”，“. png”，“. tif”。

5) Models：导出的 3D 模型默认存放位置。试用版只支持模型导出。

6) Rules：存放规则文件 . cga。

7) Scenes：存放场景文件 . cgj。

8) Scripts：存放脚本文件。

(2) 导入、导出、刷新。通过【文件】-【导入】，可以将外部工程导入到工作空间中。

同理通过【文件】-【导出】，可以导出相关内容。

刷新工作空间-F5 或文件-刷新工作空间。

切换工作空间-文件-刷新工作空间。

4.2.3.3 地图图层

A 功能

(1) 使用影像数据添加地图对象到场景中来；

(2) 使用影像地图数据的各种属性。

B 类型

(1) 地形（Terrain）：地形图层，创建一个高程地图格网作为场景的高程基础。

创建地形图层：【图层】-【新建地图图层】-【地形】（见图 4-7）。

图 4-7 地形设置面板

Heightmap File：高度地图文件，多为灰度图，如果选择一副带有地理参考的影像，高程与边界会进行自动设置。

Texture File：纹理文件，设置纹理。

Channel：通道，大多数情况选择 brightness。

地形图层贴纹理后效果如图 4-8 所示。

图 4-8 地形图层贴纹理后效果图

(2) 纹理 (Texture): 作为场景的背景。

创建纹理图层:【图层】-【新建地图图层】-【纹理】(见图 4-9)。

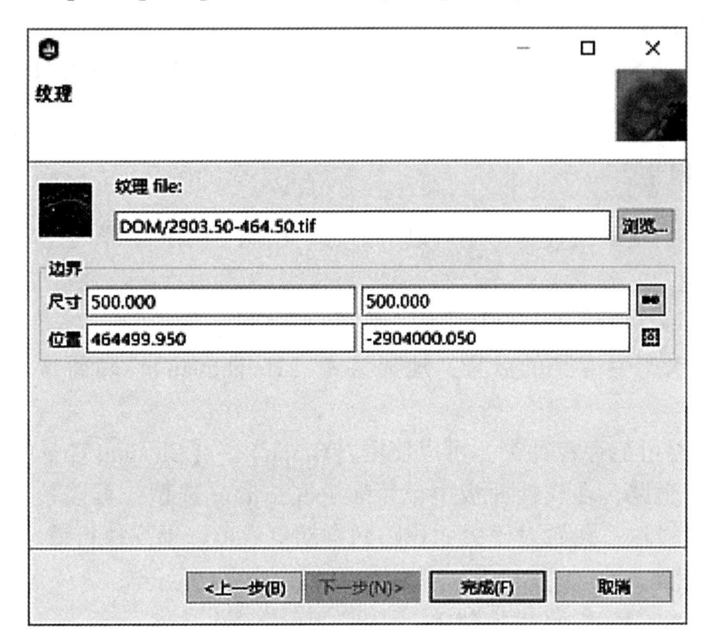

图 4-9 纹理设置面板

(3) 障碍 (Obstacle): 控制道路增长算法生成道路网。作为属性提供图层, 提供真假值。

在城市环境中, 对于街道的摆放有很多的限制, 这些限制可能是公园、江河、湖泊, 这些地方都不能出现街道或者建筑。为了模拟这些情况, 可以创建一个障碍图层来进行控制。深色的是障碍, 浅色的是正常。

创建一个障碍图层:【图层】-【新建地图图层】-【障碍】-【选择障碍文件】-【确定大小与偏移】。

(4) 映射 (Mapping): 映射图层是栅格数据通道和数据函数结合, 用于控制规则总对象的属性, 如从栅格数据中读取波段值, 进而来控制建筑物高度或土地利用类型等。

创建一个映射图层:【图层】-【新建地图图层】-【映射】-【选择映射文件】-【确定大小与偏移】-【设置最大值和最小值】。

(5) 函数 (Function): 任意数学函数用来控制规则属性。

创建一个函数图层:【图层】-【新建地图图层】-【函数】。

4.2.4 Shapes

从几何学上讲, Shape 就是简单的多边形。可以利用 CityEngine 产生或者从外部数据源导入。Shape 是 CGA 生成模型的起点, 给 Shape 赋予一定的规则就可以产生模型。

手动创建 Shapes: 使用工具 "Create Shape Tool" 可以手动创建 Shape。

注: 逆时针画多边形时, 正面朝上。这意味着你通过 Extrude 操作拉伸多边形时, 是向上增长的。你画的第一条边代表着未来 Extrude 操作后, 立方体的 Front 面, 也是 scope.x 的方向。

从几何网络中创建 Shapes：街道和地块可以使用创建几何网络和形状的方法自动创建。

导入 Shapes：可以从" .obj"," .dxf"," .shp" and" .osm" 中导入 Shapes。这是与 GIS 进行结合建模的主要方法。

注：此处提到的 Shapes 主要是二维的几何图形，与 4.2.6 小节中提到的 Shapes 含义不同。

4.2.5 街道几何网络

可以自动创建街道网络数据，也可以从 DXF、OSM、SHP 中导入几何网络数据。

（1）自动创建。

1）【Graph】→【Grow Streets】…

2）可以对一次产生道路的数量，地形参考（Heightmap）、障碍参考（Obstaclemap）进行设置。

3）产生的道路可能存在冲突，可以使用【Graph】-【Cleanup Graph】进行清理。

注：通过全选道路，在属性面板中设置 shapeCreation 选型，可以禁止 shapes 的产生，仅生成道路网。通过这一设置对于大面积路网自动生成可以提高执行效率。

（2）交互式创建。

1）使用工具栏工具 进行创建。

2）使用工具，可以对其进行变形操作。

（3）参数调整。选择道路片段数据，在属性表中可以对道路属性进行调整。例如：路宽、左右人行道的宽度。

（4）路网贴地设置。选择需要的道路网络数据，【Graph】-【Align Graph to Terrain】…，选择地形图层。

注：【Layer】→【Align Terrain to Shapes】…与【Graph】→【Align Graph to Terrain】…功能相反。两个都使用一次，可以使路网与地形契合的更加紧密。

（5）路网类型。道路的结构组织类型如图 4-10 所示。

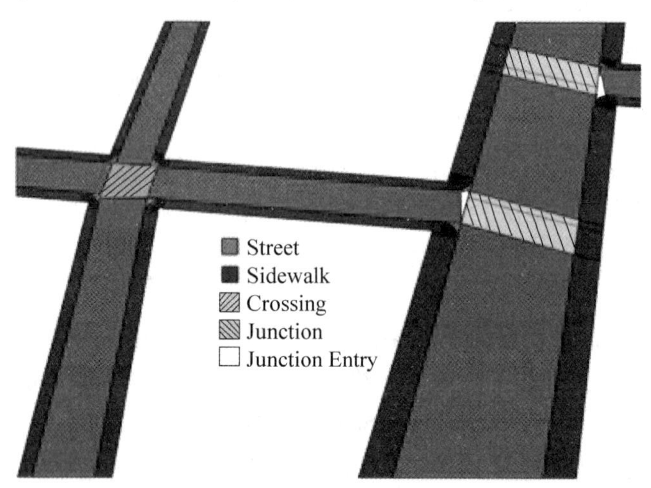

图 4-10 道路的结构组织

每种类型默认的开始规则如下：

Street：apply street lane textures depending on the street width

Sidewalk：extrude to sidewalk height apply sidewalk texture distribute lamps（3D assets）

Crossing：apply concrete texture

Junction：Same as crossing

JunctionEntry：Same as crossing

为了简化处理 Junction、JunctionEntry，可以把这两类归到 Crossing 中。

4.2.6 静态模型

静态模型在 CityEngine 中既不能通过 CGA 规则进行修改，也不能改变其纹理，只能调整其位置和大小。通常这些模型来源于其他 3D 设计工具例如：3DS MAX，Cinema 4D，Houdini，ArchiCAD 等等。静态模型导入支持的文件格式有：OBJ、DAE、KMZ/KML。

4.2.7 基于规则建模

CityEngine 的 CGA Shape Grammar 是一种独特的编程语言，用来生成建筑 3D 内容。CAG 是计算机生成建筑（Computer Generated Architecture）的缩写。语义建模的思想是定义规则，通过迭代精炼设计，从而创建细节完成内容。这些规则操作由几何组成的形状（shapes）。CGA Shapes 与 4.2.4 小节中提到的 shapes 是不同的，那些 shapes 应该被称为 CGA 规则建模的起点（initial shapes）。CGA Shapes 是指由规则创造产生的模型或者模型的组成部分，可以简称为模型（见图 4-11）。

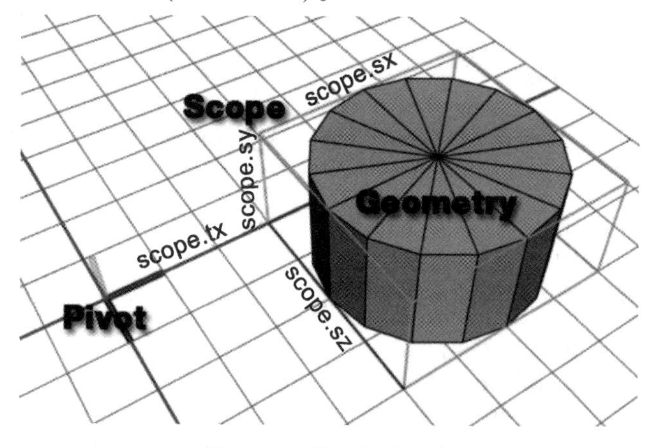

图 4-11 模型构成要素

4.2.8 数据导入

4.2.8.1 拖拽导入

在 CityEngine 场景中导入数据最便捷的方法是直接从【Navigator】中拖拽文件到【3D 视口】。通过这种方式导入时，不会弹出对话框，自动采用默认导入参数。支持拖拽导入的格式见表 4-2。

表 4-2 CityEngine 支持数据拖拽到场景的数据格式

文件格式	支持拖拽导入行为
. dae	导入静态模型
. dxf	导入 shapes 或 graph segments
. gdb	导入支持的图层类型：点 shapes、线、面
. kml	导入所有 dae 对象作为静态模型
. kmz	导入所有 dae 对象作为静态模型
. obj	导入作为静态模型
. osm	导入作为 shapes 或 graph segments
. shp	导入作为 shapes、point shapes、multipatch shapes、几何网络

注：shp point 进来后会变为 shape（正方形）。拖拽导入影像数据；带有地理参考的数据，例如 kml，gdb，shp，放置到地理参考位置；没有地理参考信息的数据放到拖拽的地点。

4.2.8.2 通过菜单导入

包括两种方式：

（1）Navigator 窗口上，选中文件，【Right-mouse】→【Import】…

（2）【File】→【Import】…

注：与拖拽导入相比，弹出参数设置窗口，可设置详细导入参数。

Shape 导入支持的文件格式：COLLADA、DAE、DXF、FGDB、OBJ、OSM、SHP。

静态模型导入支持的文件格式：COLLADA DAE、KMZ/KML、OBJ。

Graph 导入支持的文件格式：FGDB、DXF、OSM、SHP。

4.2.9 地理参考

4.2.9.1 场景坐标系统

场景坐标系统定义了场景的参考坐标系统，这会影响到地理数据的导入，导出、HUD information。

（1）地理数据添加到场景时设置坐标系。第一次添加带有地理参考的数据到场景时，会提示定义场景坐标系以匹配地理数据坐标系。

（2）创建一个新的场景时设置坐标系（见图 4-12）。

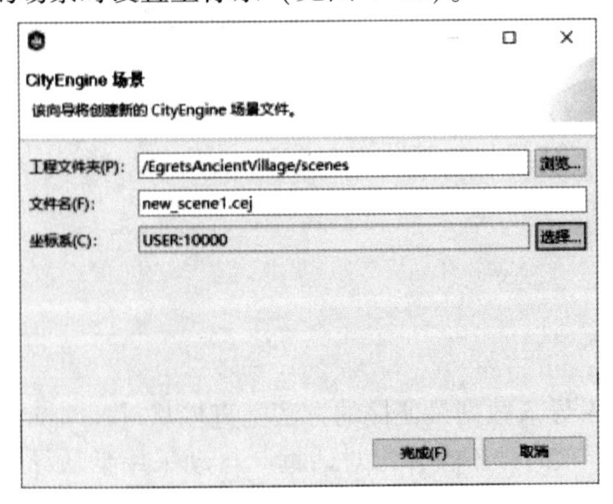

图 4-12 设置新场景坐标系

（3）在参数选择中改变场景坐标系（见图 4-13）。

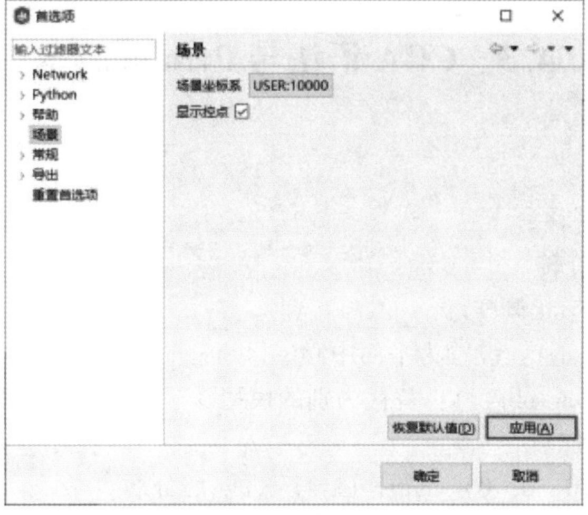

图 4-13 修改场景坐标系

注：在 CityEngine 中仅有投影坐标系，没有地理坐标系。

4.2.9.2 使用地理参考数据

所有的地理参考矢量数据在导入场景坐标系后，会自动进行重投影。

Shapefile（.shp）：CityEngine 会自动寻找 .prj。

File Geodatabase（.gdb）：读取 GDB 数据集的每一个图层。

KML/KMZ、OpenStreetMap（.osm）：解译为 WGS1984 坐标系。

带地理参考影像数据：影像数据具有地理参考，如包含内嵌的地理参考元数据，有属于影像的 world 文件，有属于影像的 prj 文件，导入影像数据时没有重投影和旋转，因此导入影像数据之前一定要把坐标系处理好。

4.2.10 导出模型

在当前场景中模型导出模块完全独立于模型产生模块，因此无需先生成场景再导出模型。支持的模型导出格式列表如图 4-14 所示。

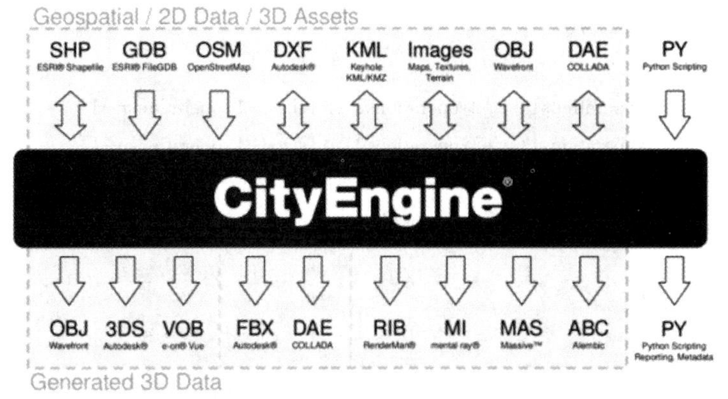

图 4-14 模型导出格式

与 ArcGIS 结合使用，建议输出成 . Dae 文件。

4.3 CGA 语法与 Python 脚本

4.3.1 常用命令

t（tx，ty，tz）：平移。

r（rx，ry，rz）：旋转。

s（sx，sy，sz）：形状调整。

center（axes-selector）：设置为平面中心。

i（" facades/window. obj" ）：替代为别的模型。

extrude（18）：拉伸。

split（z）{2：r（0，0，0）center（xyz）X}：切分。

4.3.2 CGA 规则语法

（1）Extrude。

概要：拉伸 Lot 至 shape。

extrude（height）。

extrude（axisWorld，height）。

参数：extrude（height）默认沿 y 轴拉伸。

extrude（axisWorld，height）设定拉伸轴线使用世界坐标系的轴作为拉伸轴线。

（2）center。

概要：center（axesSelector）。

参数：axesSelector（keyword）。

Axes to include in center calculation（x | y | z | xy | xz | yz | xyz）。

The center operation moves the scope of the current shape to the center of the previous shape ' s scope. ' Previous shape ' means the previous shape on the shape stack。

一般是在 shape 发生平移、缩放操作时，为了保持与原始 shape 的相对位置，而对其中心。从参数可以看出，有六种选择，常用 center（xz）。

（3）split（见图 4-15）。

概述：

```
split(splitAxis){size1:operations1|size2:operations2|...|sizen-1:operationsn-1}
split(splitAxis){size1:operations1|size2:operations2|...|sizen-1:operationsn-1} *
split(splitAxis,adjustSelector){size1:operations1|...|sizen-1:operationsn-1}
split(splitAxis,adjustSelector){size1:operations1|...|sizen-1:operationsn-1} *
```

示例：

```
attr height=rand(12,36)
Lot-->
extrude(height)building
building-->
```

```
comp(f){side:sidefacade|top:Roof}
sidefacade-->
split(y){4:firstfloor|{~3.5:Floor}*}
color(0,1,0)
Floor-->
split(x){~1:wall|{~3.5:tile}*|~1:wall}
firstfloor-->
split(x){{~0.45:wall|5:tile}*|~0.45:wall}
tile-->
color(1,0,0)
wall-->
color(0,0,1)
Roof-->
color(0,0,1)
```

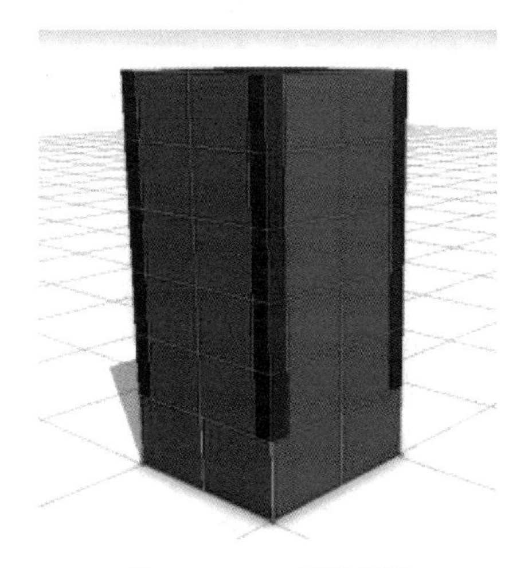

图 4-15 Split 函数建模

（4）Color（见图 4-16）。

概要：color（s）/color（r，g，b）。

参数：s（string）。

文本类型的颜色值例如：" #rrggbb"。

r，g，b（float，float，float）。

浮点类型的颜色值，每个值的取值在 0 到 1 之间。

示例：

```
Lot-->
extrude(10)
split(x){2:color("#ff0000")X|
2:color(0.5,0,1)X|
2:set(material.color.r,0.5)
set(material.color.g,0.5)
set(material.color.b,0.5)X}
```

图 4-16 Color 函数建模

（5）comp（见图 4-17）。

概要：comp（compSelector）{selector operator operations | selector operator operations...}

参数：compSelector（keyword）。

要分割的组件类型，可选值为：（f for faces）、（e for edges）、（v for vertices）。

selector（keyword）。

front，back，left，right，top，bottom 前后左右上下，常用：

object. front，object. back，object. left，object. right，object. top，object. bottom

world. south，world. north，world. west，world. east，world. up，world. down

vertical，horizontal，aslant，nutant

side 除水平部件的其他部分

示例：

```
Lot-->
extrude(10)
comp(f){front:X|back:Y|left:Z|right:H|top:Q|bottom:X}
X-->color(1,1,1)
Y-->color(0,0,1)
Z-->color(1,0,0)
H-->color(1,1,0)
Q-->color(1,0,1)
```

图 4-17 Comp 函数建模

（6） i （见图 4-18）。

示例：

```
对象替换
Lot-->
extrude(10)
comp(f){side:Facade}
Facade-->
i("models/Tingzi/TingZi.obj")
```

图 4-18　i 函数建模

（7） innerRect （见图 4-19）。

寻找几何当中平行于 scopey 轴、scopex 轴几何范围的面积最大的矩形。

示例：

```
Lot-->  lot1 lot2
lot1-->
color(0,0,1)//注:底面颜色蓝
lot2-->
rotateScope(0,30,0)  //注:Scope 发生了旋转
color(1,0,0)  //注:拉伸颜色红
innerRect
extrude(5)
```

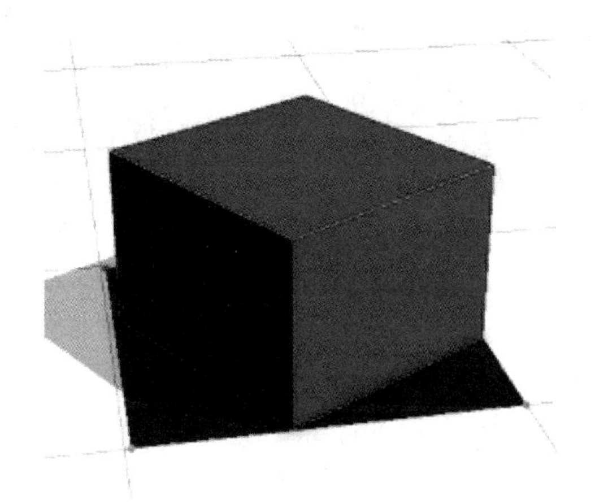

图 4-19　innerRect 函数建模

（8）NIL（见图 4-20）。

从 Shape 树中删除 Shape，可以用来在 Split 中创建孔洞，或者用来终止递归的规则。

示例：

创建孔洞：

```
Lot-->
extrude(10)
split(x){{~1:X|~1:NIL} * |~1:X}注:删除分割对象(Leaf)的挂接。
```

终止递归：

```
attr ErkerFact=0.8
attr ErkerDepth=0.8
attr ErkerStop=2
Lot-->
extrude(10)
X
comp(f){top:Erker}
Erker-->
case(scope.sx>ErkerStop):s('ErkerFact,'ErkerFact,0)
center(xy)
alignScopeToGeometry(yUp,0)
extrude(ErkerDepth)
X
comp(f){top:Erker}
else:
NIL
```

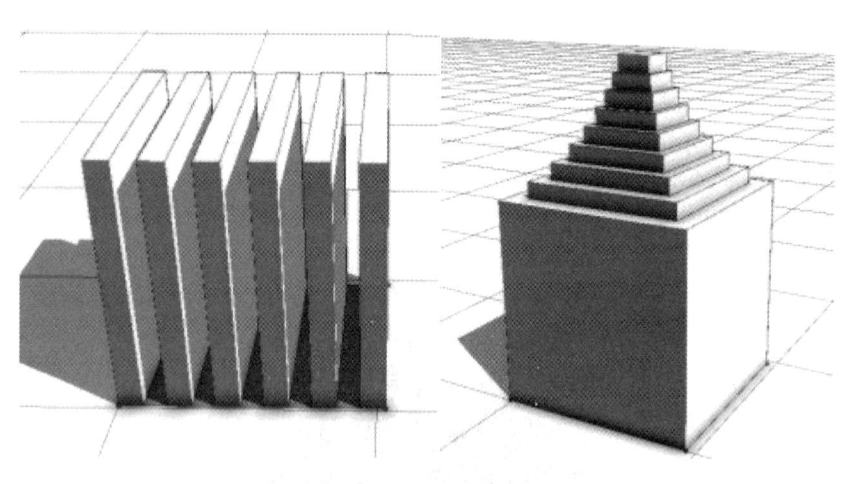

图 4-20 NIL 函数建模

（9）Offset（见图 4-21）。

概要：多边形的内缩与外放。

offset（offsetDistance）

offset（offsetDistance，offsetSelector）

参数：

offsetDistance (float) 偏移的距离

offsetSelector (selstring)

(all | inside | border) -selects which faces to keep. all is default.

示例：

[例 4-1]

```
attr red="#FF0000"
attr green="#00FF00"
Lot-->
offset(-2) A   //注：默认选择是 all。
A-->
comp(f){inside:I|border:O}
I-->
color(red)
extrude(15)
O-->
color(green)
extrude(8)
```

[例 4-2]

```
attr red="#FF0000"
Lot-->
offset(-3,inside) A
A-->
extrude(10)
color(red)
```

[例 4-3]

```
attr green="#00FF00"
Lot-->
offset(-3,border) A
A-->
extrude(10)
color(green)
```

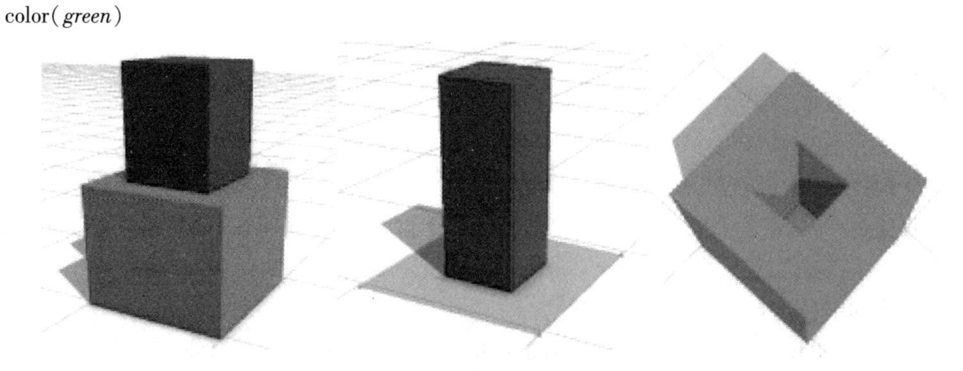

图 4-21 Offset 函数建模

（10） r （见图 4-22）。

概要：

r （xAngle, yAngle, zAngle）　绕轴旋转的角度

r （centerSelector, xAngle, yAngle, zAngle）

参数：centerSelector 有两个值可选，scopeOrigin （默认）、scopeCenter

示例：

［例 4-4］ 默认绕 Scope 起点旋转。

```
height = 18
dy = 2
Lot-->
extrude( height)
split( y) { dy:r( 0,360 * split. index/split. total,0) X} *
```

［例 4-5］ 默认绕 Scope 中心旋转

```
height = 18
dy = 2
Lot-->
extrude( height)
split( y) { dy:r( scopeCenter,0,360 * split. index/split. total,0) X} *
```

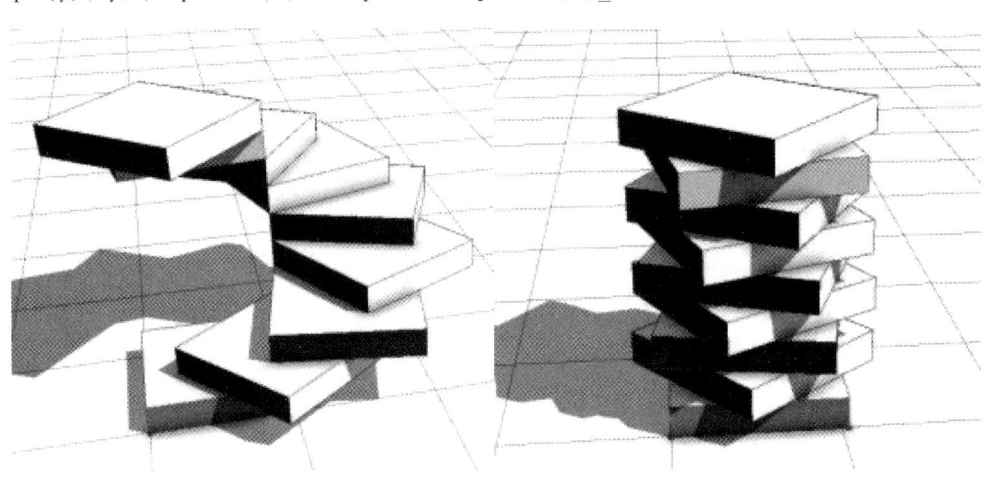

图 4-22　r 函数建模

（11） report （见图 4-23）。

概要：定义关键字生成报告。

report （key, value）

参数：key （string）

报告收集的关键字，关键字可以使用 “.” 分组。Keys can be grouped with the name sparator " . "

value （float | bool | string）

Value （or variable/shape attribute） to add to the collection.

示例：

```
Lot-->
extrude(30)
comp(f){side:Facade|top:Roof}
Facade-->
report("facades",1)  //注:统计侧面个数
split(y){~5:Floor  |~0.5:Ledge}*
Floor-->
split(x){~1:Tile|2:Window|~1:Tile}*
Window-->
40%:report("windowarea",geometry.area())//注:统计窗口面积
report("windows.open",1)//注:统计窗户敞开的个数
     NIL
  else:report("windowarea",geometry.area())//注:统计窗口面积
  report("windows.closed",1)  //注:统计窗户关闭的个数
color("#aaffaa")
```

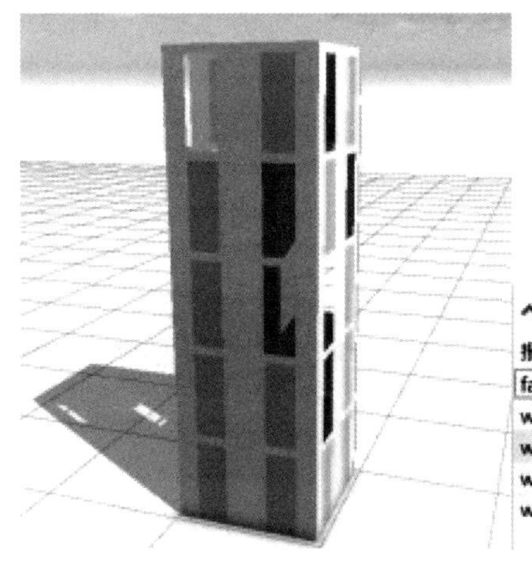

^ 报告

报告	N	%	总和	%	平均值	最小值	最大值	Na...
facades	4	0.00	4.00	0.00	1.00	1.00	1.00	0
windowarea	40	0.00	436.36	0.00	10.91	10.91	10.91	0
windows	40	10...	40.00	10...	1.00	1.00	1.00	0
windows.closed	25	62...	25.00	62...	1.00	1.00	1.00	0
windows.open	15	37...	15.00	37...	1.00	1.00	1.00	0

图 4-23　report 函数建模

可以利用 Python 脚本自动导出。

(12) roofGable（见图 4-24）。

概要：添加一个三角屋顶

roofGable（angle）

roofGable（angle，overhangX）

roofGable（angle，overhangX，overhangY）

roofGable（angle，overhangX，overhangY，even）

roofGable（angle，overhangX，overhangY，even，index）

示例：

```
Lot-->
extrude(10)Mass
Mass-->
```

```
comp(f){top:Top|all:X}
Top-->
roofGable(30,2,1)Roof
```

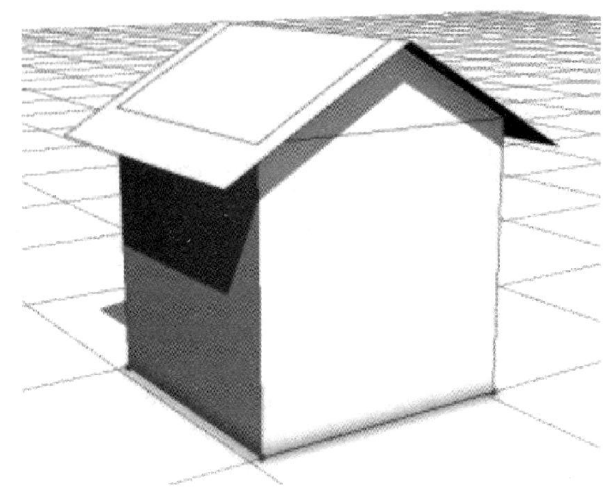

图 4-24 roofGable 函数建模

(13) roofHip (见图 4-25)。

概要:

roofHip (angle)

roofHip (angle, overhang)

roofHip (angle, overhang, even)

示例:

```
Lot-->
extrude(10)Mass
Mass-->
comp(f){top:Top|all:X}
Top-->
roofHip(30,2)Roof
```

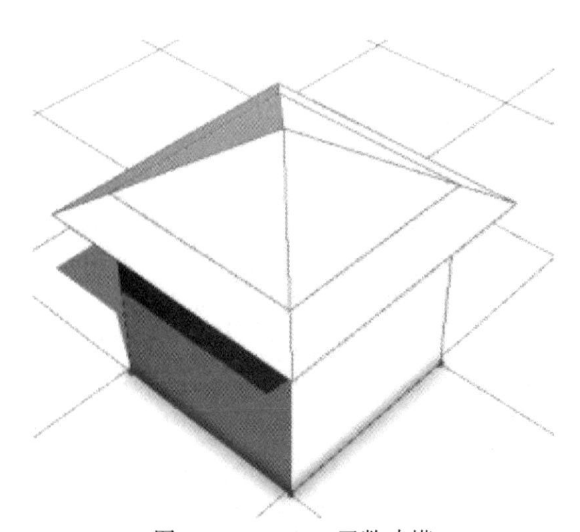

图 4-25 roofHip 函数建模

（14） roofPyramid （见图 4-26）。

概要：roofPyramid （angle）

示例：

```
Lot-->
extrude(10)Mass
Mass-->
comp(f){top:Top|all:X}
Top-->
roofPyramid(30)Roof
```

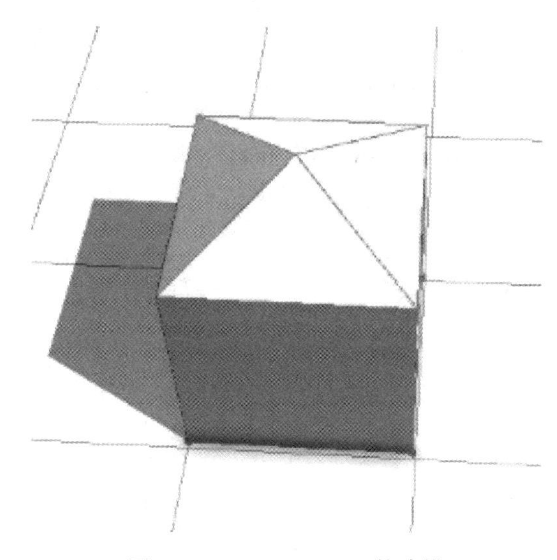

图 4-26 roofPyramid 函数建模

（15） roofShed （见图 4-27）。

概要：

roofShed （angle）

roofShed （angle， index）

示例：

```
Lot-->
extrude(10)Mass
Mass-->
comp(f){top:Top|all:X}
Top-->
roofShed(10,3)Roof
```

（16） rotateScope （见图 4-28）。

概要：rotateScope 操作绕着轴线旋转当前形状的范围，几何图形并不会被旋转，范围（scope） 的尺寸和位置自动调整。

rotateScope （xAngle， yAngle， zAngle）

参数：

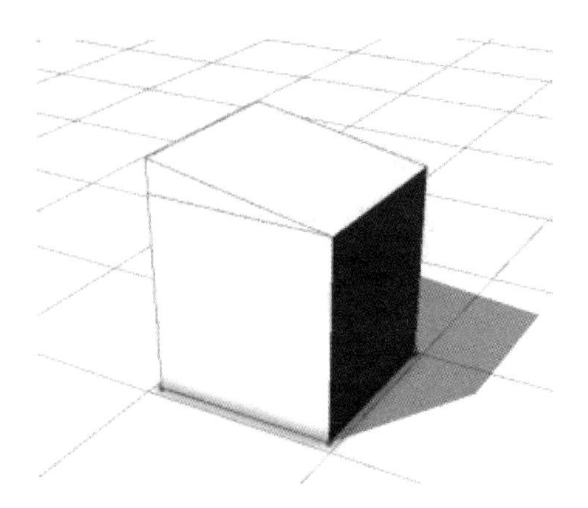

图 4-27 roofShed 函数建模

xAngle （float），yAngle （float），zAngle （float）

Angles in degrees to rotate about each pivot axis.

示例：

［例 4-6］ 没有旋转 scope：

```
attr green = "#00FF00"
Lot-->
rotateScope(0,0,0)
shapeL(5,10){shape:LFootprint}
LFootprint-->
extrude(5)
color(green)
```

［例 4-7］ scope 沿 Y 轴旋转了 90 度：

```
attr green = "#00FF00"
Lot-->
rotateScope(0,90,0)
shapeL(5,10){shape:LFootprint}
LFootprint-->
extrude(5)
color(green)
```

图 4-28 rotateScope 函数建模

（17） s （见图 4-29）。

概述：s （float xSize，float ySize，float zSize） 设置形状的尺寸

示例：

```
Lot-->
extrude(10)
s('0.5,'1,'1.5)
//注:等同于  s(0.5 * scope.sx,scope.sy,1.5 * scope.sz)
//注:设置 xyz 的值为原先的多少倍
```

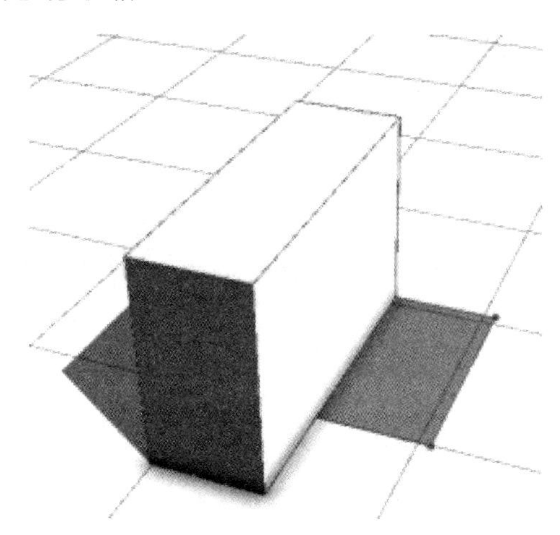

图 4-29 s 函数建模

（18） scatter （见图 4-30）。

概要：生成随即点（其实是 shape，小正方形）

scatter （domain，nPoints，distributionType） {operations}

scatter （domain，nPoints，gaussian，scatterMean，scatterStddev） {operations}

参数：

domain （selstr）：在哪里生成随机点，可选值为 surface | volume | scope。

nPoints （float）：点的数量

distributionType （selstr）：随机分布的类型，可选 （uniform | gaussian）。

scatterMean （selstr）：可选值 （center | front | back | left | right | top | bottom），默认值 center

scatterStddev （float）：标准差，默认值是'0.16。

示例：

```
Lot-->
scatter(surface,100,gaussian)
{Leaf}//注:所有的新产生的 100 个随机点都是 leaf
Leaf-->
s(0.2,0.3,0.1)
//设定大小与颜色
color(0,1,0)
```

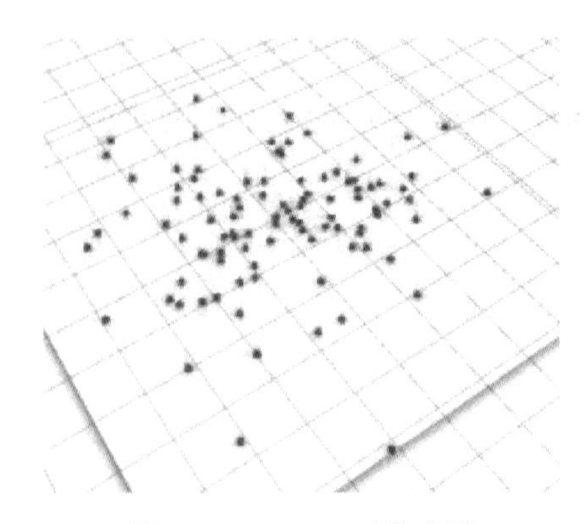

图 4-30 scatter 函数建模

(19) setback (见图 4-31)。

概要：设置后退值

setback (setbackDistance) {selector operator operations | selector operator operations…}

参数：

setbackDistance (float)：设置后退距离。

其他参数同 comf

示例：

```
LotInner-->Lot
Lot-->  setback(5){streetSide:Garten|remainder:Building}
//注:设置后退距离5,后退的这部分作为绿地 Garten,Lot 剩余的作为 Building
Garten-->color("#00ff00")
Building-->
//注:Building 后退距离3,选择中心的拉伸成立体建筑
offset(-3,inside)  extrude(world.y,rand(5,15))
```

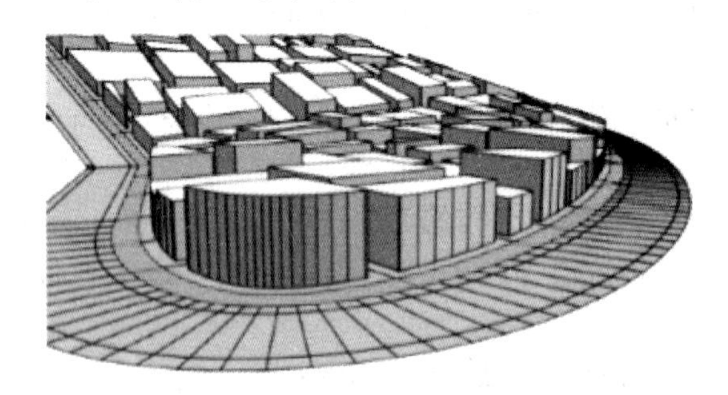

图 4-31 setback 函数建模

(20) t (见图 4-32)。

概要：平移：t (tx, ty, tz)

示例：

```
Lot-->
extrude(10)
split(x){4:X|{~3.5:Y}*}
```

```
X-->
t(-1,2,0)
```

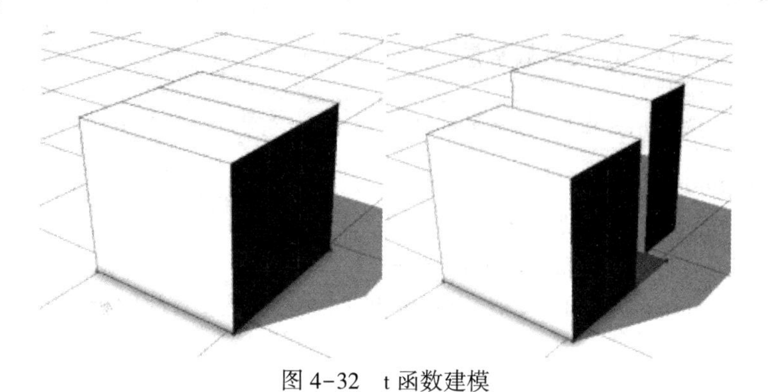

图 4-32 t 函数建模

(21) Texture (见图 4-33)。

概要：贴纹理

texture (string texturePath)

示例：

```
brickMap="assets/MUTOU.jpg"
randBuildingHeight=rand(3,20)

Lot-->
s('.75,'1,'.75)
center(xz)                    //注:缩小、居中
extrude(y,randBuildingHeight)  //注:拉伸
comp(f){side:Facade}   //注:提取面
Facade-->
#color,uv set 0
setupProjection(0,scope.xy,5,5)  //注:设置纹理图层,纹理投影面,纹理大小
texture(brickMap)   //注:上纹理
//=set(material.colormap,brickMap)
projectUV(0)  //  注:完成投影
```

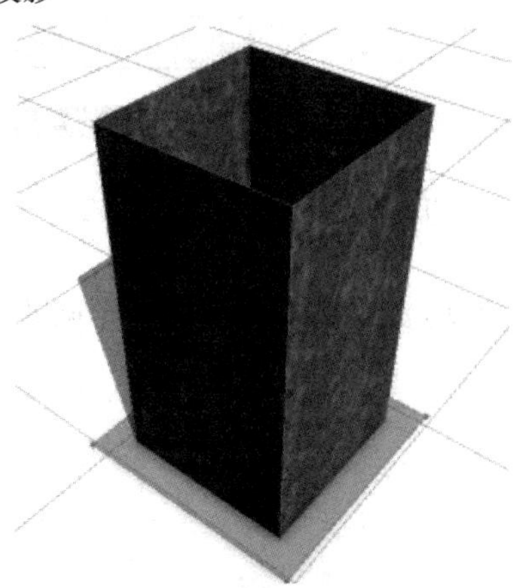

图 4-33 Texture 函数建模

4.3.3 其他关键字

(1) 常量 (Const)。定义参数常量:

const *height* = 10

Lot-->

extrude (*height*)

(2) 导入 (Import)。规则文件的导入:

import buildings:" /my1/rules/bajingtai. cga"

(3) 属性 (Attr) (见图 4-34)。设置模型参数,可通过属性面板对该参数进行修改

attr *height* = 10

Lot-->

extrude (*height*)

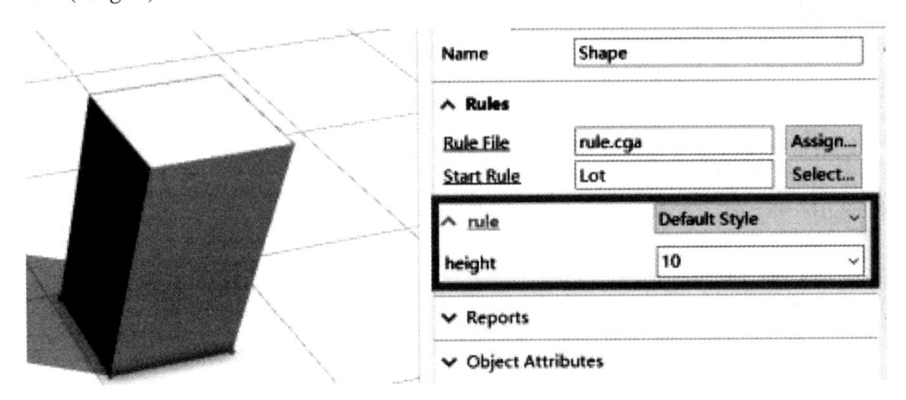

图 4-34 Attr 属性修改

(4) 枚举 (@ Range)。设置模型参数值得枚举 (见图 4-35)。

@ Range("样式","大小")

attr *type* = "样式"

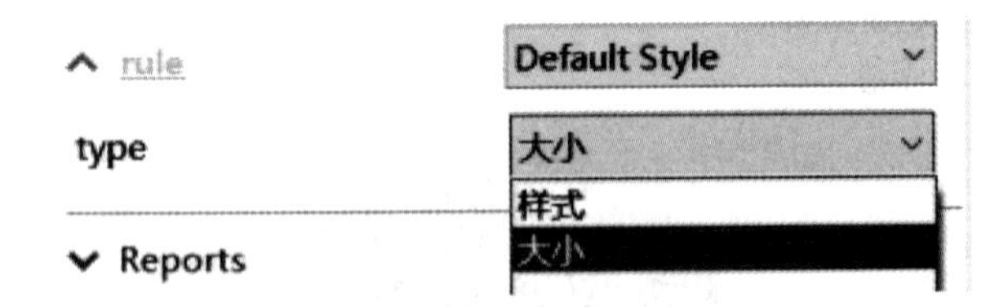

图 4-35 @ Range 属性修改

(5) 分组 (@ Group)。将模型参数属性进行分组 (见图 4-36)。

@ Group("group1")

@ Range("样式","大小")

attr *type* = "样式"

@ Group("group2")

attr *size* = 10

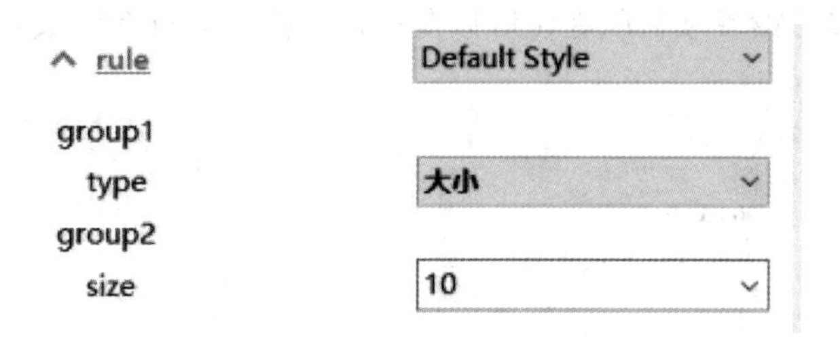

图 4-36 @Group 属性修改

4.4 建模实例——古宋城建模

4.4.1 古宋城概述及项目创建

4.4.1.1 古宋城概述

江西省赣州市老城区因其保存着最为完整的宋代古城，故称为古宋城。古宋城是宋代36座大城市之一，这里保存着全国数量最多、最完整的宋代文物古迹，被专家学者誉为“宋城博物馆”。古宋城在历史长河中面临着被破坏，甚至消亡的风险，而对其进行数字化三维建模成为重要的保护手段。

在大范围的古城三维建模过程中，规则建模的方式因其能有效提高建模效率并减少模型存储空间，而得到广泛应用。CityEngine 是规则建模的典型代表，利用 CGA 语言创建三维模型的规则，实现三维模型的快速建立。然而传统的建模方式仍以单体建筑为单位，存在模型冗余以及模型可复用性差等问题。因此在古宋城的三维重建过程中，将建筑局部特征构件进行抽象提取，并以建筑构件为单位，构建古城构件模型库，基于构件模型库实现古宋城的三维建模工作。

4.4.1.2 古宋城项目创建

进入 CityEngine 主界面后，通过【File】→【New】，进入新建窗口，选择 CityEngine Project 对 CityEngine 项目进行创建（见图 4-37）。

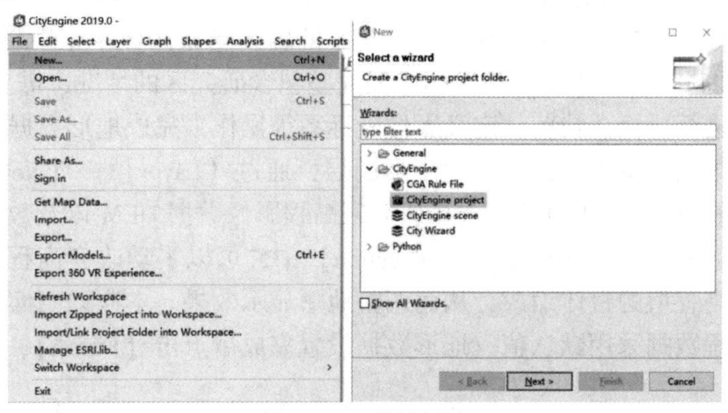

图 4-37 项目新建

在项目创建窗口，设置项目所在位置以及项目名称，项目新建成功后，项目文件目录如图 4-38 所示。

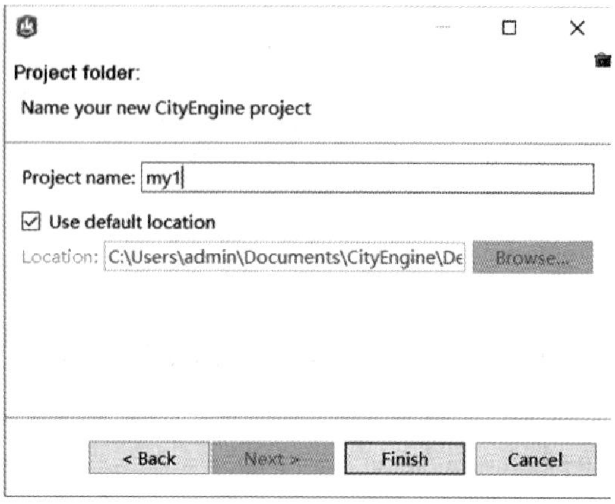

图 4-38 项目命名

项目目录介绍：

Assets 文件夹：存放模型零件与纹理图片。

Data 文件夹：存放道路或地块数据，例如：. shp，. dxf，. osm。

Images 文件夹：存放场景快照，以及纹理贴图文件。

Maps 文件夹：存放地图图层来源的影像、图片数据。例如：" . jpg"," . png"，" . tif"。

Models：导出的 3D 模型默认存放位置，也用于存放外部导入 3D 模型。

Rules：存放项目规则文件 . cga。

Scenes：存放场景文件 . cej。

Scripts：存放脚本文件。

4.4.2 数据准备

4.4.2.1 地形图层的创建

因古城地形三维复原的需要，在地理空间数据云平台（http：//www. gscloud. cn/）中，从研究区相应的航带数据中选择合适分辨率的赣州老城区数字正射影像（DOM）、数字高程影像（DEM）。对于单幅影像数据未能完整包含研究区的情况，需要借助 ArcGIS 平台，将多幅影像进行拼接、裁剪、定义影像坐标系等操作，完成地形数据的准备工作。

在完成地形数据准备后，进行创建地形图层，通过【Layer】→【New Map Layer】…→【Terrain】，进入地形生成窗口，选择研究区高程影像数据 DEM 以及数字正射影像数据 DOM，在【Min-elevation】以及【Max-elevation】中，可以手动改变高程数据的最大、最小值，实现地形高程值的整体缩放，从而调整地形显示效果。本次以真实高程数据进行构建地形，因此高程数据采用默认值。地形数据设置完成后点击【Finish】，即生成地形图层（见图 4-39）。

双击【Terrain】图层可以使图层显示至视图中心位置，在应用界面右侧的图层属性

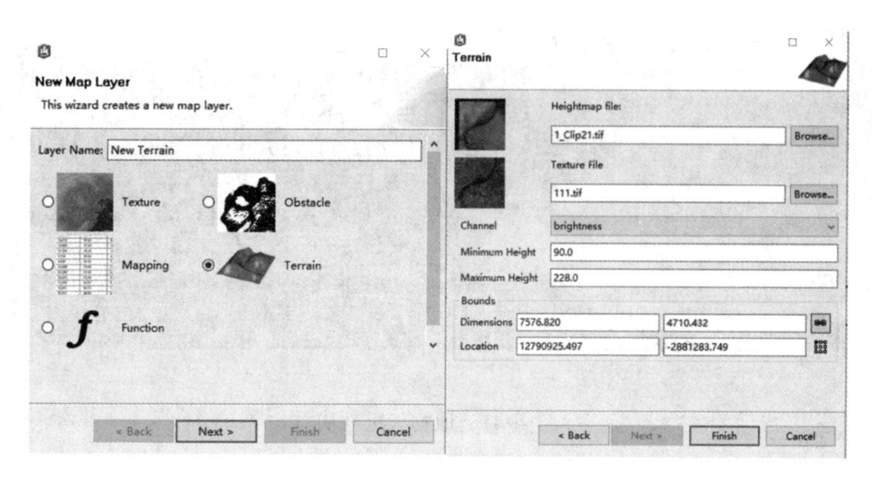

图 4-39　新建地形图层

中，通过调整参数缩小地图显示范围，通过调整高程值以达到较好的三维效果（如果高程距离差异小，那么三维的效果会不明显）。在【3D View】窗口中可以通过鼠标左键和滚轴对地图平移和放大缩小，还可以通过 Alt 键+鼠标左键转换地图的可视化视角（见图 4-40）。

图 4-40　地形模型生成

4.4.2.2　地物地块矢量化

模型构建是在建筑底面的基础上，将模型规则文件赋予相应地块，从而在地块中执行规则文件生成模型，因此建筑地块矢量数据是场景中建筑模型创建的基础数据。制作古宋城具有空间坐标的矢量地块，需要在 ArcGIS 平台中，设置空间坐标参考，并创建不同类型矢量数据，通过目视解译从高分遥感影像对建筑地块数据、道路数据、草地数据等古宋城各类地块进行矢量化，完成古宋城建筑地块矢量图，如图 4-41a 所示。将地块矢量数据导入项目文件 Data 文件夹后，选中矢量地块 shape 文件拖入场景中，即在场景中生成地物地块，通过工具栏工具将所有地块与地形相贴合，如图 4-41b 所示，形成具有高程信息的地物地块。

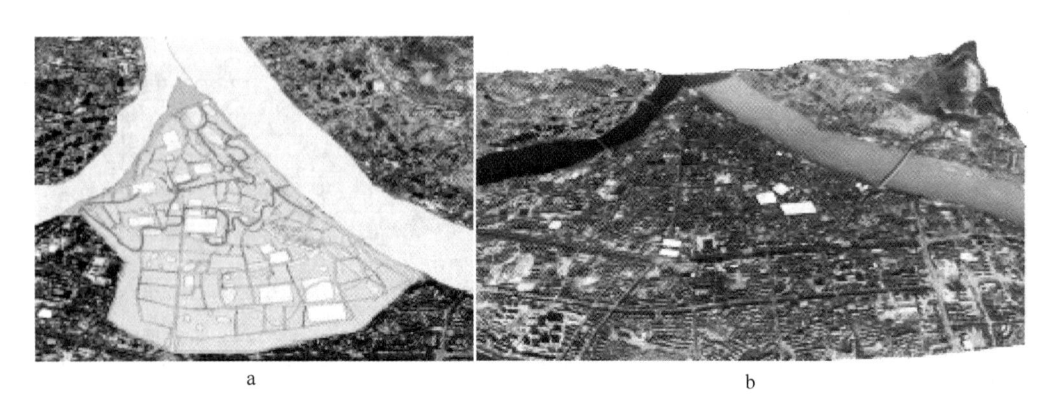

a b

图 4-41 地物矢量地块
a—Arcmap 地块矢量化；b—地块贴合地形

4.4.3 典型地物建模

建立场景的仿真模型，把现实场景进行虚拟再现，真实、互动、情节化的特点是虚拟现实技术独特的魅力所在。在 City Engine 的 CGA 建模技术的基础上，结合 Arc GIS、3DS MAX 两种软件对典型地物快速批量构建。由于古宋城中八境台建筑具有台基、栏杆、门柱、窗花、斗拱等古代木质结构建筑的普遍特征，因此以构建八境台三维模型为例，介绍典型地物的建模过程。

4.4.3.1 建模思路

首先对八境台建筑结构进行分析，根据八境台具有多层结构的特点，采用分层建模的方式，通过进行逐层地块拉伸、顶层地块分离等操作，从而将多层建筑由底层向上逐层进行模型构建。

4.4.3.2 建模实现

（1）在 ArcMap 软件中，通过目视解译的方法在遥感地图中绘制八境台建筑地块，并以 shape 文件的方式导入 CityEngine 中。

（2）在导入的建筑地块上，通过 extrude 函数对地块进行拉伸，在形成的三维体的基础上，使用 comp 对三维体各面进行分离，并只保留底面以及顶面。其中底面作为该层建筑起始地块，而顶面则作为上层建筑起始地块。

```
Lot-->
extrude(f1height)
split(y){~1:build|
0.5:comp(f){top:roofHip(30,1)roof1|
bottom:split(x){~1:face|
~1:split(y){~1:extrude(-pheight)roofex|~2.5:face2|
~1:extrude(-pheight)roofex1}|~1:face}|side:face}}
face-->
```

```
setupProjection(0,scope.xy,7,6.5)
texture("muh.jpg")
projectUV(0)
roof1-->
split(y){'0.3:comp(f){bottom:roof1di|
horizontal:extrude(f2height)roofex2|side:roof11}}
face2-->
setupProjection(0,scope.xy,13,14)
texture("顶.jpg")
projectUV(0)
roofex-->
t(0,0,yd)
comp(f){top:roofShed(pangle)roof11|
front:paibian|side:face|bottom:face}
paibian-->
split(x){~1:face|~1:pb|~1:face}
pb-->
setupProjection(0,scope.xy,4.5,3.3)
texture("八境台/八境台.jpg")
projectUV(0)
roofex1-->
t(0,0,-yd)
comp(f){top:roofShed(pangle,2)roof11|
back:paibian|side:face|bottom:face}
```

对于八境台中精细窗花以及栏杆等结构上具有对称特点的建筑构件，结合其对称特点，采用split以及NIL函数，对其进行切割和掏空，最终完成对窗花以及栏杆的模型构建。

```
win1-->
split(x){~1:a|~1:b|~1:c1|~1:d|~1:e|~1:f|~1:g|~1:h|~1:i|~0.5:S|~1:i|~1:h|~1:g|~1:f|
~1:e|~1:d|~1:c1|~1:b|~1:a}
a-->
split(y){~3:NIL|~1:S|~1:NIL|~1:S|~9:NIL|~1:S|~1:NIL|~1:S|~3:NIL}
b-->
split(y){~4:S|~1:NIL|~11:S|~1:NIL|~4:S}
c1-->
split(y){~1:NIL|~1:S|~5:NIL|~1:S|~5:NIL|~1:S|~5:NIL|~1:S|~1:NIL}
d-->
split(y){~10:S|~1:NIL|~10:S}
e-->
split(y){~1:NIL|~1:S|~3:NIL|~1:S|~3:NIL|~1:S|~1:NIL|~1:S|~3:NIL|~1:S|~3:NIL|~1:S|
~1:NIL}
```

```
f-->
split(y){~1:NIL|~7:S|~1:NIL|~1:S|~1:NIL|~1:S|~1:NIL|~7:S|~1:NIL}
g-->
split(y){~3:NIL|~1:S|~3:NIL|~1:S|~1:NIL|~1:S|~1:NIL|~1:S|~1:NIL|~1:S|~3:NIL|~1:S|
~3:NIL}
h-->
split(y){~6:S|~1:NIL|~3:S|~1:NIL|~3:S|~1:NIL|~6:S}
i-->
split(y){~5:NIL|~1:S|~1:NIL|~1:S|~1:NIL|~1:S|~1:NIL|~1:S|~1:NIL|~1:S|~1:NIL|~1:S|
~5:NIL}

chuang1-->
split(y){~7.2:split(z){~1:wins1|~1:wins1|~1:wins1|~1:wins1|~1:wins1|~1:wins1|~1:wins1|~
1:wins1}|~1:cs|~1.5:css}
wins1-->
split(z){~1:chc|~8:split(y){~3.5:wind|~6:winc|~0.5:wind}|~1:chc}
winc-->
split(y){~18:win11|~1:S|~18:win11}
win11-->
split(z){~1:a|~1:b|~1:c1|~1:d|~1:e|~1:f|~1:g|~1:h|~1:i|~0.5:S|~1:i|~1:h|~1:g|~1:f|
~1:e|~1:d|~1:c1|~1:b|~1:a}
S-->
comp(f){all:zhuzm}
```

（3）八境台内如桌椅、楼梯等不规则建筑构件，不适于使用规则建模的方式进行构建，因此结合3DS Max进行建模，并将模型以obj格式导出，在规则文件中用i函数进行模型替换，完成不规则模型的构建。

```
//桌
zhuo-->
s('0.8,'1,'1)
center(xz)
i("models/zhuo/zhuo.obj")
lt1-->
setPivot(xyz,3)
i("models/八镜台楼梯/FSLT.obj")
```

（4）屋顶样式建模，八境台屋顶样式为歇山顶，规则函数中并没有该相应方法，因此首先使用roofHip四坡斜顶函数，创建建筑四坡斜顶，并在其基础上使用split函数在z轴方向对其进行切割，在切割后的horizontal水平面中使用roofGrable双坡斜顶函数，最终完成歇山顶样式的屋顶建模（见图4-42）。

```
f3ding-->
split(y){'0.4:comp(f){bottom:f3wdi|horizontal:roofGable(30)roof11|side:roof11}}
```

图 4-42 屋顶建模

4.4.4 模型构建实践

在建筑模型构建过程中，以目视解译得到的建筑矢量化地块为建筑初始化地块，通过 Split、shapeO 等规则函数对建筑初始地块进行逐级细化分割，从单体建筑地块逐步拆分为建筑构件地块，并为构件地块赋予相应构件模型规则。

建筑模型规则文件首先将构件信息以 attr 的方式设置为模型参数，并以@ Group 的方式对模型参数进行参数类型归类，通过 import 对模型库中各建筑构件规则文件进行导入引用。

模型参数示例：

```
@ Group ("屋顶样式")
@ Range ("双坡斜顶","四坡斜顶","组合式斜顶","无")
attr wd_ys = "双坡斜顶"
@ Group ("窗样式")
@ Range ("样式 1","样式 2")
attr window_ys = "样式 1"
@ Group ("栏杆样式")
@ Range ("样式 1","样式 2")
attr lg_ys = "样式 1"
```

构件规则导入示例：

```
import componentName:"componentFileName"
```

以 Lot 为建筑模型起始地块，逐步对建筑地块进行细化分割。在建筑地块细化为构件地块后，将相应构件地块替换为导入构件的初始地块，从而完成构件地块调用模型库中构件模型，如图 4-43 的窗口 1 所示。建筑地块在建筑构件规则调用完成后，2 窗口即可查看模型构建情况，3 窗口中采用人机交互的方式，对各规则文件中的模型参数进行修改，灵活调整构件样式、大小以及偏移等属性，最终完成建筑模型的构建。

在针对如文庙建筑群等对具有复杂布局设计和精细结构的建筑的复原重建时，首先需

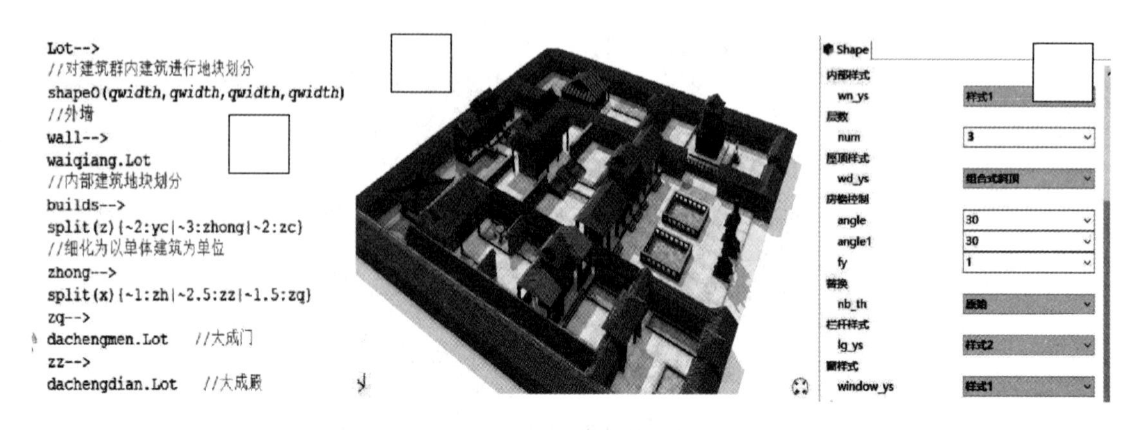

图 4-43　基于构件模型库的构建方式

要对其布局结构进行分析，文庙平面布局为传统的四合院式，采取平行轴线的布局方式，结合文庙布局特点，对其三维重建的具体步骤为：

（1）在目视解译得到的文庙整体建筑地块的基础上，通过 split 函数以文庙建筑轴线进行地块细化分割，得到院内各建筑地块。

（2）在单体建筑的地块基础上，将建筑地块按其建筑构件所在位置，使用 shapeO、split 规则函数，进一步细化分割为各构件地块，建筑构件地块分割过程如图 4-44所示。

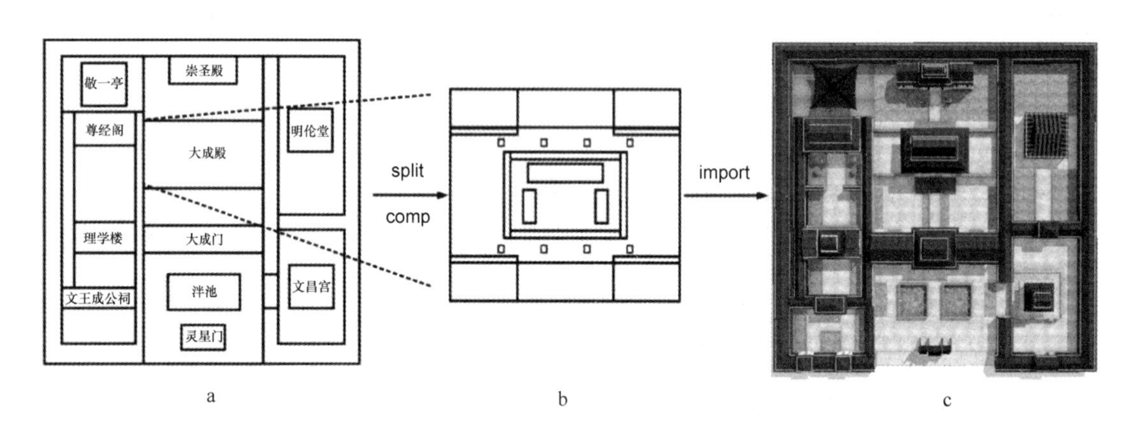

图 4-44　建筑地块细化分割

a—文庙单体建筑分割地块；b—大成殿各构件分割地块；c—导入构件模型完成建模

（3）对具有多层结构的建筑，需要从建筑底层地块向上逐层对地块使用 extrude 函数进行地块拉伸，并使用 comp 函数得到各层建筑的建筑起始地块。

（4）对各层起始地块按第二步进行建筑构件地块划分，得到建筑各层建筑构件地块。

（5）构件地块通过 import 函数对模型库中构件模型文件导入，通过对构件规则调用，实现在构件地块中生成构件模型，如图 4-45 所示，最终完成建筑模型的构建，方法流程如图 4-46 所示。

```
import window1:"rules/rules/wenmiao/文庙构件模型库/window1.cga"
import window2:"rules/rules/wenmiao/文庙构件模型库/window2.cga"
import langan:"rules/rules/wenmiao/文庙构件模型库/栏杆1.cga"
import fangzhu:"rules/rules/wenmiao/文庙构件模型库/柱子1.cga"
import wuding:"rules/rules/wenmiao/文庙构件模型库/歇山顶.cga"
import wall:"rules/rules/wenmiao/文庙构件模型库/墙体2.cga"
import jieti:"rules/rules/wenmiao/文庙构件模型库/阶梯.cga"
import door:"rules/rules/wenmiao/文庙构件模型库/门.cga"
```

```
taijie-->   //阶梯构件替换
jieti.Lot
Iwindow-->   //窗构件替换
window1.Lot
Ilangan-->   //栏杆构件替换
langan.Lot
Idoor-->   //门构件替换
door.Lot
Izhu-->   //房柱构件替换
fangzhu.Lot
```

图 4-45　构件规则模型的导入与替换方式

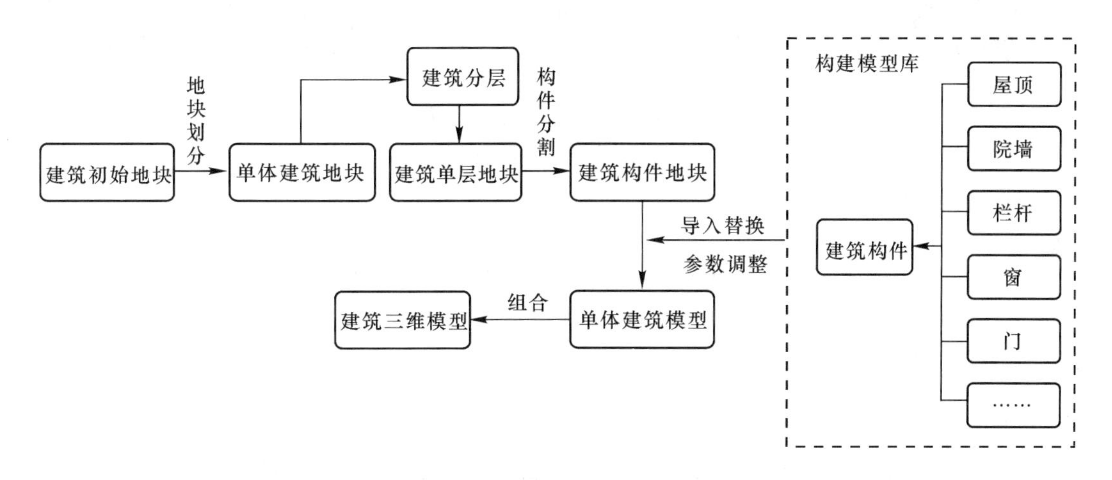

图 4-46　模型构建流程

通过建筑构件的方式细化建模粒度，在构件模型库的基础上，不仅能通过调用构件进行建筑模型的拼建，减少建模的冗余工作，提高模型灵活性，还能通过 inspector 面板，对建筑各局部构件样式参数进行修改、切换，为用户提供交互式的建模方法，如图 4-47 所示。

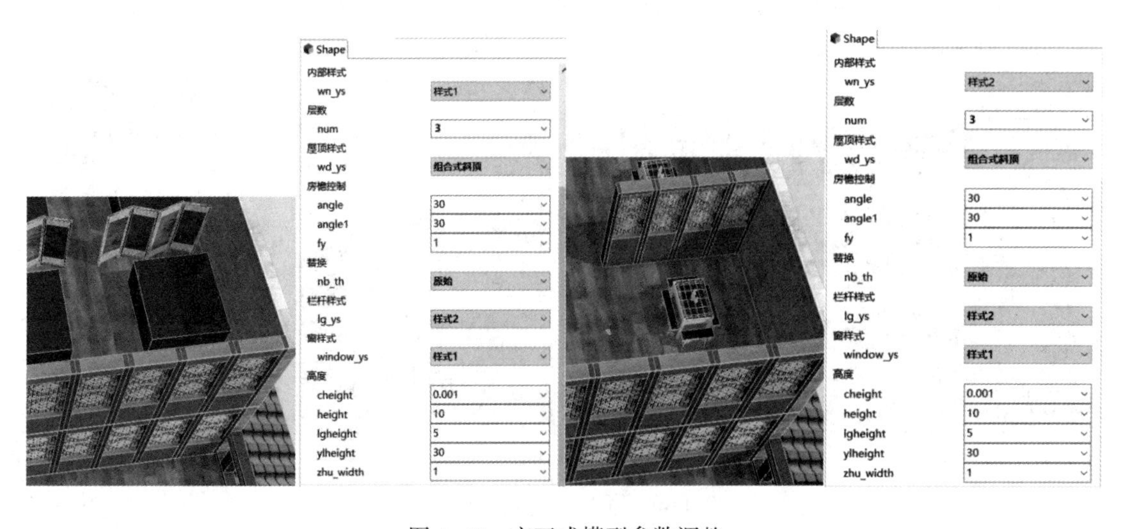

图 4-47　交互式模型参数调整

本次建模工作是利用遥感影像数据构建古城地形模型以及古城地物矢量地块，并在建筑数据基础上，采用规则建模的方式进一步构建古宋城的建筑构件模型库，并对古宋城从建筑群落地块到单体建筑地块再到建筑构件地块进行地块逐步细化分割，在建筑各构件地块分割完成后，为各构件地块赋予相应构件规则，实现基于构件的古城重建方法。如图4-48所示。

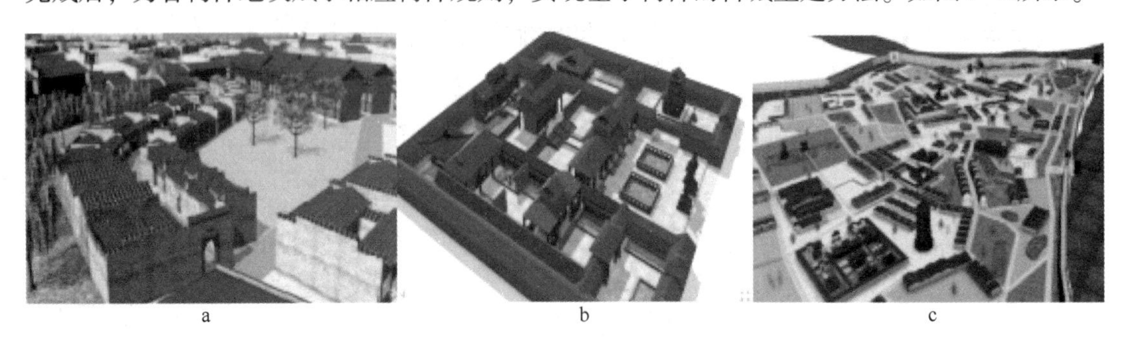

a b c

图 4-48 古宋城三维建模

a—灶儿巷民居；b—文庙模型全景；c—古宋城模型全景

4.5 建模实例——白鹭古村三维建模

4.5.1 白鹭古村概况

白鹭古村位于江西省赣州市赣县白鹭乡境内，形成于南宋时期，虽然经历了 860 多年的风吹雨打，依然保存有大小不等一定规模的堂屋，祠宇共 69 座，是中国十大古村之一，拥有中国第一座也是唯一一座以女士名字来命名的祠堂——“王太夫人祠”。白鹭古村落是客家文化的瑰宝，也是客家传统文化最后的土壤。白鹭古村内的建筑多为祠堂，主要有“专祀型”和“居祀型”，从建筑结构上看，房屋内部饰有精美无比的雕花门楼、斗拱梁饰，建筑围绕着一口中突的天井分布，屋外围有院子。然而受当地经济、文化、思想等多方面的制约，村内古建筑保存完整的越来越少，甚至有的古建筑已经破败不堪，因此对古建筑的保护刻不容缓。如图 4-49 所示。

a b

图 4-49 白鹭古村落实地照片

a—白鹭古村文庆堂；b—白鹭古村落远景图

通过对客家古建筑特征的分析，在客家古建筑中，其中祠堂的结构最为复杂，其屋顶样式多样，再结合马头墙、门窗以及种类丰富并且嵌入各个建筑部位的雕花等构件构成；另外还有山墙、亭子、台基、雕花围栏、门楼、窗柱等构件能够构成客家传统民居、堂屋、围屋等客家古建筑。所以通过对每个构件模型的建立，建立客家古建筑的通用构件模型库，能够更加简便、高效的完成对客家古建筑三维模型的创建。

4.5.2 阶基模型的建立

4.5.2.1 阶基建模流程

客家古建筑阶基模型库的构件划分为台基、踏步、栏杆（表 4-3）。

表 4-3 阶基构件划分

结构	样 式	用途	材质纹理
台基	普通台基、须弥座	建筑的基石	青砖、石砖
踏步	普通踏步、如意踏步、垂带踏步、连三踏步	上下台基	石砖
栏杆	望柱、栏板	保护设施	木质、石砖

其中台基包括普通台基、须弥座两种类型；踏步可分为垂带踏步、御路踏步、如意踏步等，也就是上下台基的阶梯，其中垂带踏步两边安有垂带石；栏杆则分为望柱与栏板。建立一个客家古建筑通用的参数化管理阶基的模型库，核心建模思路是需要采用 CGA 规则中的迭代函数循环增量矩形，其中台基的高度、宽度、阶梯层数以及垂带石的坡度、宽度还有高度都可以根据实际情况来调节参数，让其可以灵活变化实时修改，快速的让建立的阶基模型跟实际的阶基尽可能的相似。采用 CityEngine 实现阶基模型库的建立，在以后对客家古建筑三维建模的工作中，能够快速的应用构件模型库里面的阶基模型，可以缩短建模周期，快速提高工作效率。阶基的建模流程如图 4-50 所示。

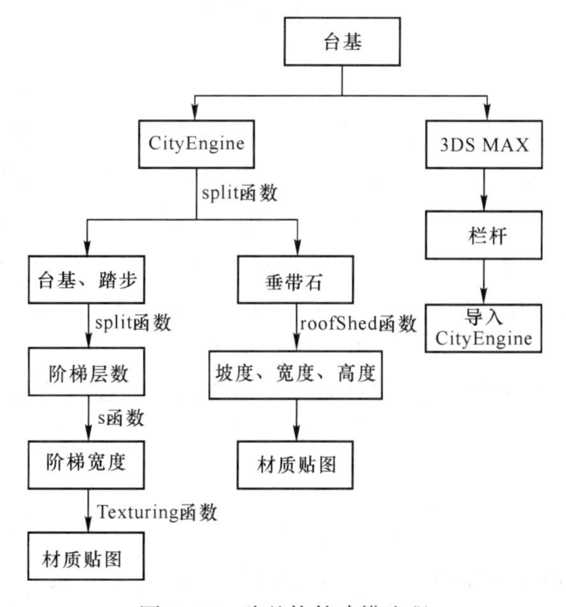

图 4-50 阶基构件建模流程

4.5.2.2 阶基三维模型构建

A 台基模型构建

不管是普通台基还是须弥座，其建模流程都相对简单，首先只需将一个矩形块（Lot）拉伸（exturde）到合适的高度；然后拆分（comp）成多个面，比如：top 为顶面，bottom 为地面；其次如果是普通台基只需要对其各个面赋予（texture）纹理贴图即可（如图4-51所示)，若是须弥座则还需要将其各个面利用切割函数（split）进行切割再赋予真实纹理贴图即可，还可通过参数修改台基的高度以及台基类型，实现台基模型库的构建。

单个台基核心建模代码如下：

```
lot5-->
extrude(0.5)
comp(f)
{side:facade5|top:roof5}
roof5-->
//调用纹理
texture(roundtext4)
setupProjection(0,scope.xy,5,5)//设置纹理层,纹理投影面,纹理大小
projectUV(0)
```

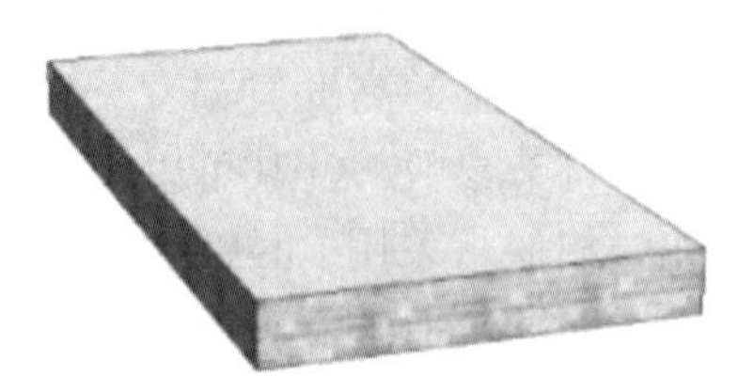

图 4-51 台基构件三维模型

B 踏步三维模型构建

踏步（TB）的三维模型要比台基的三维模型复杂一点，踏步不是一个简单的矩形块了，首先需要对矩形块在其 y 方向按一定比例上切割（split（y））成多个块，然后再对每个块进行拆分，利用缩放函数（s）缩放到合适的大小，再赋予其纹理贴图即可建立一个简单的阶梯；通过对矩形块的两个侧面进行切割，然后按照简单阶梯的步骤可以生成一个如意踏步；单坡函数（roofshed）可以生成垂带石，在简单阶梯的 CGA 规则里加入单坡函数即可生成一个垂带踏步，而对个垂带踏步结合可以生成连三踏步。踏步的高度、宽度以及垂带的坡度高度我们都可以通过设定的参数进行修改，实现踏步模型库的构建，能够大大的提高建模效率。如图 4-52 所示为踏步构件三维模型，关键 CGA 规则代码如下：

```
TB-->
split(y){~0.4:JT1|~0.4:JT2|~0.4:JT3|~0.4:JT4|~0.4:JT5|~0.4:JT6|~0.4:JT7}
Wall1-->
```

```
setupProjection(0,scope.yx,4,2)
texture(Xtex)
projectUV(0)
JT1-->
comp(f){top:Wall1|all:Wall1}
JT2-->
s('0.9,'1,'1)
comp(f){top:Wall1|all:Wall1}
JT3-->
s('0.75,'1,'1)
comp(f){top:Wall1|all:Wall1}
```

图 4-52 踏步构件三维模型

C 栏杆三维模型构建

客家古建筑的栏杆大多数是木质的以及石质的，其中望柱分为柱头及柱身，柱头可以是雕像，也可以是简单的木块或者石块，另外栏板上也可能会有各种雕花。所以考虑到柱头雕像以及栏杆上的雕花极其不规则，用 CGA 规则难以对其建模，我们选择采用 3DS MAX 精细几何建模的方式对栏杆进行三维建模，然后导入 CityEngine 中，再在 CGA 规则中利用替换函数（i）。在进行替换的过程中重要的是考虑怎么将栏杆放置在正确合理的位置，这时还需要用到平移（t）、旋转（r）、缩放（s）等多个变换函数，然后经过多次的尝试和调整直到将栏杆置于合适的位置，最终利用多个这样的 CGA 规则拼接成能够起到保护作用的围栏，实现栏杆模型库的构建。如图 4-53 所示为栏杆构件三维模型，核心 CGA 规则代码如下：

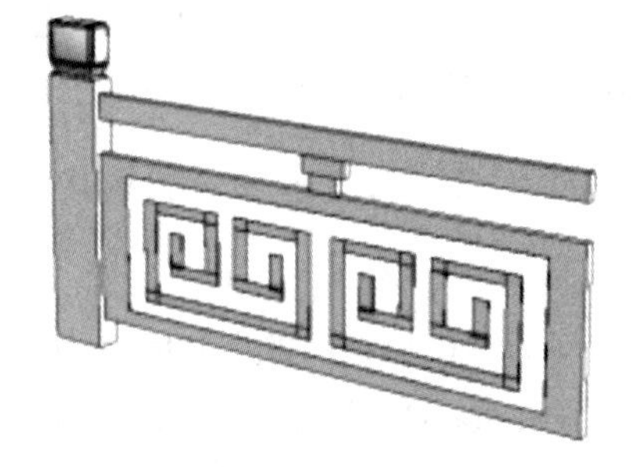

图 4-53 栏杆构件三维模型

```
i("models/CYY/WeiLan/WeiLan2.obj")
s('26,'6,'2)
r(0,180,0)
center(xz)
t(0,2,0)
```

4.5.3 屋身模型的建立

4.5.3.1 屋身建模流程

客家古建筑屋身模型库的构件划分为斗拱、墙体、门、窗、梁架和柱子，如表 4-4 所示。

表 4-4 屋身构件划分

结构	用途	样式	材质纹理
斗拱	屋顶与屋身的过渡构件	类型多样，结构复杂	木质
墙体	通用	二阶、三阶、四阶马头墙、围屋墙、土墙、砖墙	石砖、土砖、木质
门	通用	单开门、双开门、板门、格扇门	木质
窗	通用	样式各异	木质
梁架	穿插斗拱之间的构件	建筑结构复杂，梁架越大	石质、木质
柱子	通用	形状不一	木质、石质

前面研究了客家古建筑的建造框架，客家古建筑屋身包括的斗拱、柱子、墙体以及门窗、梁架等构件，因此可以通过创建构件模型库以方便快捷的构建屋身的三维模型，其中柱子的以及斗拱的管理两者可以通过改变参数调整其类型与位置，满足不同样式的交互响应。利用 CityEngine 和 3DS MAX 两种三维建模软件互相结合建模，能够让模型的精度提高。屋身的门能够根据实际的情况变换不一样的样式类型，楼层的高度以及楼层的层数层高等属性都可以根据实际情况需求进行灵活的调节变化；客家古建筑里的雕花和门窗细致美丽，并且都是类型不一、别具一格，蕴含着客家文化中的美好含义；客家古建筑屋身中的墙体一般为多阶马头墙以及围屋墙等，大多采用青砖垒砌组成，马头墙轮廓呈阶梯状，厚度约为 20～30cm，其顶部比墙面要宽，围屋墙则为圆形。

屋身的具体建模思路是采用 CityEngine 平台参数化建模，建立多种类型的墙体、门窗以及梁柱等客家古建筑构件，再次利用修改参数来改变构件的方位和类型；其中古建筑中形状不规则的构件可以采用 3DS MAX 建立的细致模型和单一的面片进行替换，然后可以组成一个完全的屋身。规则模型的 CGA 语言利用循环的方式设计，减少代码的重复度，通过修改其中的参数可以很方便的变换构件的样式、形状。采用 CityEngine 和 3DS MAX 建模软件对屋身构件进行三维建模，采用参数化管理模型，最终建立客家古建筑屋身构件模型库。屋身的建模流程如图 4-54 所示。

4.5.3.2 屋身三维模型构建

A 斗拱三维模型构建

斗拱作用是将上部的力量集中于一点然后传到柱子上。无论是客家古建筑，还是其他朝代、其他地区的古建筑，斗拱是木构架建筑中必不可少的一类构件。斗拱形状很不规则，用 CGA 规则语言很难对其构建三维模型，所以需要用 3DS MAX 建立斗拱的精细三维模型，首先可以将斗拱分层，每一层也可以分出不同的小构件，然后建立小构件的三维模型，设置好参数，映射好纹理贴图；最后再把每个小构件组合起来就实现了一个斗拱的模型。我们可以根据文献资料构建多种形状不一的斗拱，转换成 OBJ 格式导入到 CityEngine 中。跟栏杆

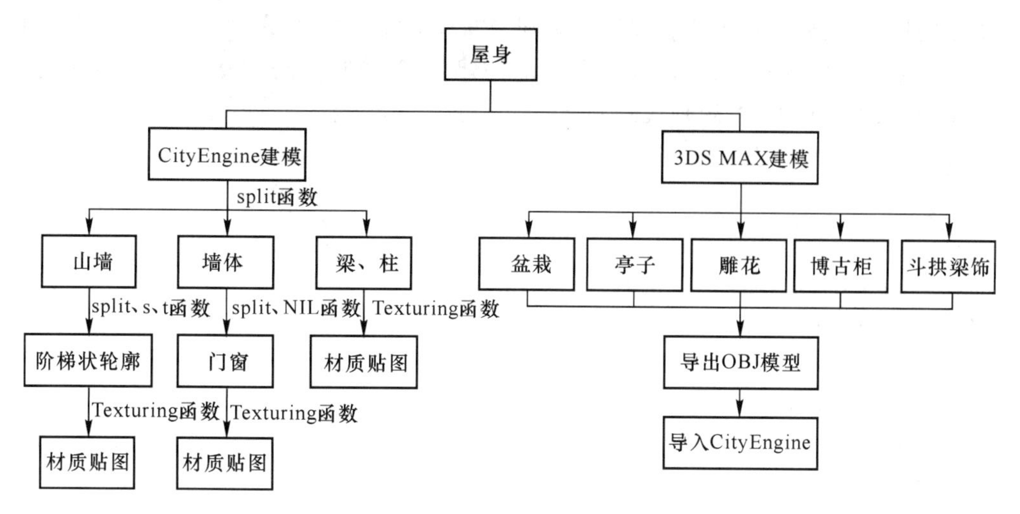

图 4-54 屋身构件建模流程

类似，同样通过 CGA 规则利用替换(i)、平移(t)、旋转(r)、缩放(s)等函数将斗拱放置到正确合理的位置。在这个过程中，可以把形状不一的斗拱通过 CGA 语言写入规则中，实现斗拱构件模型库的构建，然后通过设置参数来方便的修改所需要的斗拱的形状，提高古建筑建模效率。如图 4-55 所示为斗拱构件三维模型。

图 4-55 斗拱构件三维模型

B 墙体三维模型构建

客家古建筑的墙体一种是独具客家特点的围屋墙，基本为土质或者石砖；第二种是江南民居常见的马头墙；另外还有普通的木质墙、砖墙、土墙等。墙体的三维模型构建比较简单，其中客家围屋的墙体以及其他普通传统客家民居墙体的三维模型构建又比马头墙的三维模型构建简单。其他普通传统客家民居的墙体只需要通过 CGA 规则建模语言设置高度以及纹理贴图即可；客家围屋的墙体则需要在前面的基础上利用围屋的矢量形状生成三维的围屋墙体；而马头墙三维模型构建相对前面两种而言相对复杂，马头墙需要将一个矩形块(SQ1)利用切割函数(split)按比例高度分成 2~5 块，一般矩形块分出的块数最终对应的就是马头墙的阶数，然后利用拆分函数(comp)将前面切割出来的小块分成顶部(topface)及其他(x)；其次用坡顶函数、缩放函数能够完成马头墙三维模型的基本构建；最后赋予纹理贴图即可建立完整的马头墙三维模型(如图 4-56 所示)。此规则在构建其他类型的马头墙过程中可重复使用，只需要根据现实状况修改规则中的马头墙的阶数、高度、宽度以及纹理即可，无需另外重复写规则语言，实现墙体模型库的构建，提升规则代码的复用性，提高古建筑的建模效率，马头墙关键 CGA 规则代码如下：

```
//两侧马头墙
SQ1-->
//切割
split(z){~1:SQ11|~1:SQ12|~2:SQ13|~1:SQ12|~1:SQ11}
//给 SQ1 赋予规则
SQ11-->
s('1,'1.2,'1)//缩放
comp(f){top:topface|all:x}   //切分成顶部(topface)及其他(x)
topface-->
roofHip(30,0.5)Roof
Roof-->
split(y){'0.5:comp(f){bottom:NIL|horizontal:RoofGable|all:FlatRoof_Tex}}
RoofGable-->
roofGable(35)
comp(f){bottom:NIL|aslant:FlatRoof_Tex|side:x}
FlatRoof_Tex-->
setupProjection(0,scope.xy,2.2,2.2)
texture(Rooftex)
projectUV(0)
x-->
setupProjection(0,scope.xy,6,4)
texture(Xtex)
projectUV(0)
SQ12-->   //SQ2、SQ3 只需要复用前面的规则即可
s('1,'1.3,'1)
comp(f){top:topface|all:x}
```

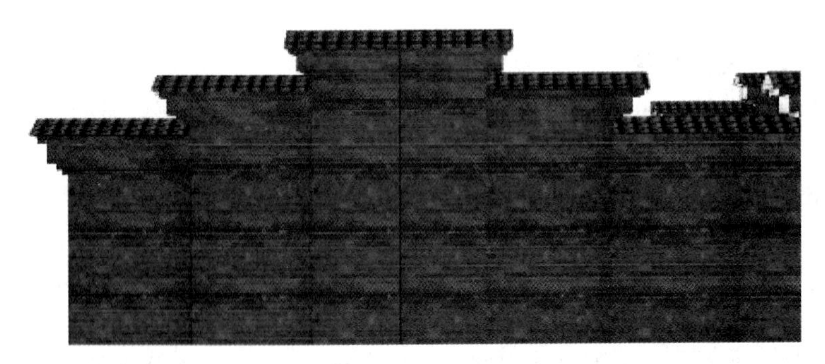

图 4-56 马头墙三维模型

C 门三维模型构建

客家古建筑中，其中一些大型祠堂的屋外围有院子，其院门为板门，具有较强的防御

性；而院内的房门则跟客家传统民居建筑一样，普遍为单开门、格扇门等普通门型。单开门、板门只需赋予上纹理贴图即可生成其三维模型。板门上有门环、门钉，这些小构件无法利用CGA规则建模，可以用3DS MAX进行精细建模。格扇门则看似比较复杂，但是实际上，门上的格扇有一定的规则可寻，使用切割函数（split）对格扇门上空格的地方赋予空值（NIL）即可，因此可以对其进行CGA规则建模；在对门的三维模型构建中，利用CGA规则构建不同样式的门的三维模型，其中规则代码都可复用，只需修改纹理贴图路径，最终实现门的构件模型库；在对其他古建筑建模时，只需调用此CGA规则代码，通过修改参数就可以实现门的样式的切换。此外，还可以在规则中利用旋转函数（r）来实现模型们的“开关”状态，如图4-57所示，关键CGA规则代码如下：

```
doorl-->        //门
split(y){~1.5:doorido|~0.3:dooriu}
dooriu-->
comp(f){top:facade1|bottom:facade1|side:facade1}
doorido-->
s('0.5,'1,'1)
r(0,-60,0)  //利用旋转函数使门为“开”的状态
comp(f){top:Roof.|bottom:diji.|side:facade3}
facade1-->
setupProjection(0,scope.xy,1.4,2)
texture(doortex)  //赋予纹理贴图
projectUV(0)
```

图4-57 门构件三维模型

D 窗三维模型构建

在客家古建筑中，虽然窗户的形状较小，但是窗的样式具有非常多的类型，主要由于窗格雕花纹样繁多。建立窗的三维模型时，对于窗花样式毫无规则的窗户而言，需要利用3DS MAX进行精细建模，然后通过CGA规则建模中的替换函数（i）实现模型库的构建，

与斗拱、栏杆等构件建模类似；对于窗花样式有一定规则的窗户而言，则可以直接利用CGA 规则语言进行建模，这里规则跟格扇门上的格扇建模规则类似，即使用切割函数（split）对窗花上空格的地方赋予空值（NIL）即可（如图 4-58 所示），在某些纹样相似的地方甚至可以直接复用格扇门的花纹部分的 CGA 规则代码，能够大大提高建模效率，最终实现窗户的构件模型库。以后在对其他客家古建筑建模的工作中，可以用此窗户构件模型库通过修改参数快速的实现窗户的建模工作。

窗户构件建模关键 CGA 规则代码为：

```
Window2-->  //窗户构件建模
split(y){~0.6:Kong1|~0.2:Lang1|~0.6:Kong2|~0.2:Lang2|~0.6:Kong3|~0.2:Lang3|~0.6:Kong3
|~0.2:Lang2|~0.6:Kong2|~0.2:Lang1|~0.6:Kong1}  //利用切割函数实现花纹样式
Kong1-->
split(z){~0.6:NIL|~0.2:L|~1.4:NIL|~0.2:L|~1.4:NIL|~0.2:L|~0.6:NIL}  //利用切割函数实
现花纹样式
Lang1-->
split(z){~1.6:L|~0.6:NIL|~0.2:L|~0.6:NIL|~1.6:L}
Kong2-->
split(z){~1.4:NIL|~0.2:L|~0.6:NIL|~0.2:L|~0.6:NIL|~0.2:L|~1.4:NIL}
Lang2-->
split(z){~0.8:L|~0.6:NIL|~1.8:L|~0.6:NIL|~0.8:L}
Kong3-->
split(z){~0.6:NIL|~0.2:L|~1.4:NIL|~0.2:L|~1.4:NIL|~0.2:L|~0.6:NIL}
Lang3-->
split(z){~0.6:NIL|~3.4:L|~0.6:NIL}
```

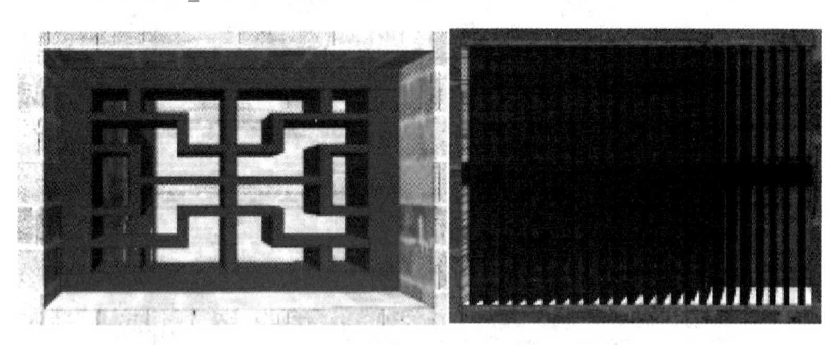

图 4-58　窗构件三维模型

E　梁架三维模型构建

大型的客家古建筑中，梁作用于斗拱的上面，小型的客家古建中，梁架一般就安置在柱头的上面，直接承受着上部屋顶的压力。与斗拱一样，无论是在客家古建筑中，还是其他古建筑，梁架也是木构架建筑中必不可少的一类构件，古建筑的框架越大，梁架则越大。梁架形状极其不规则，无法采用 CGA 规则语言进行直接建模。但是通过对梁架结构的分析，梁架可以由一根根桁木组成，而桁木有的形状规则，有的形状不规则，所以前者通过 CGA 语法建模直接使用拉伸函数（extrude）即可生成，可以通过修改参数自由灵活的设置其长度、粗细；不规则的可以采用 3DS MAX 进行精细建模，然后转换成 OBJ 格式导入至 CityEngine 中，通过 CGA 规则利用替换（i）、平移（t）、旋转（r）、缩放（s）等函数将桁木放置到正确合理的位置与其他桁木组成形状不一的梁架三维模型（如图 4-59 所示），最终实现梁架模型库的构建。

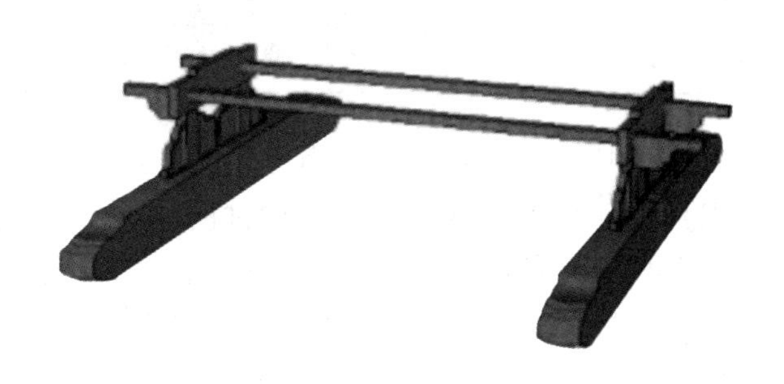

图 4-59 梁架构件三维模型

F 柱子三维模型构建

柱子可以作为支撑房屋的构件，还可以作为梁构成梁架，用处较多。建立柱子的三维模型非常简单，只需要通过 CGA 规则语言中的拉伸函数（extrude）、缩放函数（s）即可生成简单的柱子模型，通过 CGA 语法规则就可以灵活自由的变化柱子的高度、大小形状，最终实现柱子模型库的建立。如图 4-60 所示为柱子构件三维模型。

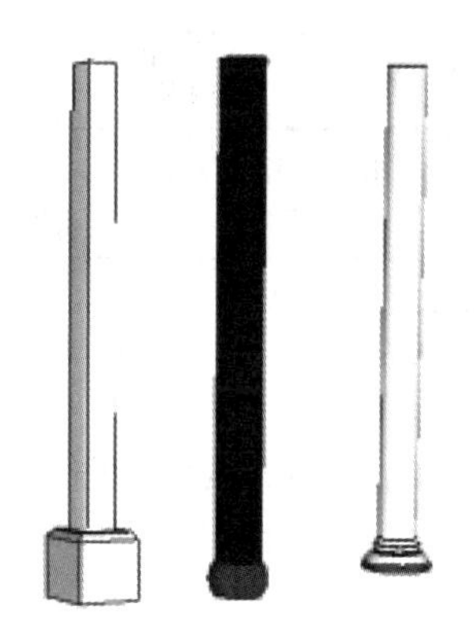

图 4-60 柱子构件三维模型

4.5.4 屋顶模型的建立

4.5.4.1 屋顶建模流程

客家古建筑屋顶构建包括屋顶、檐角、屋顶脊饰（如表 4-5 所示）。客家古村落中古建筑的屋顶样式类型有多种，最主要常见有四水归堂式、歇山顶式、硬山式、悬山式，由此四种样式可产生更多的组合屋顶样式。而檐角与屋顶脊饰则是为了更好的装饰屋顶，让屋顶更美观，使建筑的立面造型更完美。

表 4-5 屋顶构件划分

结构	用途	样 式	材质纹理
屋顶	通用	四水归堂式、歇山顶式、硬山式、悬山式	青砖瓦
檐角	装饰屋顶	样式各异	木质、石质
屋顶脊饰	装饰屋顶	正脊、垂脊、戗脊、博脊、围脊	木质、石质

客家古建筑的屋顶样式有很多，通过表 4-5 中常见的屋顶类型还能组成新的屋顶类型。对于屋顶类型以及屋顶上面精美细致的装饰小构件的建立可以利用 CGA 规则语法，在客家古建筑中一些高等级的古建筑很多都具有精美的雕花、斗拱脊饰以及通过建筑本身围绕中间的天井围合成的“四水归堂式”屋顶，檐角在屋顶的转角处高高翘立，使建筑显得宏伟壮观。客家古建筑的屋顶构件模型建立核心采用 CityEngine 自带的屋顶类型 CGA 函数，通过切割、拆分，然后再通过优化生成所需的屋顶样式。屋顶的建模流程如图 4-61 所示。

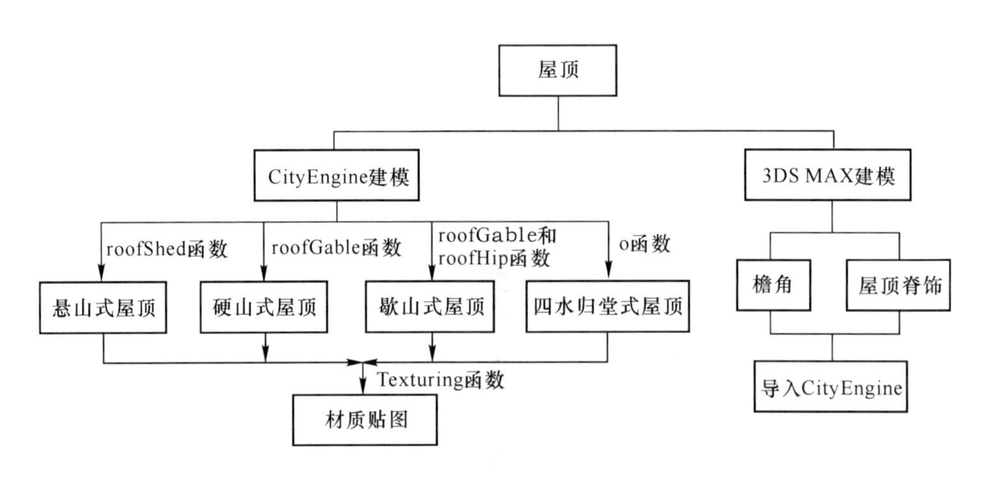

图 4-61 屋顶构件建模流程

4.5.4.2 屋顶三维模型构建

在常见的五类屋顶中，悬山式屋顶和硬山式屋顶非常类似，只是两侧墙体出檐和不出檐的差别，这两种屋顶样式在利用 CGA 规则建模时也相对与其他屋顶样式比较简单。悬山式屋顶可以利用 CGA 规则语言中的单坡式函数（roofShed）或者双坡式函数（roofGable）生成其三维模型，实现悬山式屋顶的构建；还可以通过设置参数方便快捷的修改屋顶的坡度、墙体延伸出屋檐的宽度以及坡面方向延伸出来的宽度；硬山式屋顶利用双坡式函数，然后在参数设置时只需要将延伸出来屋檐的宽度设为 0，即可生成其三维模型，实现硬山式屋顶的构建。如图 4-62 所示，核心 CGA 规则代码如下：

```
attr roofAngle = 25   #屋顶坡度
attr overHang = 1     #延伸出来的长度
```

```
wd-->
    comp(f){top:TopFacade|side:SideFacade. |all:NIL}
TopFacade-->
  roofGable(roofAngle,overHang,overHang) comp(f){bottom:NIL|aslant:FlatRoof_Tex|side:RoofSide}
//硬山式屋顶只需将设置 overHang=0
RoofSide-->
      texture("EgretsPictures/207020. jpg")   //贴图
projectUV(0)
       FlatRoof_Tex-->
          setupProjection(0,scope. xy,2. 4,2. 4)
texture("images/EgretsPictures/屋顶/12. jpg")   //屋顶贴图
projectUV(0)
```

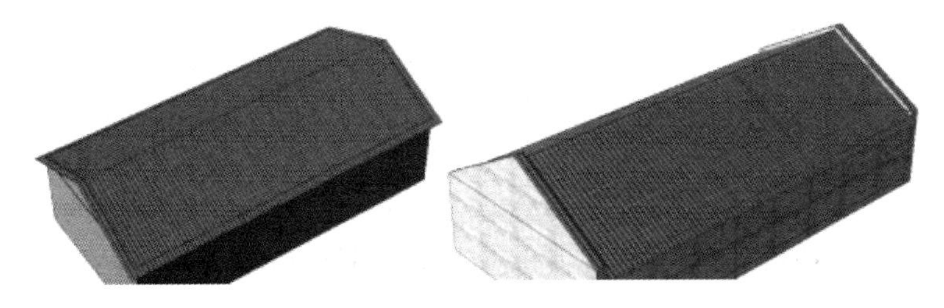

图 4-62 屋顶三维模型（左为悬山式屋顶，右为硬山式屋顶）

攒尖顶主要被用在凉亭、宝塔等建筑的屋顶，在客家古建筑中相对少见。在对其采用 CGA 规则建模时，可以利用金字塔式函数（roofPyramid）或者四坡式函数（roofHip）即可实现攒尖顶三维模型的构建，其坡度能够通过参数设置。如图 4-63 所示，关键 CGA 规则代码如下：

```
attr Angle=30  #屋顶坡度
wd-->
    comp(f){top:TopFacade|all:NIL}
    TopFacade-->
    roofPyramid(Angle)
    texture("images/EgretsPictures/屋顶/12. jpg")   //屋顶纹理贴图
    projectUV(0)
```

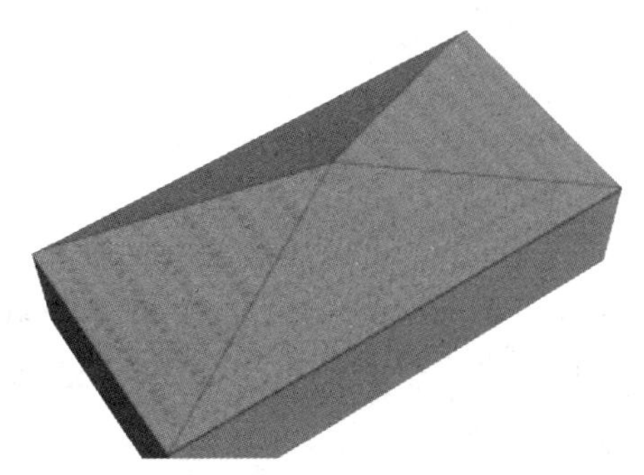

图 4-63 攒尖式屋顶三维模型

歇山式顶不仅仅是客家古建筑中主体建筑常用的屋顶，更是我国古代建筑中常见的屋顶。歇山式屋顶有上下檐之分，上檐跟双坡式屋顶类似，下檐则跟金字塔坡顶类似。在采用 CGA 规则建模时，可以先使用四坡式函数（roofHip）创建金字塔坡顶，然后将其拆分（comp）为上下两部分，上部分利用双坡式函数（roofGable）创建双坡顶，最终实现歇山式屋顶的构建；屋脊脊饰、檐角等装饰物后面利用装饰构件模型库加上。如图 4-64 所示，核心 CGA 规则代码如下：

```
attr roofAngleHip = 30   #屋顶下部坡度
attr roofAngleGable = 30   #屋顶上部坡度
attr overHang = 1   #延伸出来的长度
wd-->
        setupProjection(0,scope. xy,6,4)
            projectUV(0)
        s('1,'2,'1)
        comp(f){top:TopFacade|side:SideFacade|all:NIL}
TopFacade-->
      roofHip(roofAngleHip,overHang)   //设置屋顶下部坡度以及延伸出墙体的长度
      split(y){'0.5:comp(f){bottom:NIL|horizontal:RoofGable|all:FlatRoof_Tex}}
RoofGable-->
      roofGable(roofAngleGable)   //设置屋顶上部坡度
      comp(f){bottom:NIL|aslant:FlatRoof_Tex|side:RoofSide}
          FlatRoof_Tex-->
              setupProjection(0,scope. xy,2.4,2.4)
texture("images/EgretsPictures/屋顶/12. jpg")
projectUV(0)
```

图 4-64 歇山式屋顶三维模型

客家古建筑中，四水归堂式屋顶也是非常常见的一种屋顶样式。在采用 CGA 规则建模时，可以先用几何体拆分函数（shapeO）创建 O 型形状模型，再用双坡式函数（roofGable）即可实现对四水归堂式屋顶的构建（如图 4-65 所示）。关键 CGA 规则代码如下：

```
rooftex = ("images/EgretsPictures/屋顶/12. jpg")   //贴图路径
```

```
Lot-->
shapeO(7,7,7,7){shape:SHAPE|remainder:REMAIN}    //创建O型形状模型
WD-->
comp(f){top:TopWD|all:Wall}
TopWD-->
roofGable(30,0.7,0,true,0)   //双坡顶函数
comp(f){top:Top1|all:x}
Top1-->
setupProjection(0,scope.xy,2.4,2.4)
texture(rooftex)   //屋顶纹理贴图
projectUV(0)
```

图 4-65　四水归堂式屋顶三维模型

4.5.5 装饰模型的建立

4.5.5.1 装饰建模流程

客家古建筑的装饰模型库的构件包括雕花、檐角、脊饰（如表 4-6 所示）。客家古村落中古建筑的雕花样式具有非常多的类型，雕花图案嵌入在门窗、梁架、墙体等构件中，其装饰的位置不同则样式也不同；雕花在客家古建筑中可以完美的展现，雕花图案形式会遵循一定的原则，与客家古建筑的整体风格互相统一，一方面能够体现人们对美好事物的愿望，另一方面能够让建筑富有非常强烈的艺术感，体现客家传统文化的深刻含义；由于其结构复杂，可用 3DS MAX 对其精细建模。另外，檐角和脊饰不仅有自己的功能，还可以给屋顶带来更好的视觉效果，使建筑更加雄伟壮观。

表 4-6　装饰构件划分

结构	用途	样　式	材质纹理
雕花	装饰品	装饰位置不同，样式不同	石质、木质

续表 4-6

结构	用途	样　式	材质纹理
檐角	装饰屋顶	类型丰富	木质、石质
脊饰	装饰屋顶	类型丰富	木质、石质

客家古建筑雕花装饰主要有几何与文字图形、花卉瑞草、吉祥动物、人物、器物等五大类型。如表 4-7 所示。木质雕花装饰大部分雕花以万字几何纹、回纹、竹子、梅花、青松、祥禽瑞兽、神话人物和动物为题材，石雕与砖雕上的图案多为几何纹、狮子、龙凤、卷草、鸟类、鱼类等。根据雕花位置分类，可分为门窗雕花、门楼雕花、梁枋雕花、墙面雕花。

针对雕花图案会遵循一定的原则，有的雕花图案有规则可寻，但是极大部分雕花图案都是样式精美、形状不规则的，而檐角与屋脊脊饰造型都非常不规则，无法采用 CGA 规则建模；因此装饰模型库实现核心是需要先利用 3DS MAX 对雕花、檐角、屋脊脊饰进行精细建模，然后借助 CityEngine 平台进行构件嵌入与拼接。装饰建模流程如图4-66所示。

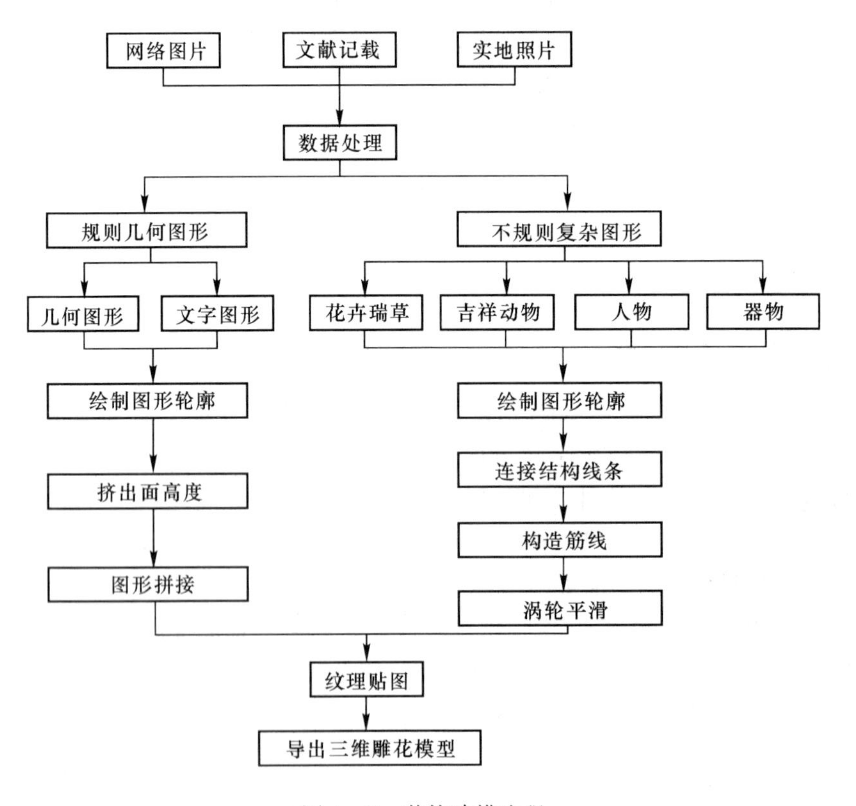

图 4-66　装饰建模流程

通过网络图片、文献记载、实地照片等方式获取雕花的形态样式和原始数据之后，对数据进行处理。为了提高建模效率与建模精度，根据软件特点与雕花的特点，将客家古建筑雕花分类为如万字纹和回纹等简单几何图形和如吉祥动物、花卉瑞草、人物等不规则复杂图形，分别使用不同的模型构建方法对其建模。规则几何雕花建模通过基础几何图形的拼凑或者简单描绘轮廓进行挤出构造三维效果。不规则复杂的雕花图形建模通过复杂的线面处理来实现，最终两种建模方式都需要进行贴图处理并导出可利用的模型格式，应用到实际的软件和工程中（见表4-7）。

表4-7　客家古建筑雕花装饰列表

雕花类型	雕花题材
几何与文字图形	万字纹、回纹、卷草纹、福字、禄字、寿字、太极纹、钱字纹、柿蒂纹、八卦符号
花卉瑞草	牡丹、水仙、玉兰、梅花、菊花、竹子、青松、蔓草、葫芦
吉祥动物	猪、牛、羊、马、猴、狮、蝙蝠、鱼、龙、凤、麒麟、仙鹤、孔雀、喜鹊
人物	八仙、老子、戏剧人物
器物	暗八仙、文房四宝、花瓶

4.5.5.2　装饰三维模型构建

（1）雕花三维模型构建。客家古建筑的雕花有如万字纹和回纹的具有一定规则的、简单的几何图形，也有如花卉瑞草、吉祥动物以及人物的不规则的复杂图形。在构建具有一定规则的、简单的几何图形的三维模型过程中，只需要使用软件的基础模型工具以及构建方式，通过调整参数、移动位置、旋转等操作完成图形的拼接，通过软件本身提供线条的灵活可变性的特点，可以迅速的构建一个精美的三维模型；在构建不规则的复杂雕花模型时，需要充分利用3DS MAX的细节调整功能，对点、线、面进行充分的掌控，通过涡轮平滑来处理过于尖锐的线条转折，利用切角工具来构造筋线以强调转折，加强不规则三维模型的立体效果（如图4-67所示）。最后利用CGA规则语言实现雕花构件模型库，能够将各类雕花方便快捷的嵌入在隔构件中以装饰客家古建筑。

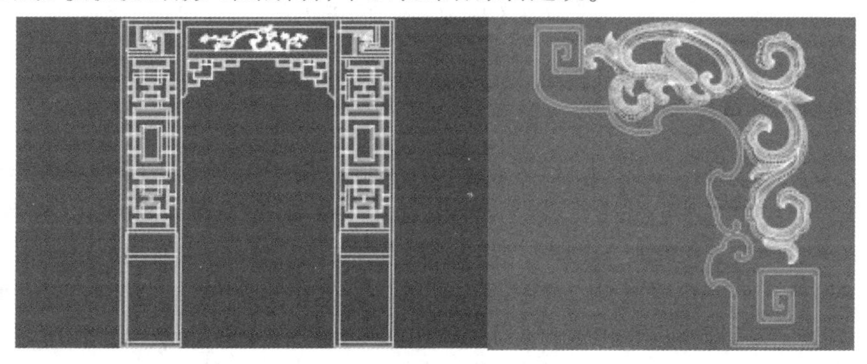

图4-67　雕花三维模型

（2）檐角、脊饰三维模型构建。客家古建筑中檐角样式各异，造型多为人物神兽，形状复杂且无规则，通常都是坐姿端正、仰望天空，可以用来表达人们对上天的敬畏思想，有祈福之意；脊饰主要分为正脊、垂脊、戗脊、博脊、围脊等五类，通常造型十分独特，是客家古建筑上独具艺术特色与文化特色的构件；要构建这两者的构件模型库，也是需要借助 3DS MAX 精细建模的特点，构建檐角、脊饰的精美模型导入到 CityEngine 中，然后利用 CGA 规则建模的特点，通过替换、旋转、缩放等函数规则语言将其拼接在屋顶上，最终实现檐角、脊饰构件模型库的构建（如图 4-68 和图 4-69 所示）。

图 4-68 檐角三维模型

图 4-69 脊饰三维模型

4.5.6 构件模型的应用

根据客家古建筑构件的划分，白鹭客家古建筑在三维建模中的研究中其构件就可以根据阶基、屋身、屋顶、装饰四个构件类型来构建。并且利用 CityEngine 的 CGA 规则建模，借助完成客家古建筑三维构件模型库，能够便捷高效的建立民居、门楼、亭子以及戏台等客家古建筑模型。另外还能通过改变参数，变换建筑模型的高度、窗户的长度、雕花的类型和屋顶的类型等属性，以实现对客家古建筑模型实时的修改。如图 4-70 所示，其中图右通过修改参数后快速的变换了屋顶和窗花的类型。

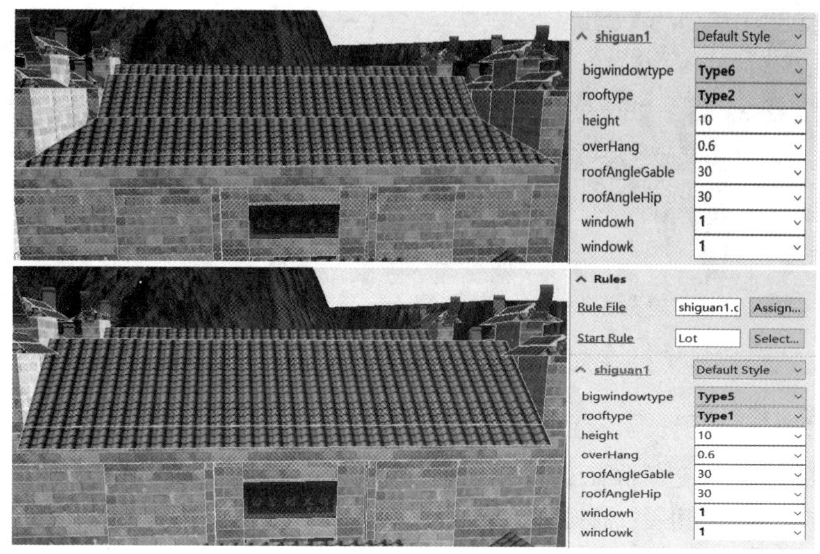

图 4-70　一组参数化修改构建古建筑模型

4.5.6.1　单体建筑物

白鹭古村内的建筑整体上的风格具有典型的中国近代徽派民居建筑特征。古建筑的外观形状大多数为方形平面，围绕着一口中突的天井分布，屋外是由砖墙进行围合的院子，墙体多为马头墙，墙上有样式不一的窗户；屋顶是统一的青砖灰瓦，屋脊脊饰普遍较少并且样式类型和颜色非常单一，整体布局十分简洁、朴素，是浓厚的赣派传统民居风格建筑。本文根据白鹭古村的建筑风格特征，借助构建的客家古建筑三维构件模型库，最终实现了白鹭古建筑中典型单体古建筑三维模型的构建。其效果如图 4-71～图 4-75 所示。

图 4-71　白鹭古建筑单个民居效果图

图 4-72　白鹭古村院落效果图

图 4-73　白鹭古村世昌堂效果图

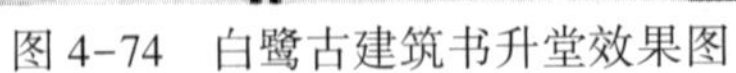
图 4-74 白鹭古建筑书升堂效果图

图 4-75 白鹭戏台效果图

4.5.6.2 建筑群

白鹭古村中的主要建筑群有传统民居、祠堂、商铺等等。其中传统民居中的单体古建筑基本上为单层或者双层的房屋；而祠堂分为“专祀型”和“居祀型”两种，从祠堂主体建筑的建筑结构上看都具有精细的雕花、斗拱、檐角脊饰等构件模型；商铺与传统民居类似。借助构建的客家古建筑三维构件模型库，能够构建白鹭古村古建筑群的三维场景模型；另外，本书以客家古建筑三维构件模型库构建了白鹭古村商业街建筑群的三维模型。图 4-76~图 4-79 为建筑群效果图。

图 4-76 白鹭古建筑祠堂建筑群

图 4-77 白鹭古村商业街建筑群

图 4-78 白鹭古建筑民居建筑群

图 4-79 白鹭古村建筑群效果图

4.5.6.3 白鹭古村

白鹭村的客家古建筑风格非常独特，具有中国近代徽派民居的典型特征。从平面布局上分析，白鹭古建筑是以传统典型的天井围合为主体，并且能够保持其主体建筑的方正，建筑周围则以一些小型院落互相结合。在对整个白鹭古村三维场景的创建过程中，利用实现的客家古建筑三维构件模型库，建立了三个不同的场景，分别为白鹭的古代、现在、未来三个场景。古代的场景主要是靠想象构建的“梦幻场景”；现在的场景就是依据现实的格局尽力的“生活场景”；最后未来的场景是通过对白鹭村未来的旅游开发合理规划的“畅想场景”。其中“梦幻场景”主要是利用建模软件建立了穿着古服的人物、马车、轿子等复古模型，构建了古人在戏台上下唱戏听戏的场景；“生活场景”主要展现如今客家人民的日常生活、休闲娱乐；“畅想场景”主要就是针对白鹭古村的旅游开发的同时为了更好的保护古建筑物不被破坏而进行了合理的规划，建立了商业街模型。图 4-80～图4-82为三维建模后三个不同场景的白鹭古村效果图。

图 4-80 畅想场景效果图

图 4-81 生活场景效果图

图 4-82 梦幻场景效果图

4.6 建模实例——校园三维建模

4.6.1 基础数据的准备与处理

（1）影像和高程数据的准备与处理。通过网络在中国地理空间数据云下载赣州区域的高分辨率影像图和高程数据，然后利用 ArcGIS 软件对实验区域的数据进行裁剪分析处理，获得实验需要的 DOM 和 DEM 数据。实验数据均统一采用 WGS84 坐标系（见图 4-83 和图 4-84）。

图 4-83 DOM

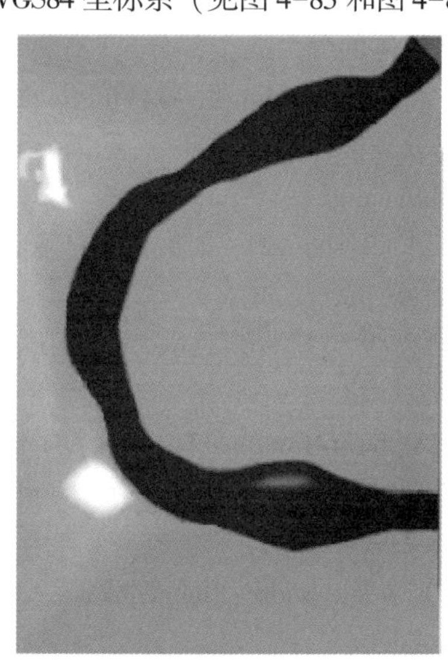

图 4-84 DEM

（2）矢量数据的采集与获取。根据江西理工大学校园园区的实际情况，利用测量测绘器材对校内建筑物、道路、基础设施、绿化带、池塘、标志性建筑等进行实地量测，最后将量测点导入 ArcGIS 中进行分析处理，并将建筑物的属性信息导出，最终制作出江西理工大学校园矢量专题图（见图 4-85）。

图 4-85 江西理工大学矢量数据（本部）

4.6.2 红旗校区典型地物模型构建

4.6.2.1 行政楼的构建

校本部行政楼主要由三部分组成，左侧外语外贸学院楼，中间行政楼，右侧理学院楼。根据观察行政楼的楼型比较对称，但是楼顶的特殊标志以及门前的台阶比较复杂，所以利用 3DS MAX 制作了相应的模型。其中楼体的编程比较重要。

核心规则实现：

首先把楼体的分为五个部分

```
split(x){~36:building1|~7:building2|~40:building3|~7:building2|~36:building4}
```

第一部分是楼体两侧的部分,这部分利用(X Y Split)规则先编写窗户的样式：

```
chuanghukuang2-->
split(y){~3:shang2|~0.2:F.|~1:xia2}
shang2-->
split(z){~1.5:E|~0.2:A.|~1.5:E}
E-->
comp(f){front:frontface2.|back:backface2.|right:rightface2|left:leftface2|top:Roof2.|bottom:diji2.}
frontface2-->
split(x){~Tile_width:FloorTile2}*
backface2-->
split(x){~Tile_width:FloorTile2}*
leftface2-->
split(x){~Tile_width:FloorTile2}*
rightface2-->
split(x){~Tile_width:FloorTile2}
xia2-->
comp(f){front:frontface2.|back:backface2.|right:rightface2|left:leftfacex|top:Roof2.|bottom:diji2.}
leftfacex-->
split(x){~Tile_width:FloorTilex}
```

然后利用 split(y){{~1.5:x|~3:y}*}重复规则,来实现窗户的排列并调整对应比例实现理想的效果。

第二部分通过 s('x,'y,'z)方法和 t(x,y,z)方法并调整相应部分比例实现楼体的变化：

```
building2-->    //第二块
s('1,'0.9,'0.9)
split(z){~5:rooml2.0|~2:street2|~5:roomr2.0}
street2-->
comp(f){top:Roof1|bottom:diji.|side:facade.}
```

```
rooml2.0-->      //第二块后侧
split(x){~1.5:walll2|~4:rooml2|~1.5:walll2}
walll2-->
split(y){~4:xia|~21:zhong}
zhong-->
comp(f){top:Roof1|bottom:diji.|side:facade1}
rooml2-->
split(y){~5:firstfloorl2|{(Floor_Height):moreflooorl2} *|~3:upfloorl2}
firstfloorl2-->
split(y){~1:wallfl2.0|~3.5:windowfl2|~0.5:wallfl2}
wallfl2.0-->
comp(f){top:Roof.|bottom:diji.|side:facade}
wallfl2-->
comp(f){top:Roof.|bottom:diji.|side:facade1}
windowfl2-->
t(0,0,0.5)
split(x){~0.2:W|~8:Q|~0.2:W}
moreflooorl2-->
split(y){~1:wallml2|~3:windowml2|~1:wallml2}
wallml2-->
comp(f){top:Roof.|bottom:diji.|side:facade1}
windowml2-->
t(0,0,0.5)
split(x){~0.2:W|~8:Q|~0.2:W}
```

第三部分利用 comp 方法把楼梯中间的大面积玻璃墙与其他墙体分离开来并用。

```
comp(f){border:color(0.2,0.2,0.2)Frame.|inside:Class}
Class-->     //制作玻璃反光效果
color(HeighBuilding_Color)
set(material.opacity,1)  //镜面反射
set(material.specular.r,0.6)
set(material.specular.g,0.6)
set(material.specular.b,0.6)
```

体现玻璃的材质,使模型更加逼真。

第四部分导入 3DS MAX 中制作的楼顶模型及其他装饰模型,并利用以下规则来调整的模型的大小、旋转,把它调整到相应的位置与建筑合为一体。

```
r(90,0,90)        //旋转函数
s(10,6,21)
//缩放函数,调整尺寸(长 y,z 高,x 宽)
i("maps/QQ/xingzhenglou.obj")
```

```
center(xyz)
t(2,3,0)          //位移函数(y,z,x)
r(90,0,-90)
t(-13.4,0,5)
s('1.37,'0.6,9.8)center(z)i(gongxing)Wall(0)
```

最后导入各种贴图和纹理，对建筑的外观进行调整，尽量达到和实体建筑的效果一样。整体效果如图 4-86 所示。

图 4-86 行政楼模型

4.6.2.2 主教楼的构建

在观察了主教学楼后，由于教学楼结构比较复杂，所以分为两部分建模。第一部分：是西侧两个六边形建筑和东侧的展览馆部分由于形状不规则所以用 3DS MAX 建模，使教学楼更加接近现实。第二部分：主教学楼的中间高层部分和阶梯状部分，虽然细节部分不相同，但是为了更好的还原建筑就使用一个 CGA 文件编写。

核心规则实现：

首先要利用（X Split）规则把主教学楼分为：A，B，C，D，E，F 六个部分，使用 t 规则使 A B C D 形成阶梯状。

在编写 A 部分细节时利用（Z Split）方法把楼体分为前后两部分，前面利用 split（y）{{~1.5：x | ~3：y} *} 循环的方法把前面整体玻璃勾勒出来。

利用（X Y Split）方法在 A 的背面切割出窗户的形状，并使用 s（'x，'y，'z）方法和 t（x，y，z）方法把楼体凹凸的形状进行切割和平移。

利用以下的方法制作出玻璃反射的材质，并可以调节头密度及反光度等要素，比单纯贴图更有立体感。

利用 projectUV（0）方法进行贴图，利用 setupProjection（0，scope. xy，6.7，4.4）方法对题图的大小进行调整，使楼梯颜色的纹理体现得更逼真（见图 4-87）。

图 4-87 主教楼模型

4.6.2.3 图书馆的构建

经过观察，图书馆是一个 O 型建筑，并且正面的建筑细节比较多，两侧建筑相近，所以分为三个文件进行编辑（见图 4-88）。

核心规则实现：

正面建筑由于凹凸不平且纹理不同，所以利用（X Split）把楼体分为三个部分。

第一部分是两侧和顶部利用 s('x,'y,'z)方法和 t(x,y,z)方法调整大小。

```
f1-->
split(x){~0.5:a3|~1.2:b|~3:c|~4:d|~0.5:a}
f3-->
split(x){~0.5:a1|~8.2:g|~0.5:a1}
```

第二部分利用(X Y　Split)把楼中间的玻璃墙和窗户分割开来。

```
c-->
split(y){~6:c1|~0.5:c2|~1.4:c3}
c1-->
split(x){~1:c11|~2:c12|~3:cj}
c11-->
s('1,'1,'0.95)
split(y){~2:c11x|{~1.:c11x|~2:c11a} * }
c11a-->
s('1,'1,'0.98)
c12-->
s('1,'1,'1.05)
split(x){~2:cz|~1:c122}
cz-->
split(y){~2:c11x|{~1.:c11x|~2:c11a} * }
```

```
cj-->
split(y){~2:c11x|{~1.:c11x|~2:c11a}*}
c3-->
s('1,'1,'0.96)
```

第三部分利用 split(){{~1.5:x|~3:y}*}循环把窗户大批量的分割,这样即分割规整,美观,又减少了编写的时间。

```
d-->
split(y){{~1.:d1|~2:d2}*}
d2-->
split(x){{~1.4:d21|~3:d22}*|~1.4:d21}
d22-->
split(y){~6:window1|~1:window2|~3:window3}
window1-->
split(x){~2:bo|~0.2:wall|~2:bo|~0.2:wall|~2:bo}
window3-->
split(x){~2:bo|~0.2:wall|~2:bo|~0.2:wall|~2:bo}
bo-->
s('1,'1,'0.98)
t(0,0,0.2)
front-->
split(y){{~1.:d1|~2:d2}*|~1.:d1}
```

最后利用 texture("/ESRI.lib/myschool/images/贴图/cizhuan/cizhuan4.jpg")

projectUV (0) 方法进行贴图，利用 setupProjection (0, scope.xy, 6.7, 4.4) 方法对题图的大小进行调整，使楼体的颜色的纹理体现得更逼真。

图 4-88 图书馆模型

4.6.2.4 建测楼的构建

虽然建测楼整体建筑规则、整齐，但是屋顶和楼前的台阶编辑起来比较麻烦，所以为了实现可完全用规则编写，分为三个部分。

核心规则实现：

第一个部分就是对楼体的编辑：

```
Lot-->
extrude(Building_Height)Building//建筑物体块
Building-->
split(z){~35:building3|~30:building2|~35:building1}
C-->
split(z){~2:chuanghukuang2|~0.2:A.|~2:chuanghukuang2}
chuanghukuang2-->
split(y){~3:shang2|~0.2:F.|~1:xia2}
shang2-->
split(z){~1.5:E|~0.2:A.|~1.5:E}
E-->
comp(f){front:frontface2.|back:backface2.|right:rightface2|left:leftface2|top:Roof2.|
bottom:diji2.}
frontface2-->
split(x){~Tile_width:FloorTile2}*
backface2-->
split(x){~Tile_width:FloorTile2}*
leftface2-->
split(x){~Tile_width:FloorTile2}*
```

第二部分是对楼顶的编辑

```
wall2.7-->
comp(f){top:color("#0000ff")TopFacade2|side:facadew|all:NIL}
TopFacade2-->
case cascad_Num>1:
        s(scope.sx+cascad_Wid,scope.sy+cascad_Wid,'1)
        center(xy)
        extrude(cascad_Hei)
        set(cascad_Num,cascad_Num-1)
        comp(f){top:TopFacade2|all:color("#00ff00")RoofSide.}
else:
        s(scope.sx+cascad_Wid,scope.sy+cascad_Wid,'1)
        center(xz)
        extrude(cascad_Hei)
        comp(f){top:TopFacade.|all:RoofSide.}
```

第三部分是对阶梯的编辑

```
jieti-->    //阶梯
```

```
s('2,'1,'1)
split(x){ ~4:wallss. | ~5:spcaes}
spcaes-->
comp(f){front:frontface. |back:backface. |right:rightface. |left:leftface. |top:Roof|bottom:diji}
Roof-->
extrude(0.2)X
comp(f){top:xc}
xc-->
case(scope.sx>Stop):s('Fact,'Fact,0)
center(yz)
alignScopeToGeometry(yUp,0)
   extrude(Depth)
   comp(f){top:xc}X
else:NIL
```

整体效果如图 4-89 所示。

图 4-89 建测楼模型

4.6.2.5 红旗校区模型整体效果图

红旗校区整体效果如图 4-90 所示。

图 4-90 红旗校区模型

4.6.3 黄金校区典型地物模型构建

4.6.3.1 教学主楼的生成规则

经反复观察教学主楼，发现其结构非常复杂，如果仅使用一个规则文件生成楼体，这样生成的楼体不仅不美观，而且难以实现。所以先将整个教学主楼分成几个模块，然后分别对每个模块进行精细建模，最后再进行整体调节。这样做虽然增加了工作量，但是可以更细致的突出主教楼的建筑风格（见图 4-91）。

```
核心规则实现:
Lot-->
extrude(height)building
  building-->
  comp(f)
  {front:Frontface|back:Backface|left:Leftface|right:Rightface|top:Roof|bottom:diji}
   #对建筑正面在竖直方向进行分割,分成底、中、上三层
    Frontface-->
  split(y)
  {~8:GroundWall|~25:WindowWall|~15:TopWall}
最上层墙体我们使用(X split)
  TopWall-->
  split(x)
  {{~1.2:Wall_Tex|~4:TopWindow} *|~1.2:Wall_Tex}
  Wall_Tex-->
  setupProjection(0,scope.xy,0.2,0.2)
  texture("images/17-14-22-88-1640.jpg")
  projectUV(0)
  TopWindow-->
  s('1,'1.3,'1)
  split(x)
  {~0.6:A|split(y){~2.8:a|~0.65:NIL|~0.1:A}|~0.6:A}
```

图 4-91　主教楼模型

4.6.3.2 稀土大楼的构建

思路：稀土大楼是环绕性建筑，四周分别是主楼和副楼，中间则为空。在做地块时，我们将主楼和副楼分开，对两者采用分别建模的方法，可降低建模的复杂性（见图4-92）。

规则实现：我们先将地块拉伸，然后分解成6个面，在此我们主要对主楼的前面和屋顶做了精细的构建。首先使用setback函数使主楼的Frontface内部凹进0.5m，并把Frontface分解成RoofSide和TopFacade_Tex. 然后对TopFacade_Tex. 进行分割。

```
Frontface-->
  setback(0.5)
    {all: RoofSide | remainder: extrude ( - 1 ) comp ( f ) {bottom: NIL | top: reverseNormals()TopFacade_Tex. |all:reverseNormals()RoofSide}}
TopFacade_Tex. -->
 split(x)
{~2:Wall|~20:WindowWall|~2.5:Glass|~10:split(x){~3:NIL|~0.5:P} * |~3:NIL |~2:Glass|~10:N}
```

对Roof的操作，我们选择了女儿墙式的屋顶，并在此基础上增加了栏杆、阁楼等建筑。

```
Roof-->
  s('1.02,'1.02,'1)
     center(xy)
extrude(1)
comp(f)
{front:wall|back:wall|left:wall|right:wall|top:Roof4|bottom:diji4}
Roof4-->
  s('1.02,'1.05,'1)
  center(xy)
     offset(-Parapet_wid)
     comp(f)
     {inside:a1|border:b1}
        b1-->
           extrude(1)
             setupProjection(0,scope.xy,1,1)
          texture("images/17-14-22-88-1640.jpg")
         projectUV(0)
        a1-->
        split(y)
        {~1:i|~16:e|~6:split(y){~1:i|~6:flot|~2:i}|~16:e|~1:tilei}
```

图 4-92 稀土大楼模型

4.6.3.3 冶金大楼生成规则

思路：冶金大楼的建筑风格较为简单，楼体采用U字型排列，而且教学楼西、北、南3个方向的墙体设计基本相同，所以不同于其他教学楼，只需创建一个cga文件对其建模（见图4-93）。

楼体的构建和上述教学主楼相似，先对地块使用split函数将其分割成3个小块，然后再对每个小块拉伸分解分割。规则实现：

```
Lot-->
split(x)
{~8:Side|~30:WindowWall}
Side-->
  extrude(1.1 * height)
comp(f)
{front:Frontface1|back:Backface1|left:Leftface1|right:Wall_Tex|top:Roof|bottom:diji1}

WindowWall-->
split(z)
{~19:B|~2:G_Tex}
B-->
extrude(height)
  comp(f)
{front:Frontface|back:Backface|left:Leftface|right:Leftface1|top:Roof|bottom:diji}
```

在这个规则文件中我们添加了楼体内部分布规则。这让我们可以更加直观方便的观察楼体结构。规则实现：

```
Roof8-->
  split(x)
{~6:split(y){split(y){~0.5:Wall|~16:split(x){~5:J|~0.5:split(y){~8:Wall|~2:Door_}}}*|~0.5:Wall}|~2:ZL|~6:split(y){split(y){~0.5:Wall|~16:split(x){~0.5:split(y){~8:Wall|~2:Door_}|~5:J}}*|~0.5:Wall}}
```

在此基础上我们还导入了人、桌子等外部模型。可更换人和桌子的样式：使用 fileRandom 实现。规则如下：

```
men-->
s(0,4,0)
i(objMen)
R-->
  s('0.5,'0.1,'0.5)
  center(xyz)
  r(90,0,90)
  t(-3.5,0,-1)
i(objDesk)
attr objMen=fileRandom("/my_school3/assets/people_by_lowpolygon3d_com/ *.obj")
objDesk=fileRandom("/my_school3/assets/desk/ *.obj")
```

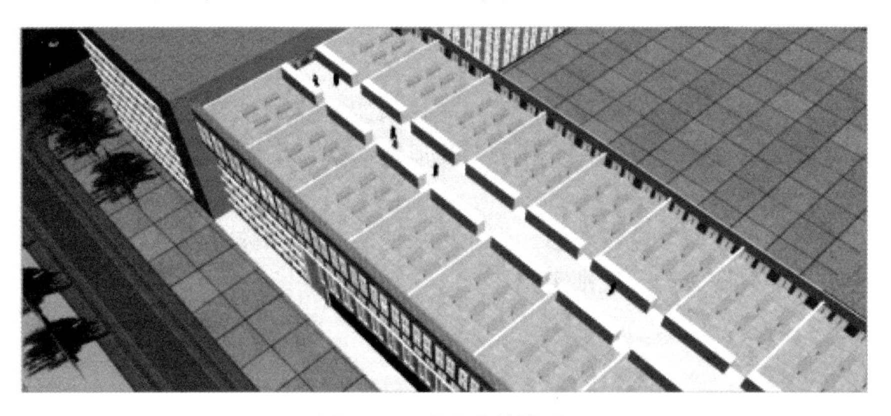

图 4-93 冶金大楼模型

4.6.3.4 图书馆的构建

思路：将地块拉伸一定高度并分解成 6 个面，对 Frontface 使用多层嵌套分割函数将正面分割成墙面和玻璃面。将玻璃面向内部拉伸一定宽度，然后将除顶部的 5 个面全部设为 NIL，这样便实现了玻璃面凹进墙体的效果（见图 4-94）。

规则实现：

```
Frontface-->
  split(y)
{~8:split(x){~2:Wall|~20:G|~10:split(y){split(x){~2:Wall|~10:Door|~2:Wall}|~3:Wall|~1.5:split(x){G|2:NIL}}}|~2:Wall|~10:split(x){~37:split(x){~2:NIL|G1}|~3:Wall}|~3:Wall}
G1-->
comp(f)
{front:NIL|back:NIL|left:NIL|right:NIL|top:Roof2|bottom:NIL}
```

采用缩放函数 s 和拉伸将屋顶分成两层，在这里我们遇到了一个困难，就是将 Roof 缩放后不能完全覆盖原来的楼体，所以我们在将 Roof 缩放前将它拉升很小的高度，底部作为原来的屋顶并且能够覆盖楼体，再将顶部缩放一定比例并拉升合适的高度。然后用同样的方法在上面建立第二层屋顶。我们没有在每层的侧面使用贴图代替窗户而是用较为复杂的分割循环函数构建横竖交错的方格图案，然后将方格用规则编写成玻璃透明材质。

图 4-94 图书馆模型

规则实现：

```
Roof-->
  extrude(0.005)
  comp(f)
{front:Frontface5|back:Frontface5|left:Rightface5|right:Rightface5|top:Roof8|bottom:diji5}
Roof8-->
s('0.8,'1.2,'1)
center(xyz)
extrude(roof_hei)
comp(f)
{front:Frontface5|back:Frontface5|left:Frontface5|right:Frontface5|top:Roof5|bottom:diji5}
Roof5-->
extrude(0.005)
comp(f)
{front:Frontface5|back:Frontface5|left:Rightface5|right:Rightface5|top:Roof7|bottom:diji5}
Roof7-->
s('1.3,'0.9,'1)
center(xyz)
extrude(roof_hei)
comp(f)
{front:Frontface5|back:Frontface5|left:Frontface5|right:Frontface5|top:diji5|bottom:diji5}
Frontface5-->
  split(y)
  {~2:Wall_Tex|~8:g|~2:Wall_Tex}
g-->
  split(y)
{split(y){~0.2:r|~4.2:split(x){~4.2:split(x){~0.2:r|split(y){~1:Glass_Tex|~0.2:r|~1:Glass_Tex
```

```
|~0.2:r|~2:split(x){~0.4:Glass_Tex|~0.1:r|~0.4:Glass_Tex}}|~0.2:r|split(y){~2:split(x){~0.4:Glass_Tex|~0.1:r|~0.4:Glass_Tex}|~0.2:r|~1:Glass_Tex|~0.2:r|~1:Glass_Tex}}}*}*|~0.2:r}
```

可以在 Inspector 界面中调节玻璃透明度和反光度。

规则实现：

```
attr opacity=rand(0.5,1)
attr reflectivity=rand(0.2,1)
 Glass_Tex-->
  color("#27408B")
   set(material.opacity,opacity)
  #镜面反射
  set(material.specular.r,0.6)
  set(material.specular.g,0.6)
  set(material.specular.b,0.6)
  set(material.shininess,50)
  #反射率
set(material.reflectivity,reflectivity)
```

4.6.3.5　黄金校区整体效果图

黄金校区整体效果如图 4-95 所示。

图 4-95　黄金校区整体效果图

5 倾斜摄影技术建模

5.1 倾斜摄影测量技术

随着数字地球、城市智能发展规划、建筑物景观设计、智慧旅游与社区服务的不断发展，人们对建立城市真三维模型产生了浓厚的兴趣。因此，建立具有真实纹理的数字城市三维模型已经突显出巨大的市场价值，并且拥有广阔的前景。近些年来，地形和建筑物三维模型已经成为数字城市三维景观模型中最为重要的模型。而其中，建设“数字城市”的一项基础内容就是建筑物三维模型的建立。目前，国际测绘领域把传统航空摄影技术与数字地面采集技术相结合，研究出一种称为机载多角度倾斜摄影的高新技术，简称倾斜摄影测量技术。

倾斜摄影技术通过将多台或多种类别的传感器搭载在同一个空中飞行平台上，可以突破传统航空摄影技术只能从一个角度获取地面影像的局限性，它能同时从一个垂直和多个倾斜角度获取影像，从而可以弥补正射影像不能准确反映地面真实情况的缺陷。并且还可以结合机载 POS 数据、数字表面模型及其他矢量数据，进行基于倾斜影像的各种三维测量，在此基础上建立起建筑物的真实的三维景观模型。与传统三维建模方法相比，基于倾斜摄影测量技术的三维建模方法具有高效快速的获取影像数据、成本较低等特点。

但是就目前来说，在进行实际的三维建模项目生产中，倾斜摄影测量基本上都是采用大飞机载荷，需要申请空域，而且成本较高、周期较长。选择无人机获取的影像作为三维模型建立的数据来源，是一种成本低廉，相对来说较为理想的方式。倾斜影像技术的应用，可以快速提高三维城市建模的效率，并且可以大大降低目前三维城市建模的较高成本。通过在同一飞行平台上搭载 5 台传感器，同时从一个垂直、四个倾斜五个不同的角度采集影像，拍摄相片时，同时记录航高，航速，航向和旁向重叠，坐标等参数，然后对倾斜影像进行分析和整理。在一个时段，飞机连续拍摄几组影像重叠的照片，同一地物最多能够在 3 张相片上被找到，这样内业人员可以比较轻松地进行建筑物结构分析，并且能选择最为清晰的一张照片进行纹理制作，向用户提供真实直观的实景信息。影像数据不仅能够真实地反映地物情况，而且可通过先进的定位技术，嵌入地理信息、影像信息，获得更高的用户体验，极大地拓展遥感影像的应用范围。

通过该技术建立的实景三维模型可广泛应用于军事、国土、城市规划、建筑景观设计、灾害应急、公安反恐、抢险救灾、文物保护等多种行业，开创了地理信息新时代。随着无人机在测绘领域的广泛应用，无人机倾斜摄影测量技术已经成为一种获取三维建模影像数据的新途径和新方法，使三维城市建模的效率得到快速提高。

5.2 倾斜摄影测量系统组成

倾斜摄影测量系统主要由航空摄影测量飞行器、多角度图像传感器、地面控制系统和图像处理工作站等组成。

5.2.1 航空摄影测量飞行器

航空摄影测量飞行器是倾斜摄影测量系统各传感器的承载平台。飞行器的选择需综合考虑工程项目的技术要求，项目具体范围、面积，项目实施时气象条件，空域管制情况以及飞行起降场地的限制等条件，然后结合不同类别飞行器性能特点和数据质量参数，最终选择符合项目要求的飞行器，表 5-1 分别从飞行器的合法性、安全性、灵活性以及数据质量角度比较分析目前常用飞行器的各项参数。

表 5-1 常见飞行器对比

飞行器类型	合法性	安全性	灵活性	数据质量
无人机（旋翼及固定翼飞机）	目前民航及军航均不接受无人机飞行申请，为非法飞行	飞行不受控，与作业区域内的合法飞行器有冲突风险；飞机无安全认证，控制器失灵后易引发安全事故	无人机可任意场地起降，无需专用起飞场地；质量轻，体积小，方便运输；可云下摄影，阴天均可执行任务	可满足分辨率 0.02～0.1m 地面分辨率要求，但作业效率低，影像质量一般，适用于面积小于 $20km^2$ 的航摄任务
旋翼机、动力三角	合法飞行，飞机有适航合格证，航管部门受理飞行计划申请	飞机具备滑翔能力，可无动力着陆，同时配备降落伞，安全性能较高	可在野外 100 米平整土地起降，不需要专门机场；可用或者转场，运输较为方便；可云下摄影，阴天均可执行任务	可满足分辨率 0.04～0.2m 地面分辨率要求，适用于面积小于 100 平方公里的航摄任务
运五及其他通航飞机	合法飞行，飞机有适航证，航管部门受理飞机计划申报	配备机载领航设备，安全可靠性较高	必须要专门的起飞跑道和机场，无论转场还是作业都受机场限制，起飞点一般距离作业区域较远	可满足分辨率大于 0.01m 地面分辨率要求；适用于面积在 $100km^2$ 以上的航摄任务，飞行质量较好

5.2.2 多角度图像传感器

多角度图像传感器集 CCD 组合（相机系统）、减震云台、RTK、高速存储卡等硬件于一体，用来获取地面物体不同角度连续影像，即从垂直、倾斜等多个角度获取地面物体较为完整的信息。受飞行器的载荷所限，相机系统组合主要有单镜头、两镜头以及五镜头，如图 5-1 所示。在飞行过程中，多个相机系统采用同步曝光方式采集地面不同角度的影像信息，同时通过 POS 系统获取与每组曝光影像相对应位置及姿态信息，从而得到用于实景建模的影像及位置姿态文件。

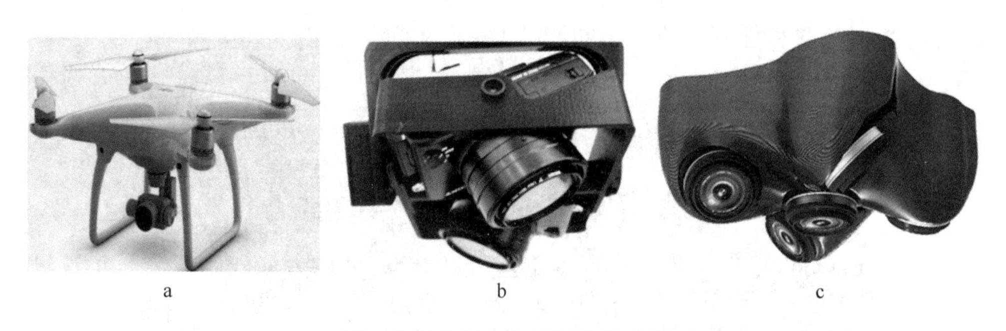

图 5-1　常见多角度图像传感器
a—单镜头；b—两镜头；c—五镜头

5.2.3　倾斜摄影航测软件

倾斜摄影航测软件就是通过软件控制无人机的飞行，实际上现在主流的无人机软件都包括了基本的飞控功能，如对无人机航线、动作进行规划，让无人机完成自动飞行、自动拍摄。

5.2.3.1　Pix4D

Pix4D，其实是一整套 Pix4D 系列的软件，包括了 Pix4Dcapture 移动端、Pix4D Desktop 桌面和 Pix4D Cloud 云端。完整的流程下来，Pix4D 可以对无人机所拍摄的图像作体积计算、等高线、三维点云、数字表面模型、正射影响镶嵌图、三维纹理模型等处理。如图 5-2所示。

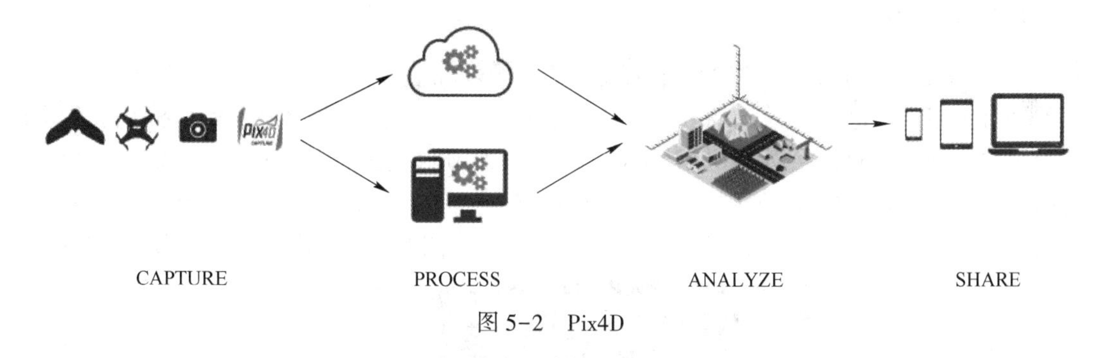

图 5-2　Pix4D

Pix4Dcapture：可免费下载使用，功能上跟绝大多数航线规划软件相似。连接上无人机，选定区域（可设定不规则的形状）和设置航测高度后，便可让无人机自动执行任务。

Pix4D Desktop：桌面端软件可以对从 Pix4Dcapture 获取到的数据进行（离线）处理。

Pix4D Cloud：Pix4D Cloud 捆绑着 Pix4D Desktop 一起销售。作用在于，一是用于让获取到的数据放在云端处理（免去对本地电脑性能不足的担忧），二是方便存储和展示拍摄数据、输出结果。

5.2.3.2　Altizure

Altizure 是一个可以将无人机航拍照片转换成三维实景模型的平台。从最终输出的三维效果来看，Altizure 就一直深得众多无人机爱好者和专业用户的好评。跟 Pix4D 一样，

Altizure 也把数据获取和处理分流到不同产品上运行。如图 5-3 所示。

图 5-3　Altizure

Altizure app：也就是 Altizure 的移动客户端。功能上主要也是用于无人机数据采集的路线规划，同时 Altizure 也允许用户通过客户端上传不超过 1000 张的图片至服务器进行建模。

Altizure web：Altizure 允许你通过网页端单次上传不超过 1000 张的图片（超过 1000 张浏览器可能会崩溃）至服务器，上传完成后，服务器便会自动对这些图片进行建模处理。

Altizure Desktop：用于离线展示，同步 remote 数据后，便可以在桌面端查看、测量和标注自己项目的建模结果。

5.2.3.3　Skycatch

早期 Skycatch 的工作是在高空中采集高清的图像和视频信息，客户只要到 Skycatch 的软件平台上指定自己需要采集的数据，Skycatch 就可以自主规划如何完成任务并将数据传回给用户，他们的业务主要集中在建造业、矿业、太阳能行业以及农业，在矿业，采矿公司可以实时的追踪他们挖到的矿产数量，并对原矿石进行质量评估，及其对其他方面的数据进行实时分析。后来他们也推出了自己的航测软件套装，供无人机用户使用。如图 5-4 所示。

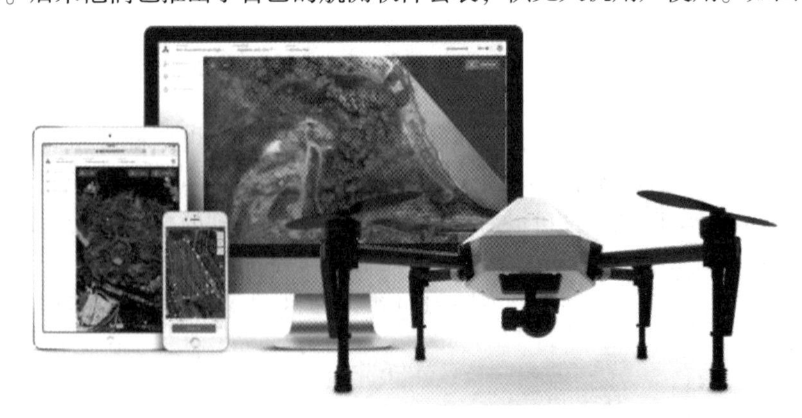

图 5-4　Skycatch

Skycatch app：手机客户端的用途是连接无人机，所以 Skycatch app 也跟上面两款一样，负责航线规划和数据采集的部分。

Skycatch dashboard：同样是把采集回来的数据，移至网页端进行操作。

5.2.3.4 DroneDeploy

DroneDeploy 和 Skycatch 一直是无人机软件界的融资标杆，B 轮 2000 万美元级别的融资金额让行内外人士都重新审视无人机软件背后的商业价值。在产品数据方面，DroneDeploy 用户分散在超过 150 个国家。如图 5-5 所示。

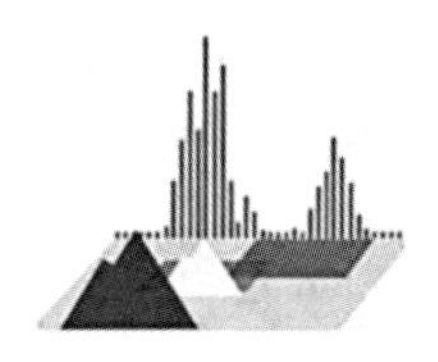

图 5-5 DroneDeploy

DroneDeploy app：用户可以在 Google Play 或美区 App Store 下载 DroneDeploy 的客户端版本，进行航线规划、浏览已经建好的交互式地图或 3D 模型。

DroneDeploy web：有 30 天免费试用期，可供用户上传航拍照片进行处理，除了可以各种测绘模型，还可以选择 NDVI、VARI 等算法查看图像中农作物的健康状况。

App Market：这是 DroneDeploy 的核心竞争力所在，也是让它区别于其他航测软件的重要功能。用户可以根据自己的场景和专业领域在 App Market 里下载使用相应的软件（云服务），并在 DroneDeploy 上运行，比如用 WhiteClouds 对无人机地图进行 3D 打印、用 EZRoof 检查房屋屋顶或用 AgriSens 对农作物进行分析。

5.2.3.5 Datumate

Datumate 专业测绘套装是全面而专业的影像处理和制图工具，其测绘级的精度，让它适用于基础测绘、建筑、基础设施和工程巡检等领域，可以用于地形图，工程竣工，库存体积，道路，桥梁与铁塔、建筑外立面等方面的测绘。如图 5-6 所示。

图 5-6 Datumate

DatuFly：测绘套装里负责航线规划和自动飞行软件，获取测绘区域的航拍图像。

DatuSurvey：桌面端软件，也是对航拍图像作建模、点云、量测、制线等处理的工具。

DatuSite：通过空中和地面图像生成3D点云，建立三维模型，生成地图，计算容积并生成报告。可快速且准确的监控施工场地，分析竣工场地并检验基础设施和公用事业。

5.2.3.6 Mesh

通过移动终端和无人机的多种通讯模块，Mesh可联动空中及地面的设备，实现实时协同操作、共享图传、实时同步数据分析等多平台实时协作。Mesh内置各个行业的智能任务包（Mission Package），可用于航测领域的2D/3D建模、电力行业的电网巡检、建筑行业的工程监管等等不同场景和需求。如图5-7所示。

图5-7 Mesh

Mesh app：通过手机或平板电脑连接无人机，根据需求选取Mesh内置智能任务包后起飞，并根据预设的航线规划自动采集数据。

Mesh Desktop：配套的桌面端软件可方便管理和处理数据。

目前主流的无人机航测软件通常包括基于手机、平板客户端开发的数据采集部分和基于web端和桌面端开发的图像处理部分。而在数据采集部分，核心功能依然是航线规划，已成为无人机航测软件的标配。真正令航测软件形成差异化的是在数据处理的部分，优秀的处理算法会输出优秀的测绘建模效果。以上对六种航测软件进行了基本的介绍，我们在进行倾斜摄影建模时可以结合实际情况合理的选择航测软件。

5.2.4 倾斜摄影建模软件

下面介绍目前主流的倾斜摄影建模软件。

5.2.4.1 ContextCapture

ContextCapture原名Smart3D，是摄影测量软件开发商Acute3D的主打产品，后来Acute3D被Bentley公司收购，更名为ContextCapture。ContextCapture（原Smart3D）的建模效果在业内的口碑一直都很不错，号称是法国两家最顶级的研究机构25年的研究成果，技术水平为业界标杆。互联网巨头公司腾讯也曾与Acute3D合作过，利用航拍和街景拍摄技术，展开针对多个超大城市的大规模三维城市建模。其实现原理跟传统的像方匹配或物方匹配不同，ContextCapture是直接基于物方mesh进行全局优化。在软件使用层面，ContextCapture具有一定的复杂性和专业性，包括主从模式、Job Queue、控制点编辑、Tiling操作、水面约束等知识点需要一定时间的学习才能灵活使用。如图5-8所示。

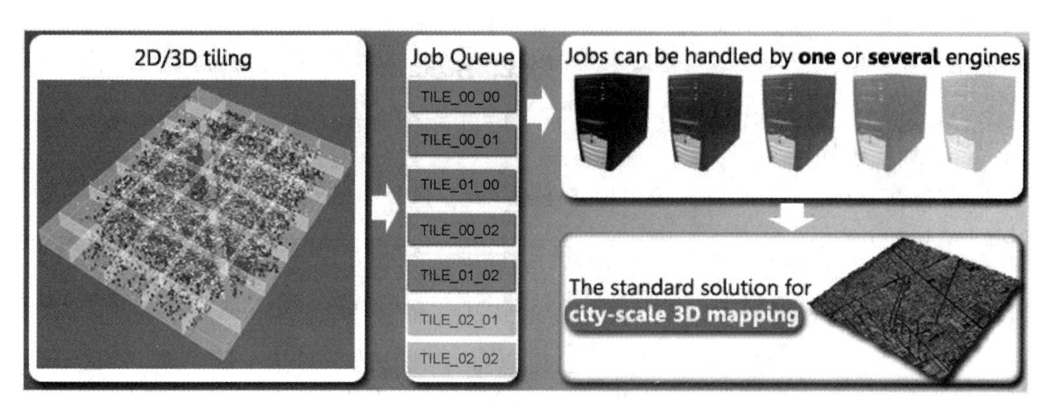

图 5-8 ContextCapture

而为了确保建模的输出效果，ContextCapture 会建议你对静态建模主体进行不同的角度拍摄，并将拍摄得到的照片作为输入数据源。这些照片最好附带着辅助数据（一般无人机默认拍摄设置都会保留），包括传感器属性（焦距、传感器尺寸、主点、镜头失真），照片的位置参数（GPS），照片姿态参数（INS），控制点等等。这样能输出真正高分辨率的带有真实纹理的三角网格模型，这个三角格网模型能够准确精细地复原出建模主体的真实色泽、几何形态及细节构成。

5.2.4.2 Photoscan

Photoscan 是俄罗斯软件公司 AgiSoft 开发的一套基于影像自动生成三维模型的软件。

除了用于三维建模，也有不少用户将它用在全景照片的拼接中，该软件良好的融合算法确实可以适当弥补图像重叠部分匹配准确度的不足。在使用上，Photoscan 提供着一套近乎傻瓜式的操作流程：安装好软件并导入照片，软件会自行对齐照片，找出拍摄角度和距离，全部完成后将建立密集云，计算每一点之间的关系，将每一个识别出来的点列入密集计算中；其后生成网格，有了各个点间的矢量函数关系，再按照实际情况连接起来，构建成为点线面的 3D 模型，此时已建立出一组平面影像的 3D 外形；最后生成纹理，软件根据建立密集云时的数据，将平面影像分配给 3D 模型，此时的模型拥有内部结构和外部图像，已经形成了初步的 3D 模型。

5.2.4.3 OpenDroneMap

OpenDroneMap 是一个开源的航拍图像处理工具，可以把航拍图像进行点云、正射影像和高程模型等转换处理。OpenDroneMap 最大的特点是开源和免费。开源就意味着开发者可以将 OpenDroneMap 部署到自己的电脑或者服务器上，来提供建模处理的服务。

如果只是部署 OpenDroneMap 开源库，那你会得到的是命令行的操作界面，每次操作都需要输入特定的命令行指令。不过 OpenDroneMap 也有提供 WebODM，全称为 Web OpenDroneMap，顾名思义，它就是 OpenDroneMap 的 Web 界面版本，相比于 OpenDroneMap 的命令行界面，同样的图像处理功能，WebODM 搭载在让人感到亲切的 UI 操作界面，用户体验更好了。另外，WebODM 处理后能生成多种结果，包括点云、GeoTIFF 等，可在 Web 界面做长度、面积等的测试或展示，更有利于 GIS 分析研究。

5.3 软件安装

（1）下载解压软件。

（2）在对应目录下找到 cncpc040409516en. exe，这就是安装文件。如图 5-9 所示。

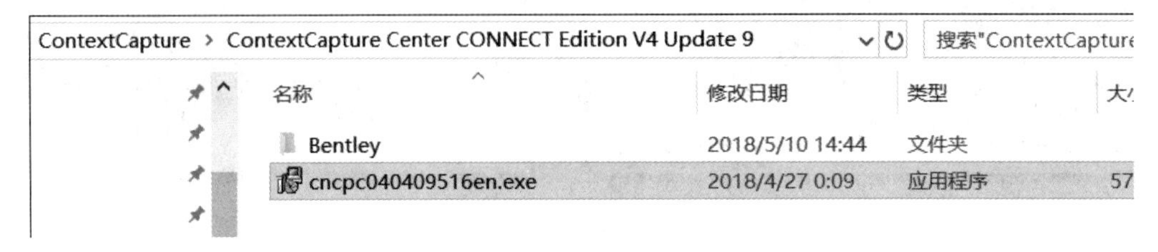

图 5-9 软件安装

（3）双击安装包，开始安装。

（4）根据安装向导，选择安装位置。

（5）安装完成。

（6）对软件进行激活。

5.4 倾斜摄影建模

倾斜摄影建模包括外业和内业，外业又包括布设像控点、规划航测区域、利用无人机进行航测等步骤；内业包括数据预处理、区域网联合平差、空三计算、三维建模、真正射纠正、模型输出等步骤。

（1）像控点的布设。为保障数据成果精度，从而对控制点的要求相对提高，$1km^2$ 内应保证 30 个控制点。房屋顶部应相应的增加控制点，从而使数据的精度有进一步的提高。特殊地区要相应的增加平高点。

1）像控点的布点方式。采用航线两端及中间均隔一或两条航线布设平高点的方法。此方法既能保证成图精度，又能减少外业工作量。

2）像控点的选点。像控点应该选择在航摄像片上影像清晰、目标明显的像点，实地选点时，也应考虑侧视相机是否会被遮挡。对于弧形地物、阴影、狭窄沟头、水系、高程急剧变化的斜坡、圆山顶、跟地面有明显高差的房角、围墙角等以及航摄后有可能变迁的地方，均不应当做选择目标。

因实际情况中航摄区域未必都有合适的像控点，为提高刺点精度，保证成图精度，应在航摄前采用刷油漆的方式提前布置像控点标志。标志可刷成“L”型或“十”型，布置成“十”型时，应在十字中心加喷直径为 5cm 的圆点。或者利用红纸贴在已有的像控点上，如图 5-10 所示，方便后期查询，以提高刺点精度。

（2）规划航测区域

在布设完像控点后，应该在航测软件上规划航测区域，设定航测范围，一方面可以给无人机省电，另一方面不至于让无人机丢失。如图 5-11 所示。

图 5-10 像控点的选点

图 5-11 规划航测区域

(3) 进行航测

在规划完航测区域，做完前期的一切准备工作后，让无人机起飞进行航测，采集影像数据，并且要保证影像不存在任何的遮挡，否则在内业的建模过程中会有很大的麻烦，所输出的模型效果非常差。

(4) 数据预处理。由于物镜边缘畸变等原因，低空无人机倾斜摄影时，获取的影像往往会发生几何位置、形状、大小方位等要素异常而形成几何形状的畸变，因此需要通过数学模型对这些畸变进行纠正，使其尽可能恢复正常。

(5) 区域网联合平差。区域网联合平差。将倾斜摄影时获取的位置姿态（POS）数据作为对应影像的初始外方位元素，结合摄影设备的成像模型和相机的基本参数，解算倾斜影像上每个像元的物方坐标，然后运用多基线多特征匹配技术，得到影像之间大量的连接点，结合外业获得的控制点数据进行区域网平差，从而实现多视角联合的空中三角测量得到优化的高精度影像外方位元素和无畸变差的影像，如图 5-12 所示。

(6) 空三计算。利用高精度外方位元素构建立体像对，采用多视影像密集匹配技术，以规则格网构建空间平面，融合像方和物方两方面的匹配基元，对多视影像进行密集匹配，多视匹配过程中尽可能多地利用丰富的信息，减少因遮挡而产生的影响，准确地解算出多视影像中同名像点的三维坐标，得到密集三维点云模型。如图 5-13 所示。

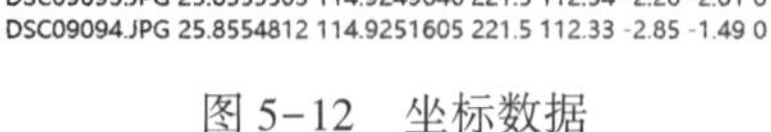

pos - 记事本
文件(F) 编辑(E) 格式(O) 查看(V) 帮助(H)
DSC09069.JPG 25.8571807 114.9202585 221.5 109.72 -4.18 0.55 0
DSC09070.JPG 25.8571105 114.9204539 221.62 110.66 -3.18 -1.23 0
DSC09071.JPG 25.8570418 114.9206492 221.47 110.88 -4.84 -0.33 0
DSC09072.JPG 25.8569731 114.9208449 221.48 111.82 -4.47 -1.19 0
DSC09073.JPG 25.8569092 114.9210423 221.53 112.64 -4.89 0.68 0
DSC09074.JPG 25.8568411 114.9212384 221.43 112.04 -0.85 -1.1 0
DSC09075.JPG 25.8567725 114.9214346 221.53 111.36 -3.9 -0.4 0
DSC09076.JPG 25.8567039 114.921631 221.61 111.75 -4.06 -0.14 0
DSC09077.JPG 25.8566356 114.9218268 221.55 111.77 -4.03 -0.26 0
DSC09078.JPG 25.8565649 114.9220215 221.48 112.27 -2.87 -1.31 0
DSC09079.JPG 25.8565008 114.922219 221.4 112.69 -3.47 -1.24 0
DSC09080.JPG 25.8564308 114.9224148 221.56 112.6 -4.29 -1.81 0
DSC09081.JPG 25.8563595 114.9226097 221.53 111.59 -3.86 -2.2 0
DSC09082.JPG 25.8562944 114.9228066 221.56 112.25 -2.54 -1.34 0
DSC09083.JPG 25.8562277 114.9230027 221.45 112.95 -1.95 -1.76 0
DSC09084.JPG 25.8561604 114.9231986 221.48 111.57 -3.05 -0.84 0
DSC09085.JPG 25.85609 114.9233936 221.48 112.05 -4.08 -1.85 0
DSC09086.JPG 25.8560227 114.92359 221.54 111.76 -3.29 -2.14 0
DSC09087.JPG 25.8559539 114.923786 221.56 111.96 -3.33 -1.96 0
DSC09088.JPG 25.8558899 114.9239843 221.51 111.68 -2.39 -1.1 0
DSC09089.JPG 25.855825 114.9241815 221.51 111.75 -2.31 -0.18 0
DSC09090.JPG 25.8557553 114.9243764 221.48 112.86 -3.43 -1.55 0
DSC09091.JPG 25.8556861 114.9245722 221.53 111.4 -3.32 -1.89 0
DSC09092.JPG 25.8556176 114.9247685 221.54 111.86 -3.26 -1.9 0
DSC09093.JPG 25.8555503 114.9249646 221.5 112.34 -2.26 -2.01 0
DSC09094.JPG 25.8554812 114.9251605 221.5 112.33 -2.85 -1.49 0

图 5-12 坐标数据

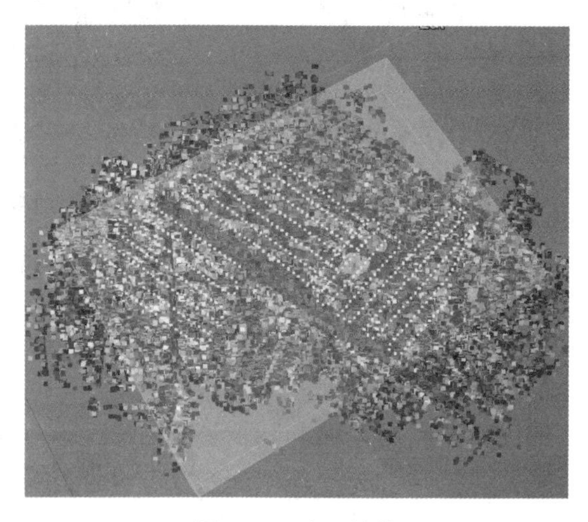

图 5-13 空三计算

（7）三维建模。建模软件在密集三维点云的基础上，构建不规则三角网并进行优化得到较理想的三维模型，并在众多影像纹理中找到最优纹理，运用自动关联技术将最优纹理映射到对应的模型面片上，生成真实三维场景模型。

（8）真正射纠正。通常情况下，在影像上选取一些地面控制点，利用已经获取的该影像范围内高精度的数字高程模型（DEM）数据，对影像进行倾斜改正和投影差改正，然后对影像进行重采样得到正射影像。将所有上述正射影像进行拼接镶嵌，并进行色彩平衡处理，就得到了该场景范围内的数字正射影像。

（9）模型输出。在建模软件中选择所需要的格式输出模型成果进行展示。如图 5-14 所示。

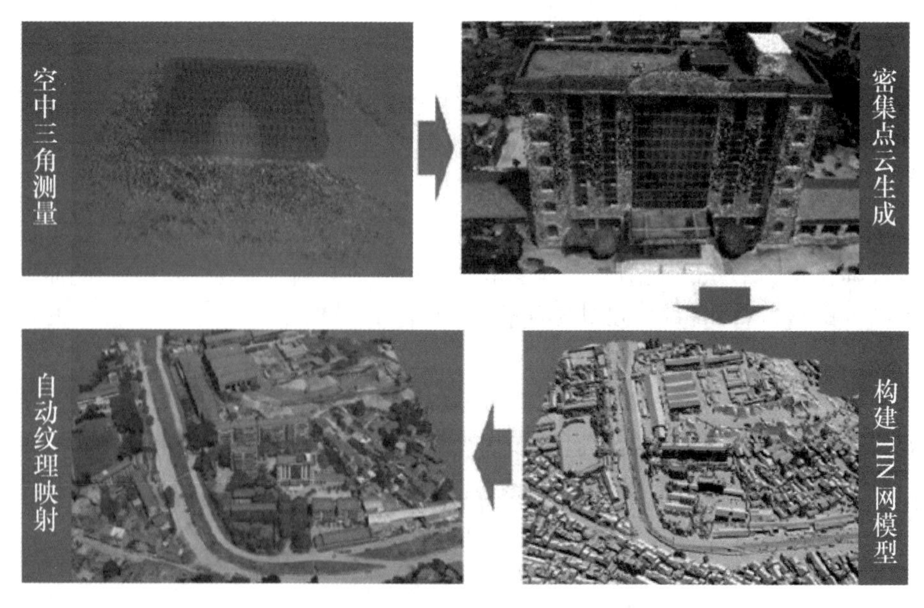

图 5-14 模型输出

5.5 应用实例

本节利用通过对江西理工大学黄金校区采集的影像数据进行倾斜摄影三维建模，采用的是华测 p500 无人机进行影像数据采集，其含有五个镜头，采集了 2 千多幅影像，建模软件采用的是 Smart 3D。如图 5-15 所示。

图 5-15 Smart 3D

第一个为 ContextCapture Center Master，是用来建模的软件；第二个是 ContextCapture Center Engine，为建模软件所用到的引擎，在建模的时候必须开启引擎才能开始建模；第三个是 Acute3D Viewer，可以把它看成一个三维模型查看器，完成的模型可以在这个软件里面进行查看。

（1）安装上述软件，配置完成。

（2）导入航拍影像，照相机类型软件自身可以检测出来，只需设置相机参数，包括感应器尺寸、焦距等参数，这里所用到的感应器尺寸为 23.5mm，中间镜头的焦距为 16mm，其他四个镜头的焦距为 20mm。如图 5-16 所示。

图 5-16 导入航拍影像

（3）导入位置。点击“导入位置”，在弹出的文本框中设置角元素和外方位元素方便其进行空三计算。如图 5-17 所示。

（4）点击“控制点”→“编辑控制点”，在弹出的对话框中导入控制点数据，选择正确的坐标系，如图 5-18 所示。

（5）可以选择在添加一些连接点以确保生成的模型不会出现分层的现象。

（6）前面都操作完成了可以在“3D”视图中看到航测点。如图 5-19 所示。

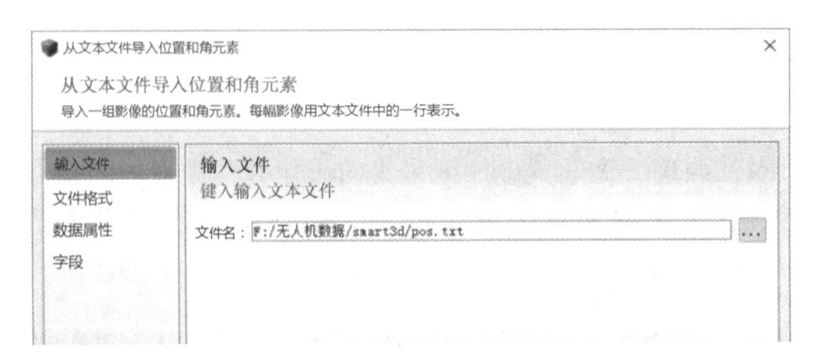

图 5-17　选择文件

名称	类别	检查点	给定 Longitude	给定 Latitude	给定 椭球高	水平 精度 [m]	垂直 精度 [m]
Control point #4	完整	☐	0.0000000	90.0000···	-6356752.···		
Control point #5	完整	☐	0.0000000	90.0000···	-6356752.···		
Control point #6	完整	☐	114.253···	92.6546···	0.000	0.010	0.010

图 5-18　编辑控制点

图 5-19　查看航测点

（7）提交空中三角测量。在弹出的对话框中的“定位/地理参考”中的定位模式中选择用图片位置数据进行配准，然后提交空三计算。如图 5-20 所示。完成了空三计算即可在“3D”视图中看到点云数据。如图 5-21 所示。

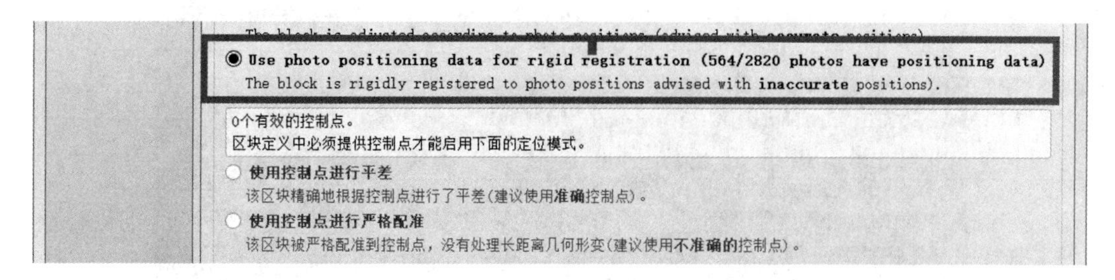

图 5-20 三角测量

图 5-21 查看点云数据

（8）在“概要”中，点击“新建项目”→“提交新的生产项目”。在弹出的对话框中设置“目的、输出格式、空间参考系统、范围、输出目录”等，点击“提交”。其中输出格式可以选择 3MX、OBJ、DAE、OSGB、S3C 等一些常用的三维数据格式。另外，对于数据量大，电脑配置低的情况，可以在软件中选择空间框架对模型进行切块生产。如图 5-22 所示。

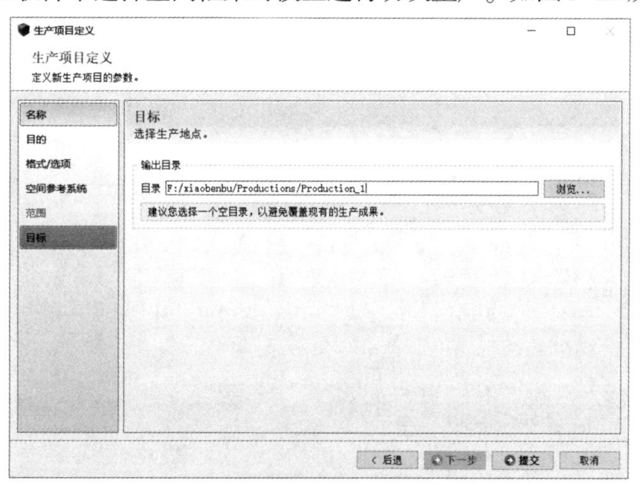

图 5-22 生产项目定义

（9）等待模型生产完成，可以在 Acute3D Viewer 中打开生成的模型进行浏览展示，如图 5-23 所示。

图 5-23 模型生成完成

至此，倾斜摄影三维建模技术介绍完毕，倾斜摄影三维建模可以快速的建立城市的三维模型并且模型还原度高，对完善城市规划、促进城市建设的发展发挥着重要的作用。而倾斜摄影测量技术具有低成本、高效快捷、灵活可靠等优点，在城市三维建模中应用能够有效提高实际生产的效率。

6 BIM 建模与 3DGIS

6.1 BIM 与 3DGIS 的融合

GIS 和 BIM 本处在两个不同的行业领域，二者各取所需、互惠互利的“互补之道”，在行业应用中，BIM 提供数据基础，GIS 则提供空间参考。若将 BIM 视作珍珠，在 3DGIS 的精心串联下，必将成为一串惊艳世人、方便佩戴的项链。

基于充分信息表达、建筑全生命周期、三维可视化技术、协同作业的特点，BIM 彻底改变了建设工程设计、建造和运维方式，经过近十年的发展，BIM 正在由“以建模为主”的 BIM1.0 向“以多维度数据应用为主”的 BIM2.0 时代跨越，“BIM+GIS”作为 BIM 多维度应用的一个重要方向，GIS 提供的专业空间查询分析能力及宏观地理环境基础深度挖掘了 BIM 价值。近几年 3DGIS 技术日渐成熟，SuperMap 三维 GIS 基于二三维一体化技术体系，有机整合了实用 GIS 空间分析能力与绚丽三维可视化效果，为 BIM 提供丰富地理空间信息；基于云端一体化技术体系，SuperMap 为 BIM 提供“云+端”的成熟应用技术，可解决 BIM 轻量化运维情景下的技术及管理问题。在 3DGIS 技术支持下，BIM 与倾斜摄影模型、地形、三维管线等多元空间数据的融合，实现宏观与微观的相辅相成、室外到室内的一体化管理。

6.2 BIM 软件及数据特点

6.2.1 BIM 软件的特点

（1）可视化建筑模型。BIM 软件所建立的 3D 立体模型即为设计结果，若需要各种平立面图、3D 模型或其他图件，都可以由 BIM 模型产出，也因为各图件皆是由同一个模型产出，都是相互关联的，因此在任何视图上对模型做更改，马上可以在不同视图相关联的地方作连动，也因为是 3D 立体模型呈现，各阶段工程人员可以更容易了解其设计。

（2）参数式设计。BIM 建模软件不再只是单纯使用点、线、面的绘图工具，而是柱、梁及墙等构件，在视图上，建立和修改的是相互有所关联的对象。全部采用参数化设计方式进行模型建立，整个建立过程就是不断新增和修改各种对象的参数。

（3）双向关联的面向对象。BIM 软件通过参数关联的技术进行 3D 建模，模型中，所有的构件都存在着关联，例如模型在梁柱的细部接合上，若螺栓偏移 1mm，则接合板上的孔位也会跟着移动 1mm。

（4）整合式相关信息。在 BIM 模型中，有关建筑工程所有基本对象的相关参数都存放在统一的数据库中。IAI（International Alliance for Interoperability）制定工业基准分类 IFC（Industry Foundation Classes）作为数据模型（data model），在建筑生命周期中，用来描述交换、分享营建产业中 3D 模型间协同运作的机制与内容；目前国际间的标准化交换制度也以 IFC 为主要交换格式。

（5）贯穿整个生命周期。

1）规划设计。利用 3D 模型的技术与详细的信息，进行设计、结构分析、体积分析、传热分析、干涉碰撞等设计与分析，另于 3D 模型中加入时间、仿真施工顺序及纳入成本预算而成为 5D 模型进行成本概算，使业主了解整个项目需求及预算。

2）发包施工。直接运用 BIM 模型，导入 4D 概念，建立施工排程顺序，可以协助施工流程的管理，包括施工动员、采购、工程排程及排序、成本控制与现金使用分析、材料订购和交付，以及构件制造与装设等，模型中也包含了详细的对象信息，可提供承包商施工时，对材料的信息及数量进行校对。

3）营运维护。建筑物中各项设备的模型建立于建筑物模型中并将各项维护作业的细部数据及数据输入，于日后进行建筑物设备维护管理作业时，相关管理部门即可利用已建构完成的 BIM 模型了解相关管理作业的进度及责任安排，维护人员也可通过模型了解进度规划及责任分配等信息。

6.2.2 BIM 数据的特点

（1）客观性。BIM 是一个完美的信息模型，可以衔接建筑项全生命期各阶段的数据、进程和资本。经由过程 BIM 模型与现实项目进展的虚实联合，可以进行盘算造价与现实造价的动态对照，质量平安的及时监控，打算与实行对照调剂，从而晋升对于造价、质量、打算的总体治理程度。

（2）集成性。BIM 数据模型中的数据跟着项目目标发生而发生，依附项目介入各方的配合保护和更新在项目扶植的进程中同步模仿直至项目投进应用，再到停止，可以快速、周全管理信息、进行有机联系关系，形成 4D 关系数据库，从而解决传统治理模式下，部分对口治理进程中形成的“信息孤岛”问题。

（3）准确性。BIM 数据库的数据精度到达构件级，可以快速供给支持项目各条线治理所需的数据信息。

（4）及时性。在项目目标分歧阶段，可以由分歧的介入人经由过程在 BIM 体系中插进、提取、更新和共享信息数据。

（5）决议计划性。从 BIM 数据模子可以显示资金应用额，实现短周期对资金风险以及盈利目的的把持；可以经由过程树立联系关系数据库，正确快速盘算工程量，晋升施工预算的精度与效力等。

6.3 Revit 软件安装与部署

（1）下载 Revit 2019 软件安装包，安装前先断开电脑网络，在文件夹内找到安装文件，鼠标右击选择【以管理员身份运行】

（2）弹出解压到界面，默认解压到 C 盘，点击【更改】可更改解压位置，注意：该解压路径文件夹名称不能出现中文字符，这里默认解压，点击【确定】如图 6-1 所示。解压完成后，提示需要重启电脑，点击【是】。如图 6-2 所示。

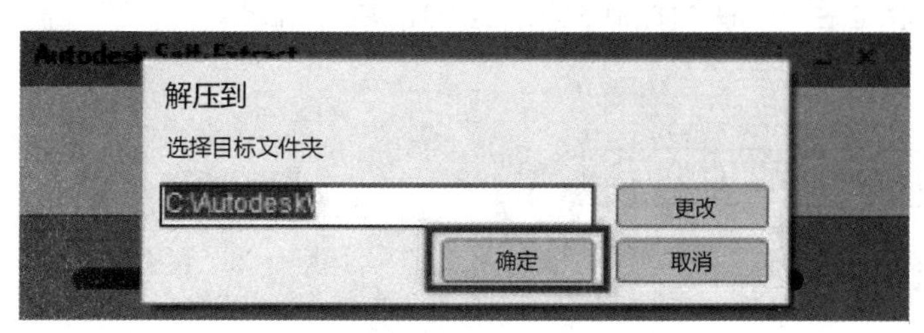

图 6-1　路径选择

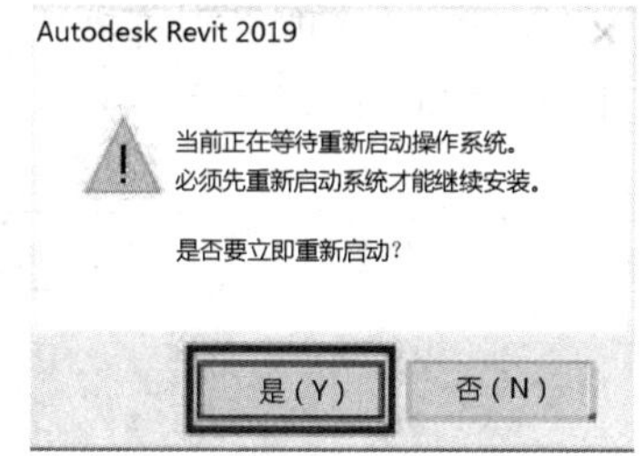

图 6-2　电脑重启

（3）重启完成后在弹出的窗口中点击【是】，自动弹出初始化界面，稍等片刻后进入安装界面，点击【安装】。然后勾选“我接受”，然后点击【下一步】。

（4）勾选“单机版”，然后输入序列号和产品密钥，然后点击【下一步】，选择安装路径，默认安装在 C 盘，点击【浏览】可更改软件安装路径，注意：安装路径文件夹名称不能出现中文名称。

（5）正在安装，这个过程可能需要一段时间，请耐心等待，直到安装完成。

（6）返回桌面找到 Revit 2019 图标，鼠标右击选择【以管理员身份运行】。然后等待几分钟后弹出许可协议界面，点击【我同意】，直至安装成功。

6.4　建模方法

本节以住宅小区某栋房屋建模为例，详细介绍其建模步骤。

6.4.1　新建工程、保存工程

打开 Revit 2019，【新建项目】→【建筑样板】→【单击 Revit 图标】→【保存工程】→【命名为“10 号住宅楼”】，如图 6-3 所示。

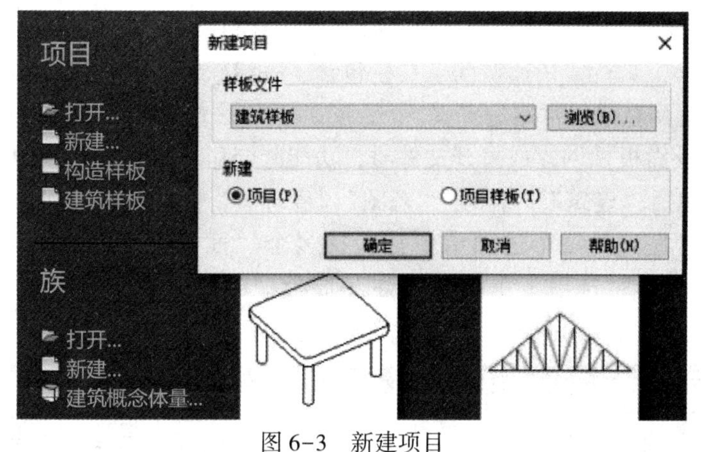

图 6-3　新建项目

6.4.2　界面介绍

Revit 2019 的工作界面分为“应用程序菜单”“快速访问工具栏”“信息中心”“选项

栏”“属性栏”“项目浏览器”“状态栏”“视图控制栏”“绘图区域”和“导航栏”等10个部分，如图6-4所示。

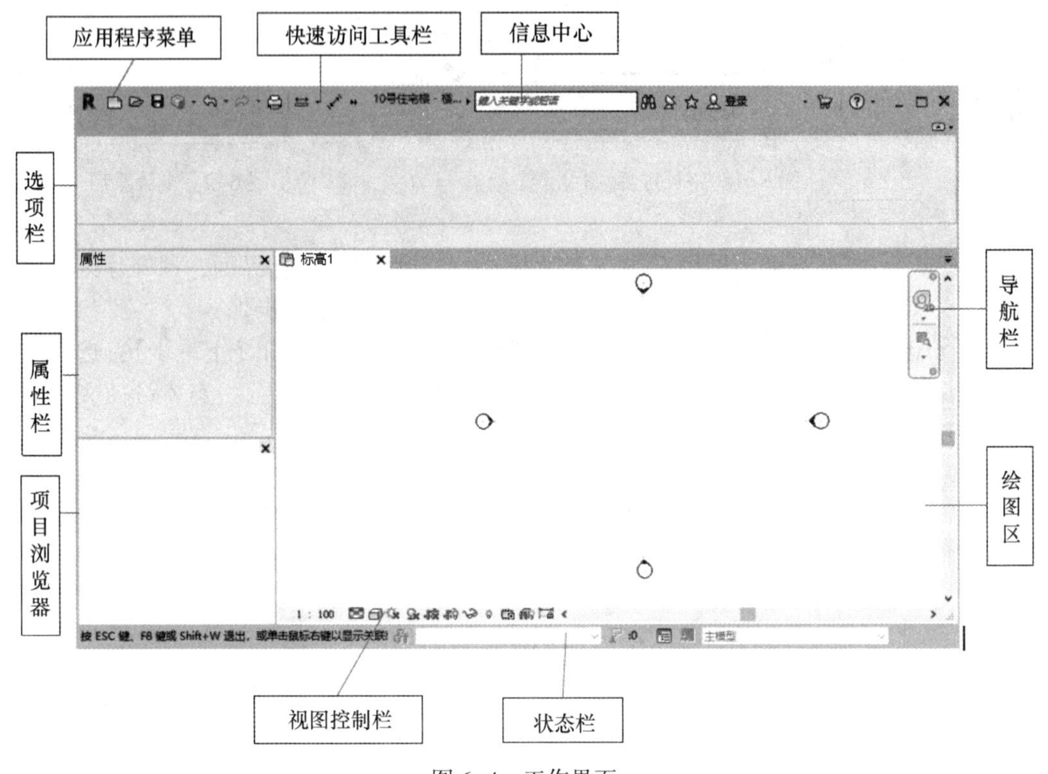

图6-4 工作界面

常用功能区介绍如下：

（1）应用程序菜单。应用程序菜单包括“新建”“保存”“另存为”“打印”等选项。点击“另存为”，可将自定义的样板文件另存为新的项目文件（“rvt”格式）。

（2）快速访问工具栏。快速访问工具栏包含了一组软件系统默认工具，可以对该工具栏进行自定义，使其显示最常用的工具。

（3）选项栏及面板。创建或打开文件时，功能区会显示。它提供创建项目所需的全部工具。该选项卡包括“建筑”“结构”“视图”“管理”“修改”等选项卡，这些选项卡在创建房屋时会经常用到。每个选项卡中都包括多个“面板”，每个面板内有各种工具，图6-5所示是“建筑”选项卡下的“构建”面板，该面板下有“墙”“门”“窗”等工具。

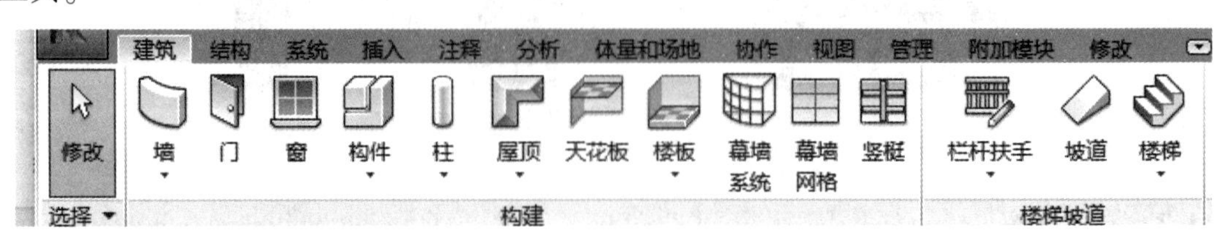

图6-5 建筑面板

(4) 属性栏。通过属性选项板，可以查看和修改用来定义 Revit 中图元属性的参数。启动 Revit 时，“属性”选项板处于打开状态并固定在绘图区域左侧项目浏览器的上方。“属性面板”包括“类型选择器”“属性过滤器”“编辑类型”“实例属性”四个部分。

(5) 视图控制栏。位于绘图区域下方，单击“视图控制栏”中的按钮，即可设置视图的比例、详细程度、模型图形样式、设置阴影、渲染对话框、裁剪区域、隐藏/隔离等。

6.4.3 熟悉并拆分图纸

(1) 熟悉图纸。打开准备好的 10 号小区住宅楼的图纸文件，如图 6-6 所示，熟悉图纸，仔细检查图纸中的平、立、剖三视图是否存在错误。

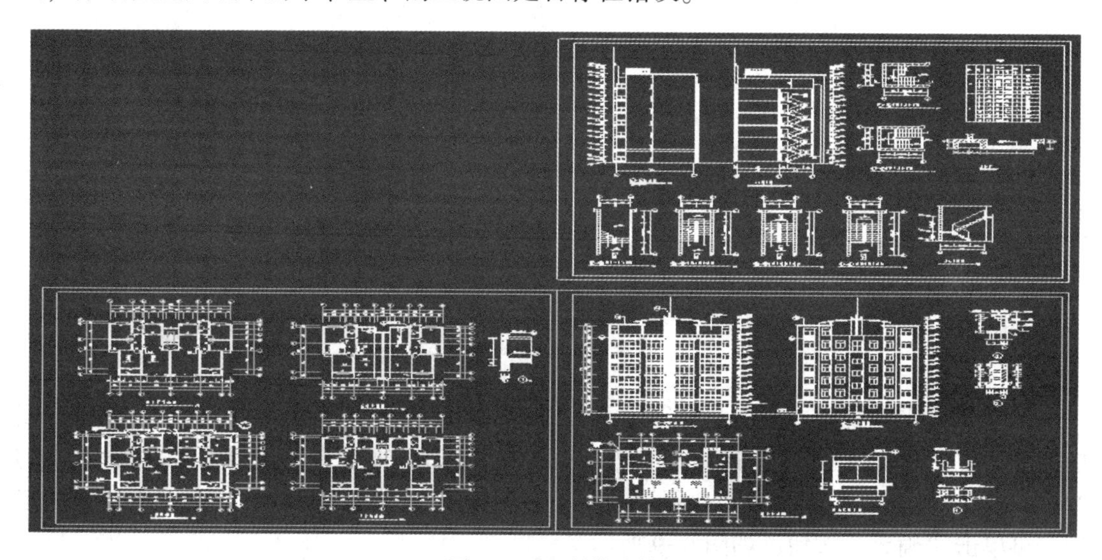

图 6-6 10 号住宅楼

(2) 导出楼层平面图。利用 CAD 快速看图中的“图纸分割导出”功能将一至七层平面视图导出，分别另存为独立的文件，如图 6-7 所示。

10号住宅楼

名称	修改日期	类型	大小
二至五层平面图	2020/8/19 12:06	DWG 文件	87 KB
六层平面图	2020/8/19 12:07	DWG 文件	87 KB
七层平面图	2020/8/19 12:09	DWG 文件	82 KB
屋顶平面图	2020/8/19 12:12	DWG 文件	69 KB
一层平面图	2020/8/19 12:06	DWG 文件	95 KB

图 6-7 平面视图

6.4.4 创建标高

(1) 创建标高。将前面保存的“10 号住宅楼 rvt”文件打开，因“标高”命令必须在立面和剖面视图中才能使用，所以首先要打开一个立面视图，以“东”立面为例。在项目浏览器中打开“立面（建筑立面）”项，双击视图名称“东”，进入东立面视图，按照CAD图纸“A-H立面图”添加相应标高，如图6-8所示。

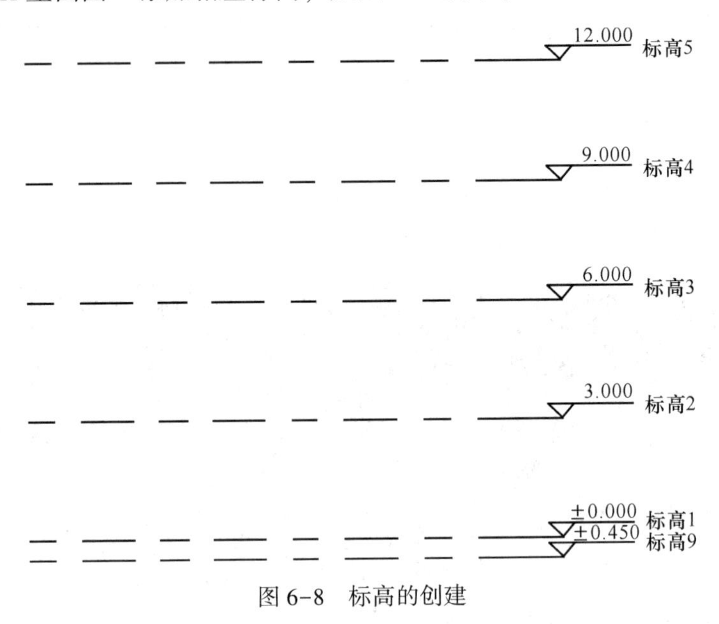

图6-8 标高的创建

（2）创建平面视图。因为此前创建的标高是用复制工具绘制的，所以没有自动生成相应的平面视图。切换到“视图”选项卡，然后在“创建”面板下单击“平面视图”中的“楼层平面”按钮，接着在“新建楼层平面”对话框中，框选“标高3”至“标高9”选项，再单击“确定”按钮，如图6-9所示。

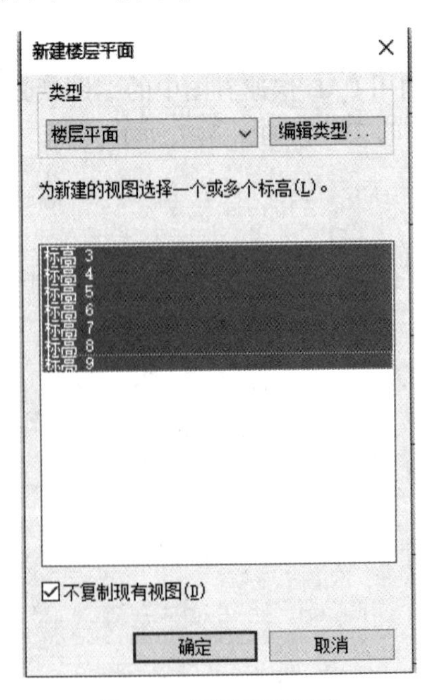

图6-9 平面视图创建

（3）标高名称的重命名。打开楼层平面卷展栏，分别更改各个楼层平面视图的名称，更改完毕后如图 6-10 所示。

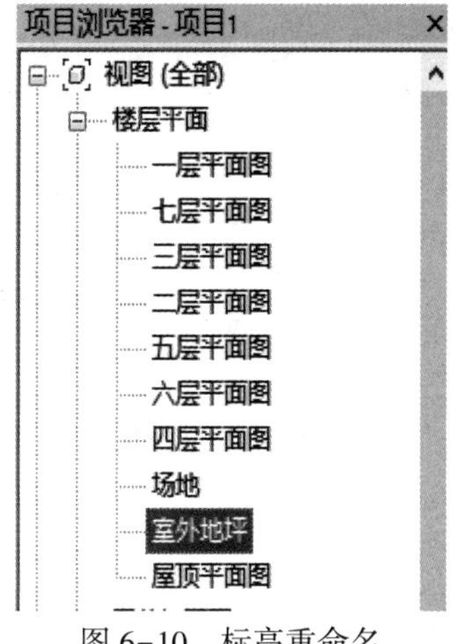

图 6-10　标高重命名

6.4.5　创建轴网

Revit 中轴网只需要在任意一个平面视图中绘制一次，则其他平面和立面、剖面视图中都将自动显示，可利用软件中的“链接 CAD”功能，导入 CAD 图纸进行轴网的快速创建，详细步骤如下：

（1）导入首层平图。创建轴网之前，需先把 CAD 图纸导入到软件中。用“CAD 快速看图”打开前面保存好的一层平面图，同时打开软件，将项目浏览器中的楼层平面切换至一层，然后切换到“插入”选项卡，单击“链接”面板下的“链接 CAD”按钮，接着在“链接 CAD 格式”对话框中，选择一层平面图，再选择“仅当前规图”选项，并设置“定位”为“自动-原点到原点”，导入单位为“毫米”，最后单击“打开”按钮，如图 6-11 所示。

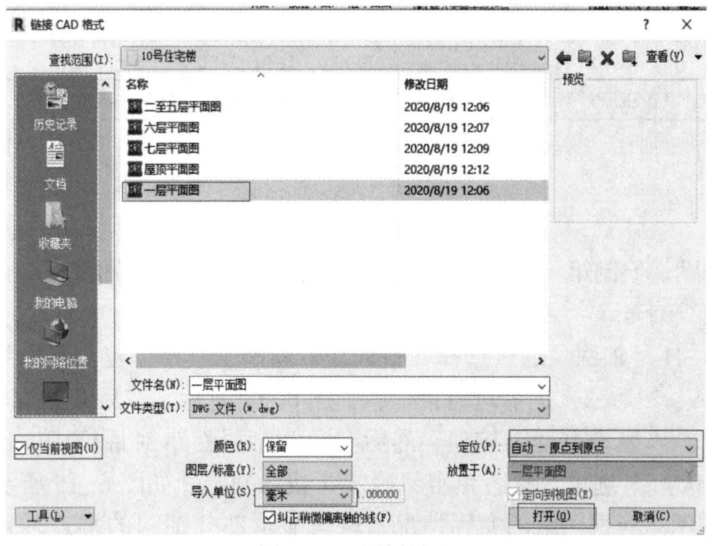

图 6-11　图纸导入

（2）锁定图纸。选择链接的 CAD 文件，按↑键进行解锁，然后使用“移动”工具将 CAD 图纸移动至视图中央的位置，接着按 P、N 键进行锁定，如图 6-12 所示。

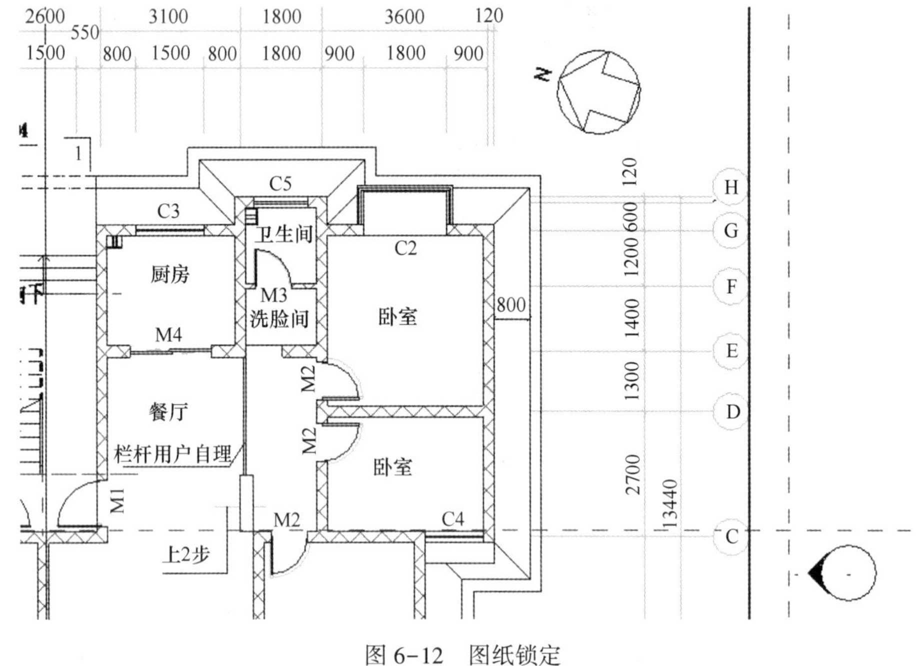

图 6-12　图纸锁定

（3）轴网 1-13 号轴网。切换到“建筑”选项卡，然后单击“基准”面板中的“轴网”按钮，接着选择“拾取线”绘制工具，再拾取 CAD 图形中的轴线创建轴网，最后拖拽轴网标头至合适的位置，如图 6-13 所示。

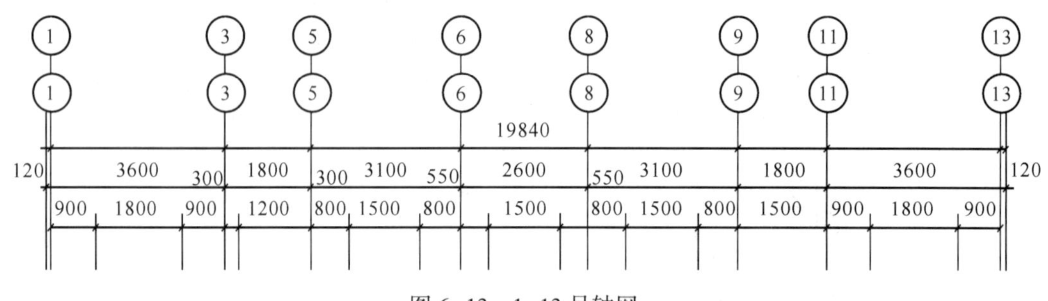

图 6-13　1-13 号轴网

注意：软件默认绘制第一根轴网编号 1，若要继续绘制其他轴网，会根据顺序依次生成 2、3、4 等轴线编号。

（4）绘制 A-H 号轴网。通过选择“拾取线”绘制工具拾创建水平轴线，拾取 A 轴并将轴号 14 改为 A，然后依次向后进行拾取，如图 6-14 所示。然后开始编辑轴网信息，选择任一轴线，单击“编辑类型”按钮，然后在“类型属性”对话框中，选择“平面视图轴号端点 1（默认）”选项，接着单击“确定”按钮确定，如图 6-15 所示。

（5）查看轴网。根据图纸的实际情况，取消显示部分轴网的端点轴号，然后将 CAD 图纸进行暂时隐藏，查看绘制的轴网效果，如图 6-16 所示。

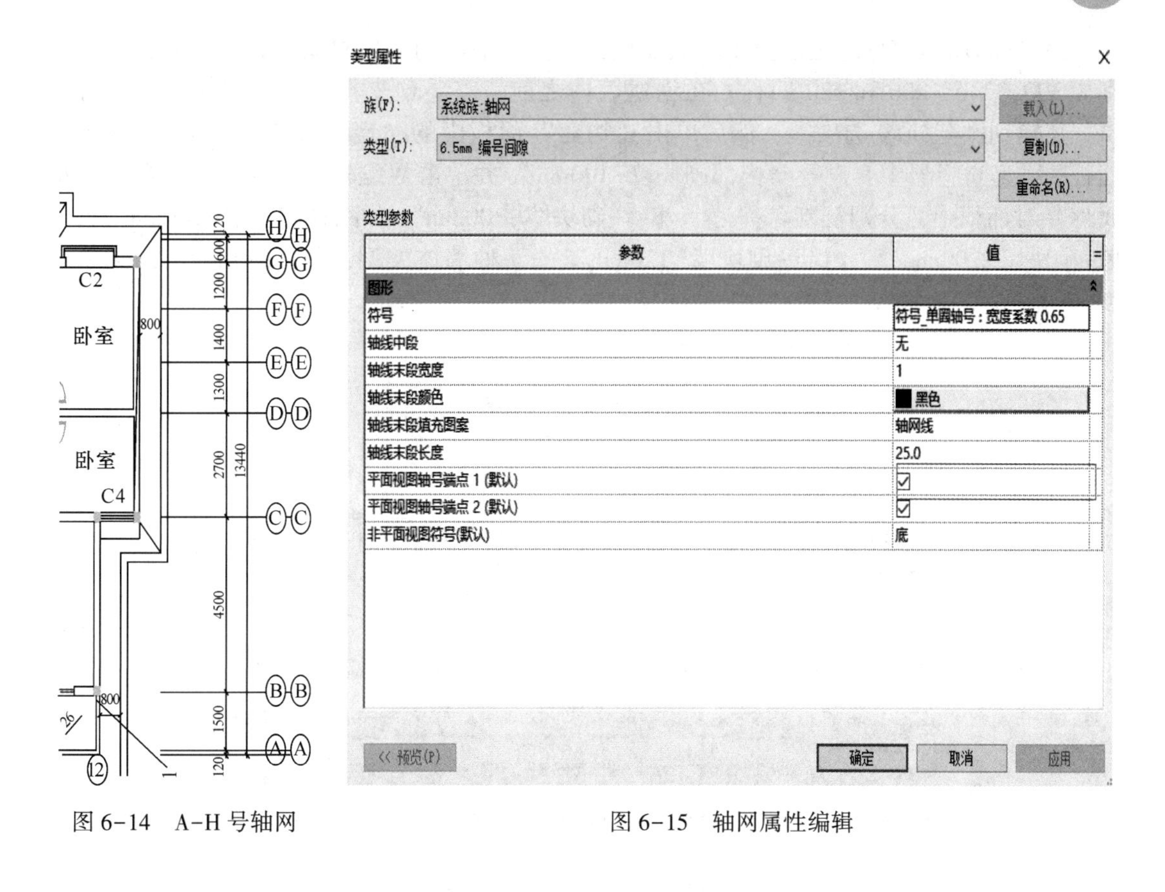

图 6-14　A-H 号轴网

图 6-15　轴网属性编辑

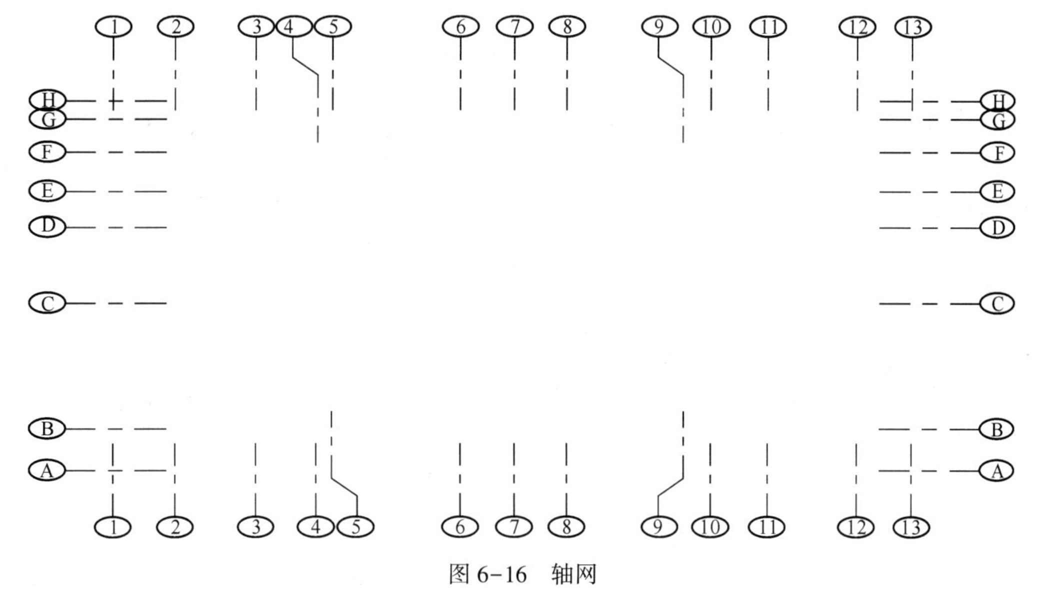

图 6-16　轴网

6.4.6　创建内外墙及女儿墙

（1）创建首层内外墙。

1）编辑墙体信息。通过查阅图纸发现，本图纸采用的墙体材质均为砌块砖，墙厚分别为 300、240、200 和 120 四种。在创建墙体之前，需要预先将这四种墙体类型进行编辑。切换到“建筑”选项卡，然后单击“构建”面板中的“墙”按钮，在实例“属性”面板的类型选择器中，设置“内部砌块墙-100mm”并单击“编辑类型”按钮。在“类型属性”对话框中，分别复制名称为“外墙-砌块墙-300mm”“外墙-砌块墙-240mm”“内墙-砌块墙-200mm”“内墙-砌块墙-120mm”的 4 种墙体类型，并修改相应的结构层厚度，如图 6-17 所示。

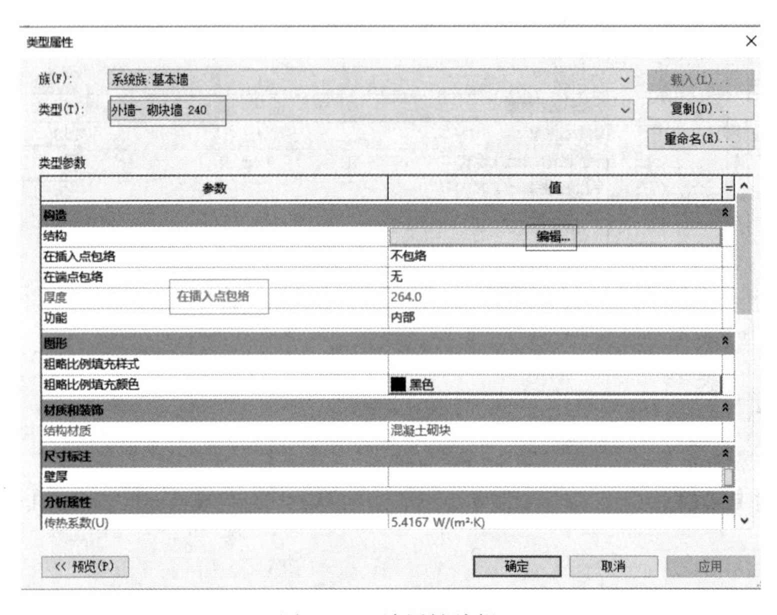

图 6-17　墙属性编辑

2）绘制首层内外墙。选择“外墙-砌块墙-240mm”墙类型，然后选择绘制方式为“直线”，接着设置高度为“二层平面图”、定位线为“墙中心线”，如图 6-18 所示。拾取视图当中 CAD 图纸墙体的中心线，进行绘制外墙部分，如图 6-19 所示。按照同样方式，完成室内墙体的绘制，隐藏 CAD 图纸，查看绘制完后的内外墙如图 6-20 所示。

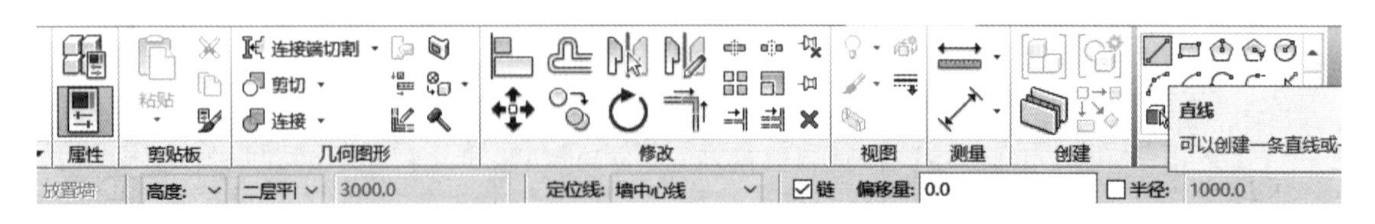

图 6-18　墙的选项栏

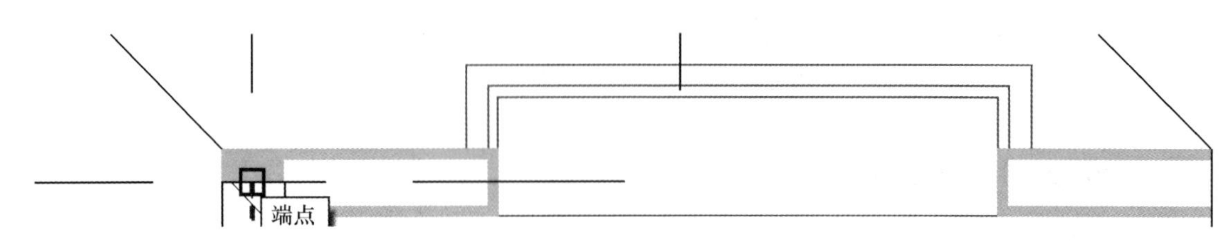

图 6-19　绘制外墙

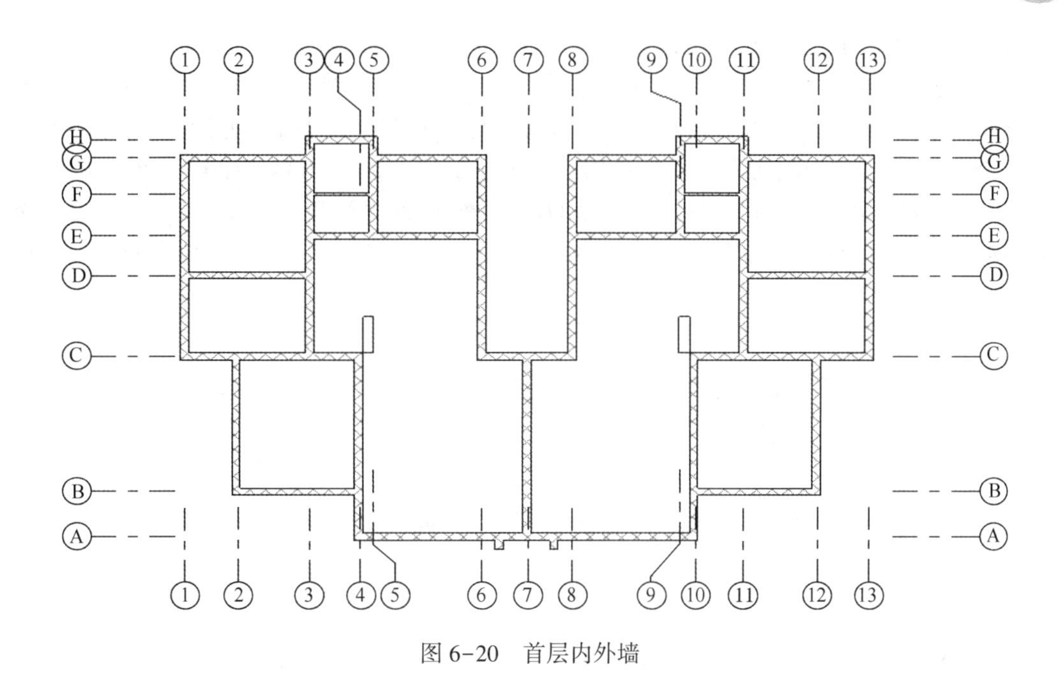

图 6-20　首层内外墙

（2）创建其他楼层内外墙。分别将“二至五层平面图”“六层平面图”“七层平面图”“屋顶平面图”导入到相应的楼层平面图，进行外墙与内墙绘制，绘制步骤同一层绘制。

（3）绘制女儿墙。根据 CAD 图纸可知，本栋房屋的第七层和屋顶层有女儿墙，而女儿墙的绘制同内外墙绘制一样，差异只在于墙体的“属性”信息，如墙体的“高度”信息等。绘制完毕后，单击快速访问工具栏上“视图”选项卡下的“默认三维视图”，查看绘制完成后的三维效果，如图 6-21 所示。

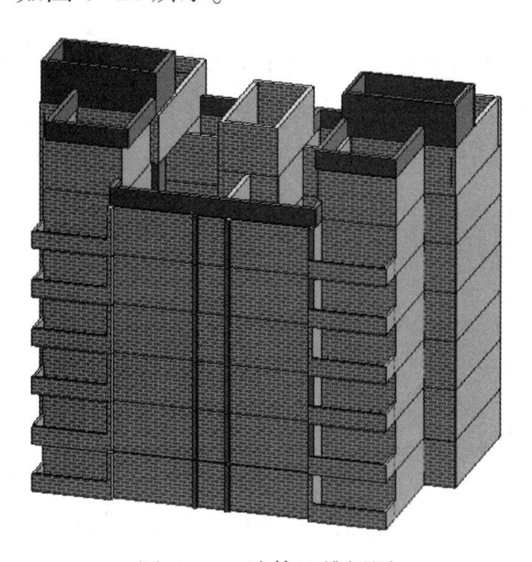

图 6-21　墙体三维视图

6.4.7　创建门窗

切换至一层平面图，创建门窗之前，需查看门窗表及 CAD 图纸中的立面图，从而获得门窗的具体尺寸信息及分布位置。

（1）编辑门的信息。熟悉完门窗信息后，在“插入”选项卡下找到“载入族”，选择“建筑”“门”“普通门”“平开门”“单扇”，以“单嵌板玻璃门”为例，点击“打开”。“属性选项板”会自动跳转至导入的单扇门，单击下拉选择“700＊2100”。再点击“编辑类型”，“复制”并命名为“M1 1000＊2100”并修改高度及宽度信息，如图 6-22 所示。以同样方法，“复制”并命名为“M2 900＊2100”“M3 800＊2100”“M4 1500＊2700”“M5 1800＊2700”。

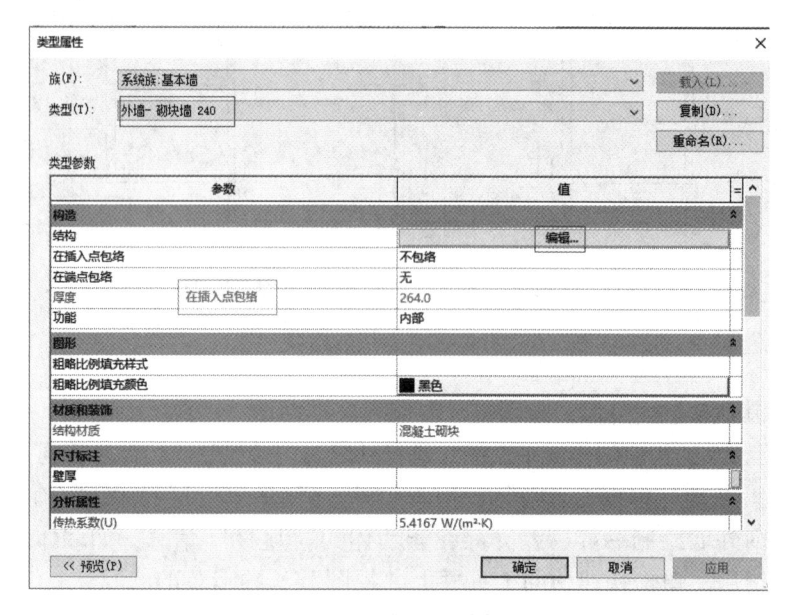

图 6-22　门属性编辑

（2）放置门至指定位置。下拉选择“M1 1000＊2100”，根据 CAD 底图将 M1 放置指定位置，通过临时尺寸标注的尺寸输入，可以修改门的定位，门标记也可通过移动更改位置，再通过空格键改变门标记的方向，如图 6-23 所示，以同样方法放置其他门。

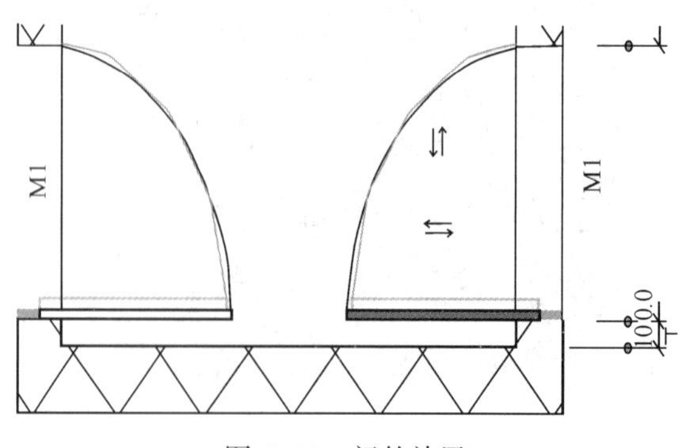

图 6-23　门的放置

（3）编辑窗的信息。窗信息的编辑和门信息编辑方法一样，以”C1”为例，在“插入”选项卡下找到“载入族”，选择“建筑”“窗”“普通窗”“凸窗”，选择“双层两列凸窗”，点击“打开”。点击“编辑类型”，“复制”并命名为“C1 3000＊2700”并修改高度及宽度信息，同时根据 CAD 图纸适当修改窗的材质信息如图 6-24 所示。以同样的方法复制并命名出其他类型的窗。

类型参数

参数	值
构造	
墙闭合	按主体
构造类型	
材质和装饰	
窗板材质	玻璃
玻璃	玻璃
框架材质	不锈钢

图 6-24 窗属性编辑

（4）放置窗至指定位置。窗的放置和门的放置方法一样，但是在放置之前需根据 CAD 图纸在窗的属性栏中更改窗的“底标高”，如图 6-25 所示。然后再下拉选择“C1”，根据 CAD 底图将 C1 放置至指定位置，如图 6-26 所示。首层门窗放置完毕后，可隐藏 CAD 底图查看效果图如图 6-27 所示。

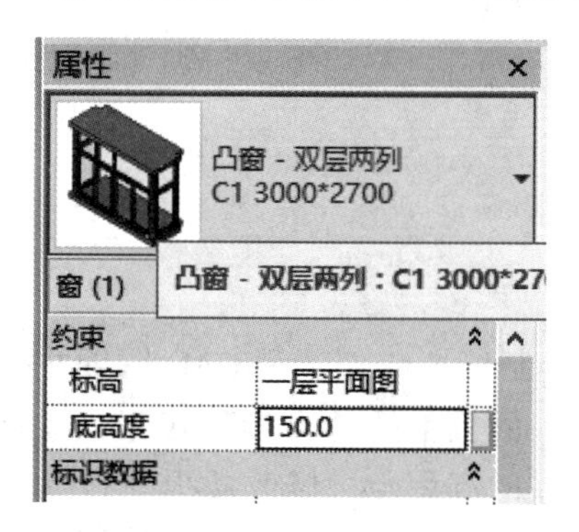

图 6-25 修改底部标高

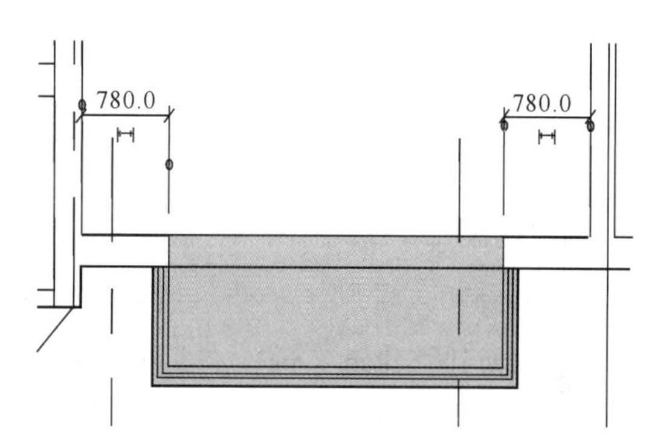

图 6-26 窗的放置

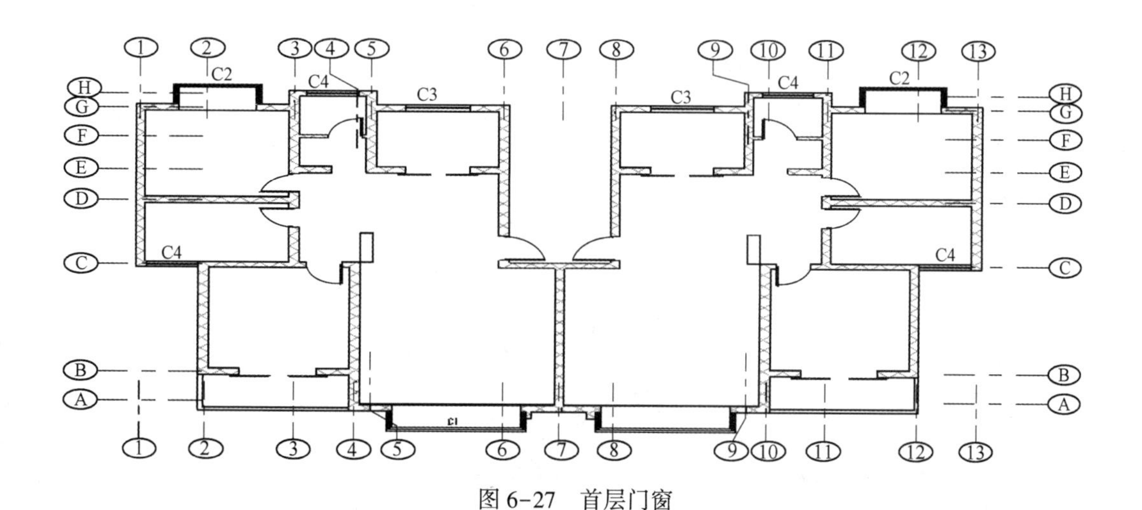

图 6-27 首层门窗

（5）其他楼层门窗信息编辑及放置。一层门窗绘制完毕后，查看图纸发现，其他楼层有些门窗位置布置一样的，可使用“过滤器”工具快速创建。可框选一层的门窗，点击“过滤器”工具，勾选“门”“窗”，点击“复制”工具，找到“粘贴”选项下的“与选定的标高对齐”，根据 CAD 图纸选择有相同布置的楼层，再根据 CAD 底图进行修改。修改完毕后可转到三维视图查看放置完成后的效果图，如图 6-28 所示。

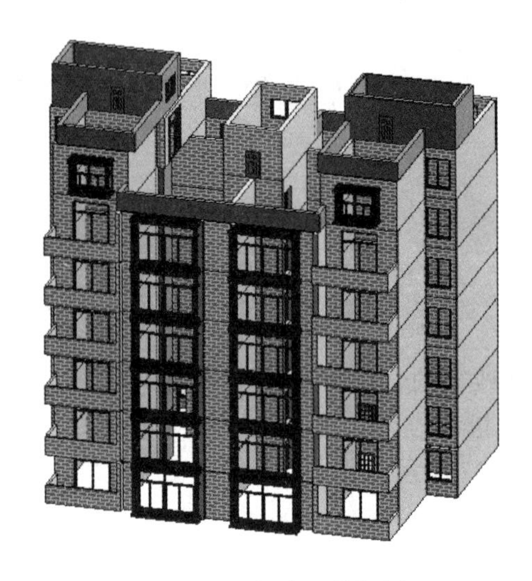

图 6-28 门窗三维视图

6.4.8 创建楼板

（1）二层楼板绘制。楼板是从二层开始才有的，绘制楼板前先熟悉 CAD 图纸并查看楼板信息。切换到“建筑”选项卡，然后单击“构建”面板中的“楼板”按钮，接着新建板厚为 100、120 的楼板类型。然后根据图纸上所标注的高程点，修改楼板“自标高的高度偏移量”等属性信息，如图 6-29 所示，然后分别绘制各个房间的楼板，绘制完成后如图 6-30 所示。

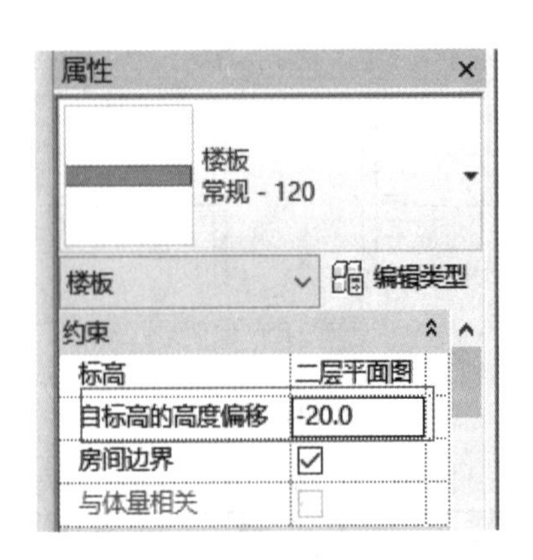

图 6-29 楼板属性编辑

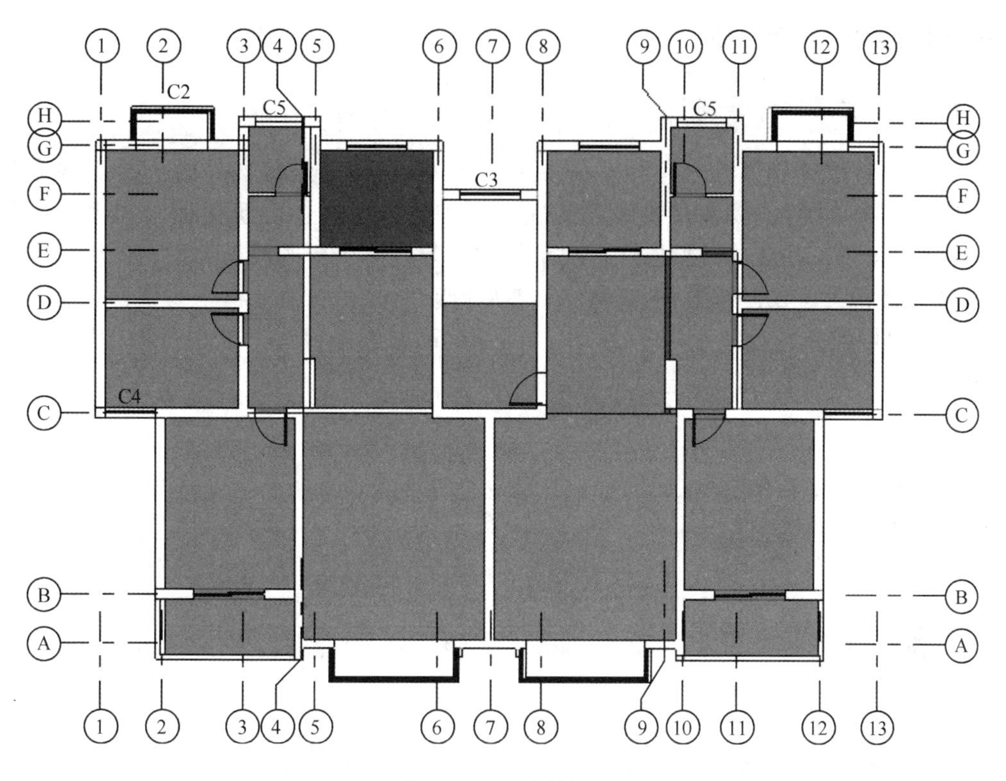

图 6-30　二层楼板

（2）其他楼层的楼板绘制。二层楼层楼板绘制完毕后，查看图纸发现三至六层的楼板布置和二层楼板相似，则可使用“过滤器”工具快速创建。框选二层的所以构件，点击“过滤器”工具，勾选“板”，点击“复制”工具，找到“粘贴”选项下的“与选定的标高对齐”，选择三至六层，再根据 CAD 底图进行细节修改。剩余楼层楼板绘制方法同二层，所有楼层绘制完毕后可查看三维视图效果，如图 6-31 所示。

图 6-31　楼板三维视图

6.4.9 创建楼梯、室外台阶

6.4.9.1 首层楼梯绘制

（1）设置首层楼梯属性。打开“一层平面图”，找到“建筑”界面下的“楼梯”选项卡，选择“按草图”，接着在楼梯“属性”框中选择“整体浇筑楼梯”类型，再单击“编辑类型”按钮，并在“类型属性”对话框中，复制一个新的楼梯类型，最后根据首层CAD 图纸设置相关参数，如图 6-32 所示。然后修改楼梯“属性”框中的设置标高限制条件，底部标高限制条件为“一层平面图”，顶部标高限制条件为“二层平面图”，同时还需设置楼梯的“尺寸标注”信息，如图 6-33 所示。

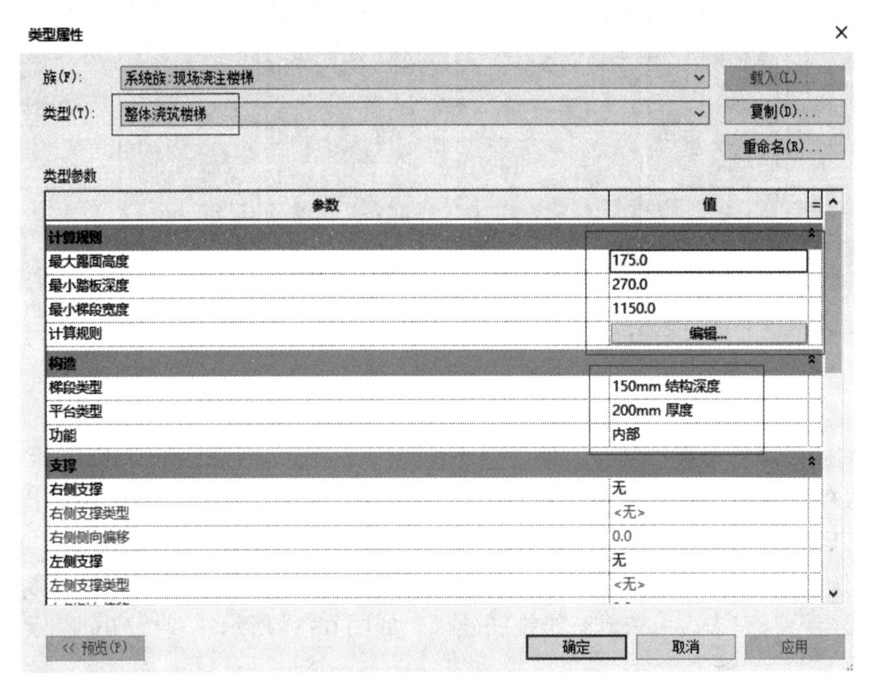

图 6-32 新建楼梯

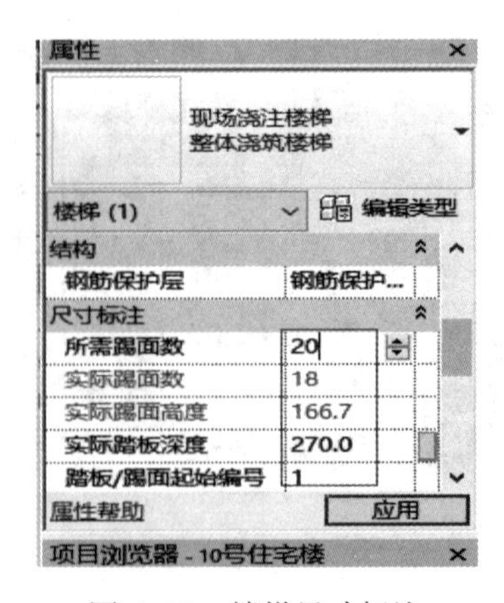

图 6-33 楼梯尺寸标注

（2）首层楼梯绘制。楼梯“属性”信息编辑完毕后，选中“梯段”命令，以导入的CAD图纸为依据开始绘制楼梯。单击鼠标并水平向上移动鼠标，当出现“创建了10个踢面，剩余10个”时，如图6-34所示。单击鼠标向右绘制楼梯，直到踢面数绘制完成，再点击“Enter”键完成绘制。使用“对齐”工具，将草图楼梯边界与CAD图纸中的楼梯边界进行对齐，单击“完成编辑按钮”。绘制完毕后，自动生成的休息平台与图纸下不吻合，则可使用“对齐”工具，将草图楼梯边界与CAD图纸中的楼梯边界进行对齐，如图6-35所示，然后单击“完成”编辑按钮。

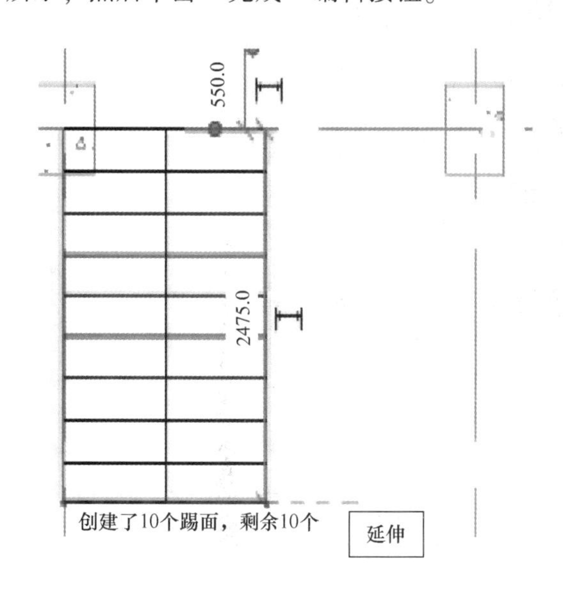

图6-34　楼梯绘制

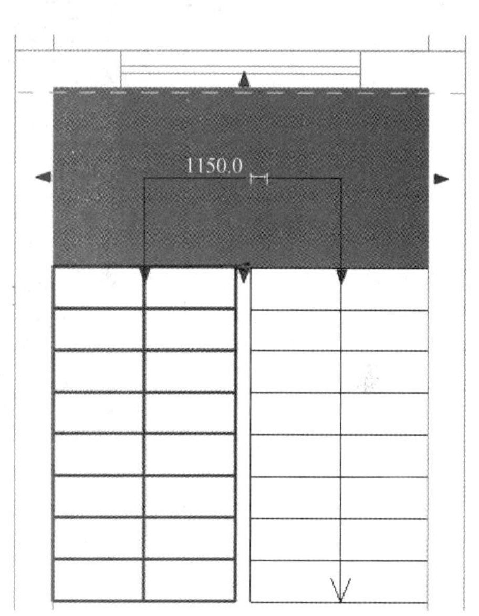

图6-35　楼梯平台对齐

（3）查看首层楼梯并修剪。查看三维视图，在属性面板中勾选“剖切框”，单击剖切框，调整剖切框的大小，调整到合适方向，看到所绘制的楼梯。由于系统默认楼梯两侧带栏杆，需选择楼梯上靠墙一侧的楼梯扶手，删除靠墙楼梯扶手，绘制完毕如图6-36所示。

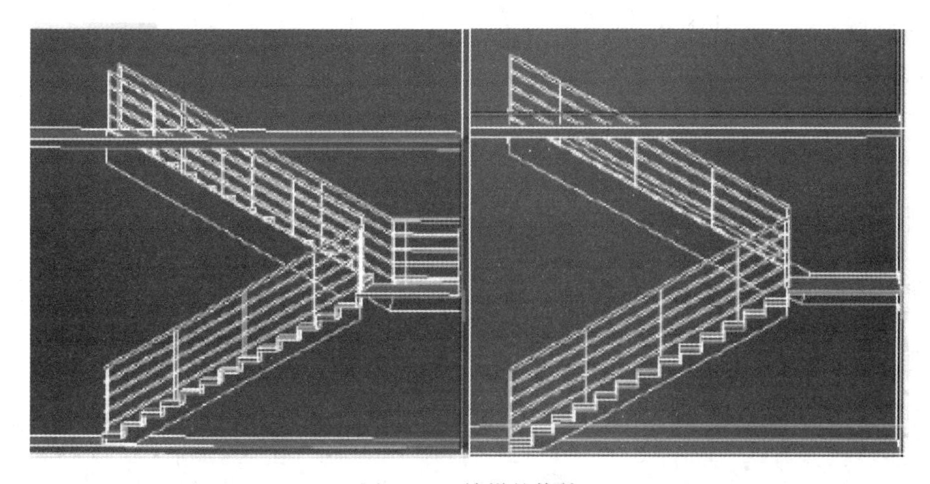

图6-36　楼梯的修剪

6.4.9.2 其他楼层楼梯绘制

绘制其他楼层的楼梯及扶手的方法同一层楼梯及扶手绘制步骤，绘制过程中为方便观察楼梯的状态，可使用“可见性/图形”，将楼板类别隐藏掉。绘制完毕后查看三维视图，在三维视图下的属性栏中勾选“剖切框”，使用剖切框工具剖切至楼梯位置，如图 6-37 所示。

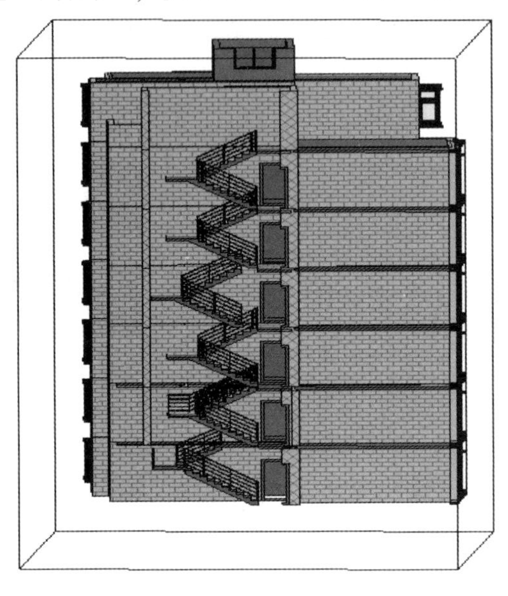

图 6-37 楼梯剖面图

6.4.9.3 室外台阶的绘制

打开室外地坪平面视图，找到“建筑”界面下的“楼梯”按钮，复制出新的楼梯类型并命名为“室外台阶”，然后根据 CAD 图纸设置相关参数，如图 6-38 所示。在当前平面视图中，绘制楼梯草图并进行轮廓编辑，如图 6-39 所示。绘制完毕后查看三维视图并删除台阶的两侧栏杆，如图 6-40 所示。

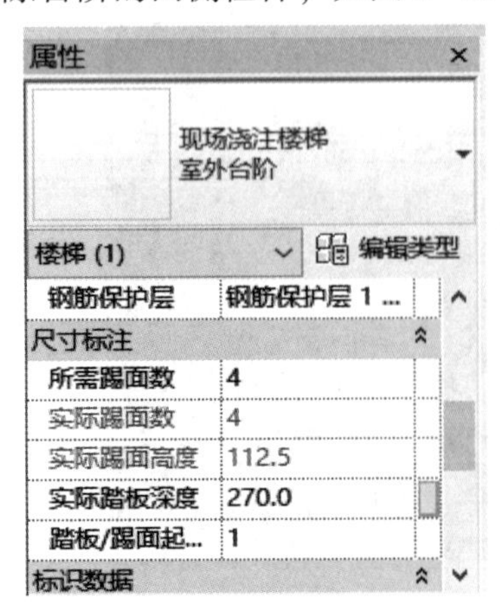

图 6-38 台阶属性编辑

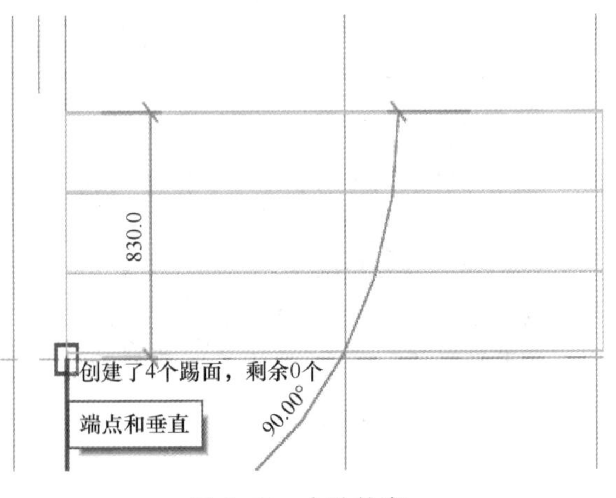

图 6-39 台阶轮廓

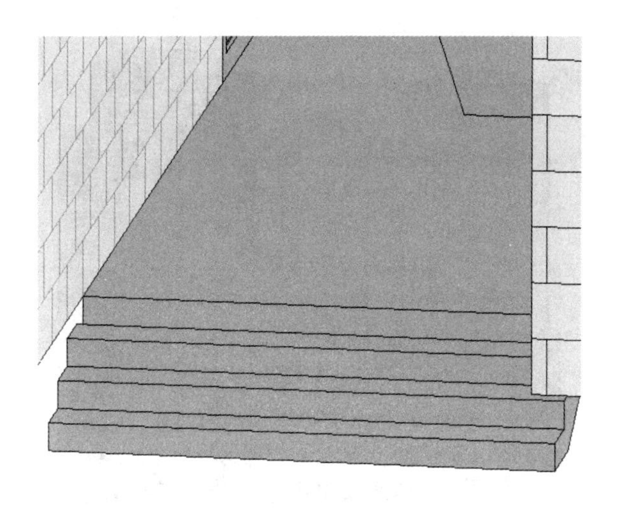

图 6-40 台阶三维视图

6.4.10 创建屋顶

（1）屋顶属性定义。根据 CAD 图纸可知，本栋房屋有 3 个屋顶，分为位于七层和屋顶层。打开“七层平面视图”，在“建筑”选项卡下找到“屋顶”按钮，下拉选择“迹线屋顶”，在实例“属性”，面板中，复制屋顶类型为“常规-100mm”，设置结构层厚度为 100mm。然后根据 CAD 底图设置屋顶的“自标高底部标高偏移”为 3000，“尺寸标注”中的坡度为 30°等屋顶属性信息，如图 6-41 所示。

（2）绘制屋顶。属性定义完毕后，在绘制面板中选中“矩形”工具，开始沿“墙中心线”绘制第七层楼层的屋顶，如图 6-42 所示，按“Enter”键绘制完成。屋顶层的屋顶绘制布置同第七层，不同点只是在屋顶的“属性”设置时有差异，如屋顶“厚度”等。绘制完毕后查看三维视图如图 6-43 所示，然后保存文件。至此，整栋房屋绘制完毕。

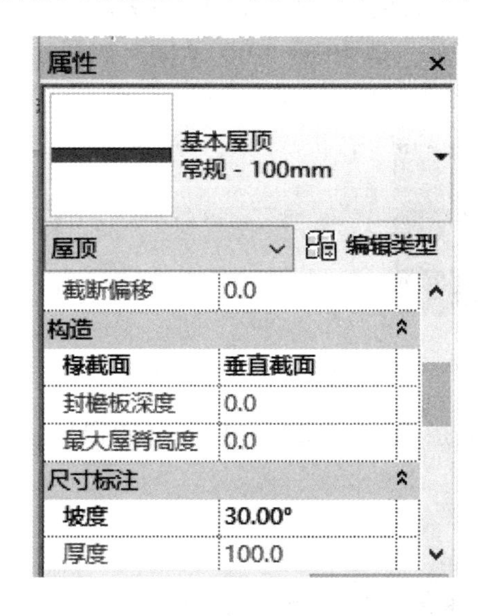

图 6-41 屋顶属性

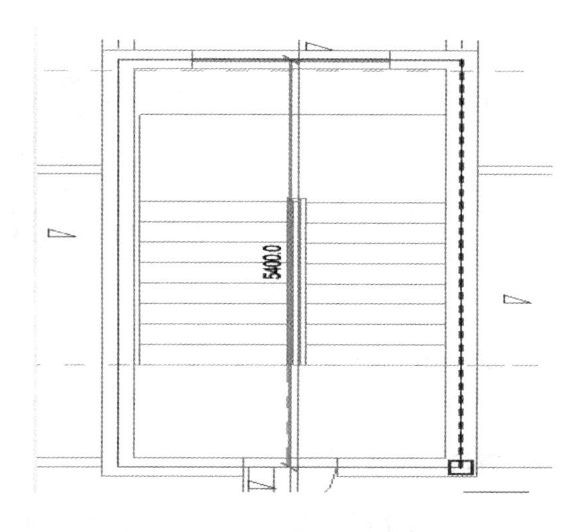

图 6-42 屋顶绘制

图 6-43 整栋楼层三维视图

6.5 BIM 模型与 GIS 软件数据对接

BIM 数据形式多种多样，使用较多的软件是 Revit，主要是针对建筑 BIM 数据，这些数据可以和 GIS 软件对接，实现优势互补。下面以 SuperMap 软件产品为例，介绍该产品对接 Revit 数据的具体方法流程，对接方法分不需插件和需要插件两种，具体方法如下：

6.5.1 准备工作及工具

（1）首先需确保计算机上安装了 SuperMap 的桌面软件，并通过超图 SuperMap 官网申请获得许可证，以确保软件可以正常使用；Revit 软件，以 Revit 2019 示例，如图 6-44 所示。

图 6-44 所需软件

（2）SuperMap IDesktop. NET 10i 桌面软件（可对接 2018-2020 版本 Revit 数据）。

（3）Revit 软件、SuperMap-Revit 插件。

6.5.2 方法一具体步骤

方法一导入步骤较为简单，不需要安装数据对接插件，具体操作步骤如下：

（1）准备好 BIM 模型，打开 SuperMap IDesktop. NET 10i 桌面软件，新建一个文件型数据源（UDB）并命名，再保存到相应位置。

（2）打开刚命名的文件型数据源，选中刚打开的数据源鼠标右键下拉找到“导入 BIM 数据”选项栏，点击导入“Revit 数据”，在出现的选项框左侧选择已准备好的 BIM 模型，选项框右侧输入“经纬度”、“高度”等地理位置信息如图 6-45 所示，点击“确定”按钮开始导入，导入过程的时间会根据文件大小有所差异。

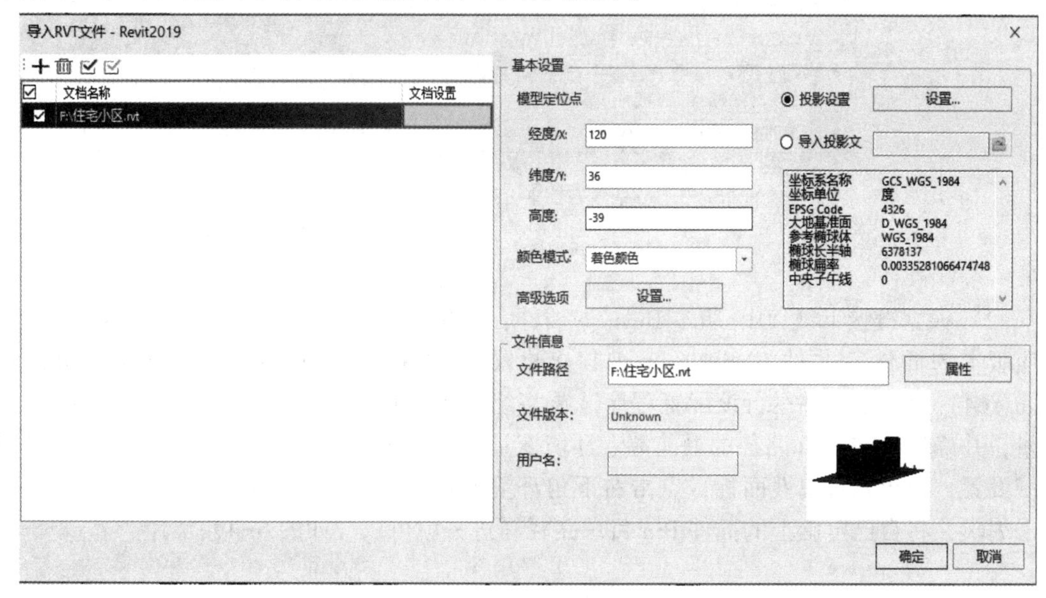

图 6-45　参数设置

（3）数据导入完毕后，新建一个球面场景，将所有数据集拖入到普通面层，如图 6-46所示。然后任意选中一个图层，如“墙”，会出现如图 6-47 所示界面，则说明 BIM 数据已经导入成功了。

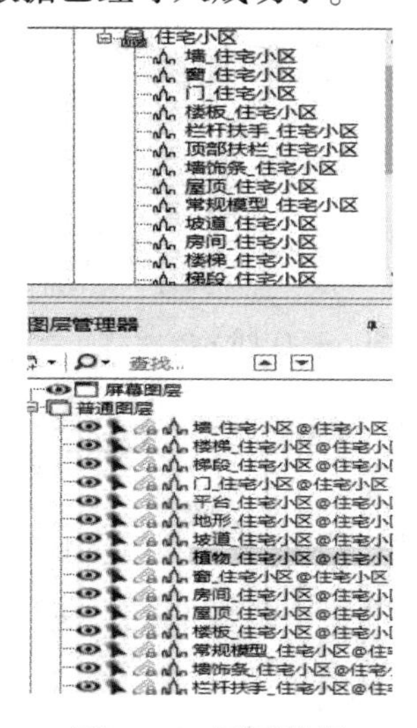

图 6-46　图层数据

图 6-47　导入后的三维视图

6.5.3　方法二具体步骤

方法二导入步骤较为复杂，需要安装数据对接插件，具体操作步骤如下：

（1）进入 SuperMap 的官网下载 SuperMap-Revit 插件。找到技术资源中心，找到辅助资源下载，如图 6-48 所示。

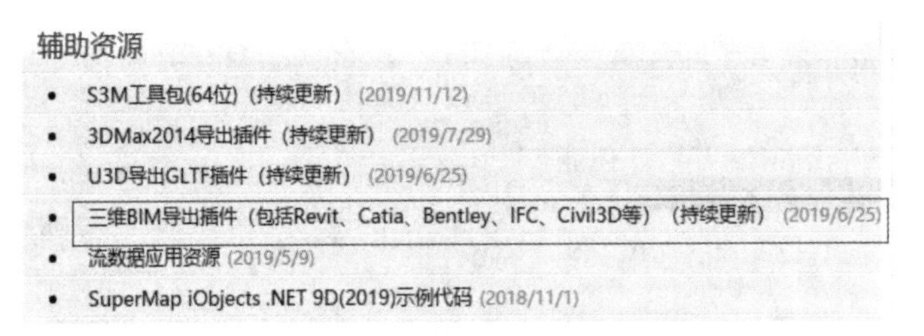

图 6-48　SuperMap-Revit 插件下载

（2）根据链接下载 2019 版本 Revit 的插件，安装好插件后，可根据插件文档提示，将对应版本的插件库文件 RevitPlugin. d11 及配置程序 WriteAddin. exe 拷贝覆盖至组件包（Bin_x64）目录下，并运行该配置程序。再将组件包（Bin_x64）文件夹设置为系统环境变量，并确保其在 path 路径的最前端。环境变量设置方法：右击我的电脑属性，点击高级系统设置，弹出系统属性面板，点击右下角环境变量，弹出环境变量对话框，找到 Path，点击编辑，将自己电脑上的插件 Bin 目录路径写进去就可以，如图 6-49 所示。

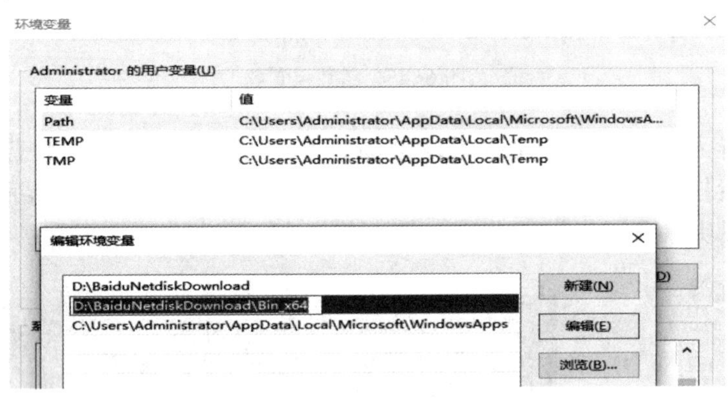

图 6-49　设置环境变量

（3）打开 Revit 2019，在附加模块里找到 SuperMap 插件，如图 6-50 所示。

图 6-50　SuperMap 插件

（4）打开 BIM 模型数据，切换到三维视图，如图 6-51 所示。

图 6-51 住宅小区三维视图

(5) 点击 SuperMap 插件，场景投影信息这里的值填写需根据数据来。1) 如果你的模型是根据实际的投影坐标系建模的，那么就选择平面坐标导出。2) 如果模型没有根据实际的坐标值建模，常见的就是在 0，0，0 处建模的，那么场景投影信息可以根据实际项目需要填写。也就是说项目基点实际经纬度是多少，这里就填多少，本模型的信息填写如图 6-52 所示。

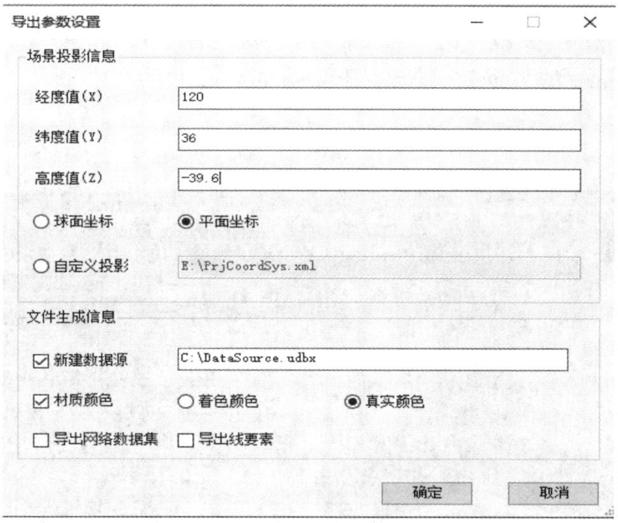

导出参数设置
场景投影信息
经度值(X) 120
纬度值(Y) 36
高度值(Z) -39.6
○球面坐标 ◉平面坐标
○自定义投影 E:\PrjCoordSys.xml
文件生成信息
☑新建数据源 C:\DataSource.udbx
☑材质颜色 ○着色颜色 ◉真实颜色
☐导出网络数据集 ☐导出线要素
确定 取消

图 6-52 参数设置

(6) 点击确定后开始“UBD”格式文件的导出，若出现如图 6-53 所示的选项框，则该模型导出完成，然后再保存并命名该文件。

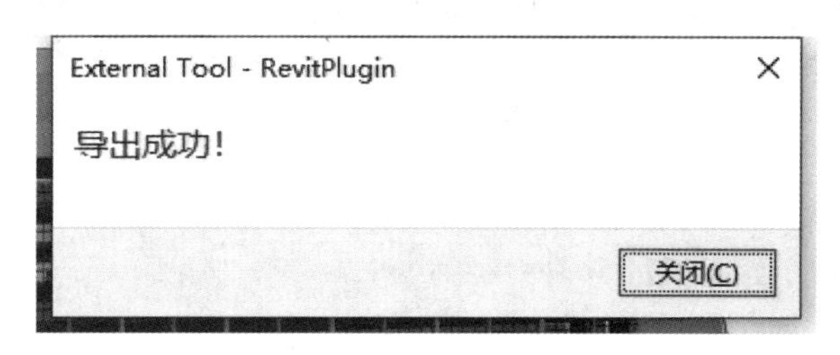

图 6-53 导出成功

（7）打开 SuperMap 桌面软件，然后在数据源上右键选择打开数据源，然后选择刚才导出的文件型数据源，如图 6-54 所示，再点击“打开”按钮，开始数据对接。

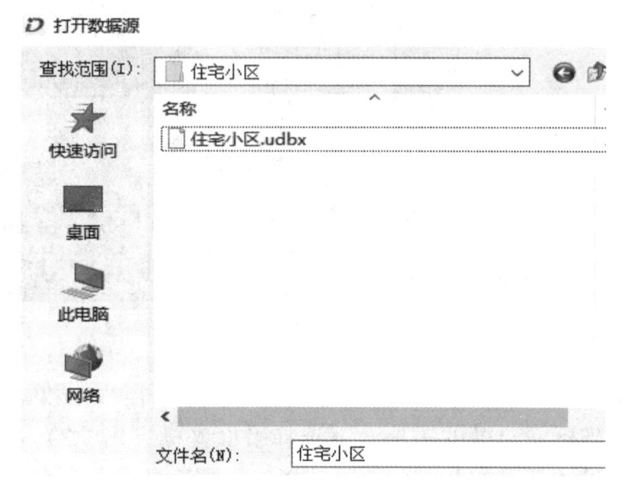

图 6-54　打开文件型数据源

（8）查看导入后的模型步骤同方法一，新建球面场景，并将所有数据集拖拽至普通面，然后双击其中一个图层如“门”图层，就可以查看导入后的数据，导入后的模型如图 6-55 所示。至此，revit 的数据就已经对接到 SuperMap 的平台中了。

图 6-55　SuperMap 中的小区三维视图

7 三维模型发布与应用开发

扫码获取
数字资源

7.1 场景图层的发布

三维应用开发能力是ArcGIS平台最重要的能力之一，自ArcGIS 10.3.1版本后三维能力已完整贯穿整个平台。在服务器端，可以通过CityEngine、Drone2Map、ArcGIS Pro等创建三维模型，并将创建的三维模型作为场景图层共享至门户中。在客户端，用户可以通过多种终端访问场景图层，包括使用桌面端应用（如Esri提供的ArcGIS Pro、ArcGIS Earth以及用户基于ArcGIS Runtime SDKs定制的桌面端应用）、Web端应用（如Portal for ArcGIS内置的Scene Viewer、基于Web Appbuilder或JavaScript API 4.x定制的Web端应用）和移动端应用（如基于ArcGIS Runtime SDKs定制的Andriod、IOS应用）。

接下来介绍一下如何发布场景图层。场景图层在存储和显示上采用了Esri新推出的I3S标准，该标准支持Lod、地理索引、采用流模式加载，极大地提高了三维数据在桌面、Web、移动设备上的显示效率。目前I3S标准描述的场景图层有四种类型，分别是3D模型（3D Object Layer）、点（Point Layer）、集成网格（Integrated Mesh Layer）、点云（PointCloud Layer）。未来I3S标准有计划支持线和面类型的场景图层。根据图层类型不同，发布过程稍有区别。

7.1.1 3D模型（3D Object Layer）

3D Object Layer是各种3D模型的集合。Esri原生的3D格式是多面体（Multipatch）。多面体是一种3D几何，是要素类中的一种，可用来表示从简单对象（如球体和立方体）到复杂对象（如等值面和建筑物）的任何事物，如图7-1所示。

图7-1 3D Object Layer

Esri 支持将多面体图层作为场景图层共享至门户中。如果数据的几何类型不是多面体，那么首先需要使用地理处理工具将现有 3D 模型导入到 ArcGIS 中转换为多面体要素。之后就可以在 ArcGIS Pro 中将多面体图层共享为场景图层，或者先利用多面体图层创建场景图层包，然后将场景图层包共享为场景图层。

7.1.1.1 导入模型

在 ArcGIS Pro 提供的工具箱中，有多种地理处理工具可将 3D 模型导入到多面体要素类中，譬如 3D 图层转要素类，导入 3D 文件和数据互操作扩展。这些工具适用于不同的情况。

A 3D 图层转要素类

3D 图层转要素类工具可以将具有 3D 属性的要素图层导出为 3D 多面体要素。输入的要素图层可以是 3D 符号的点要素类、拉伸后的线要素类和面要素类，面要素类可以是拉伸后的面要素类，也可以是不进行拉伸的面要素类。如果不进行拉伸，即面图层不具备任何 3D 显示属性，则该图层将被导出为与该面类似的多面体。如图 7-2 所示。

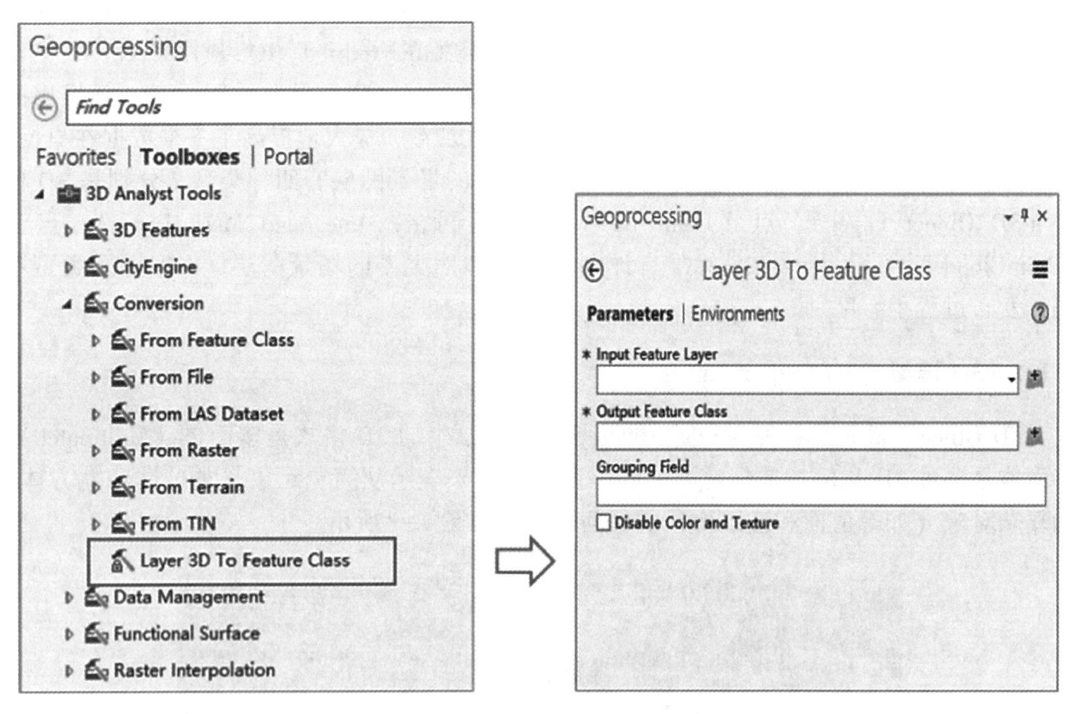

图 7-2 ArcGIS Pro 中的 3D 图层转要素类工具

下面以拉伸的面要素类为例，示范 3D 图层转要素类工具的使用。首先在 ArcGIS Pro 中添加面要素类，并将图层拖拽至 3D 图层类别中；然后在 APPEARANCE 选项卡中，根据某一属性字段对要素进行拉伸；最后利用 3D 图层转要素类工具将拉伸后的面要素类导出为多面体要素类，如图 7-3 所示。

B 导入 3D 文件

导入 3D 文件工具支持导入主流的三维模型格式，包括：3D Studio Max（*.3ds）、

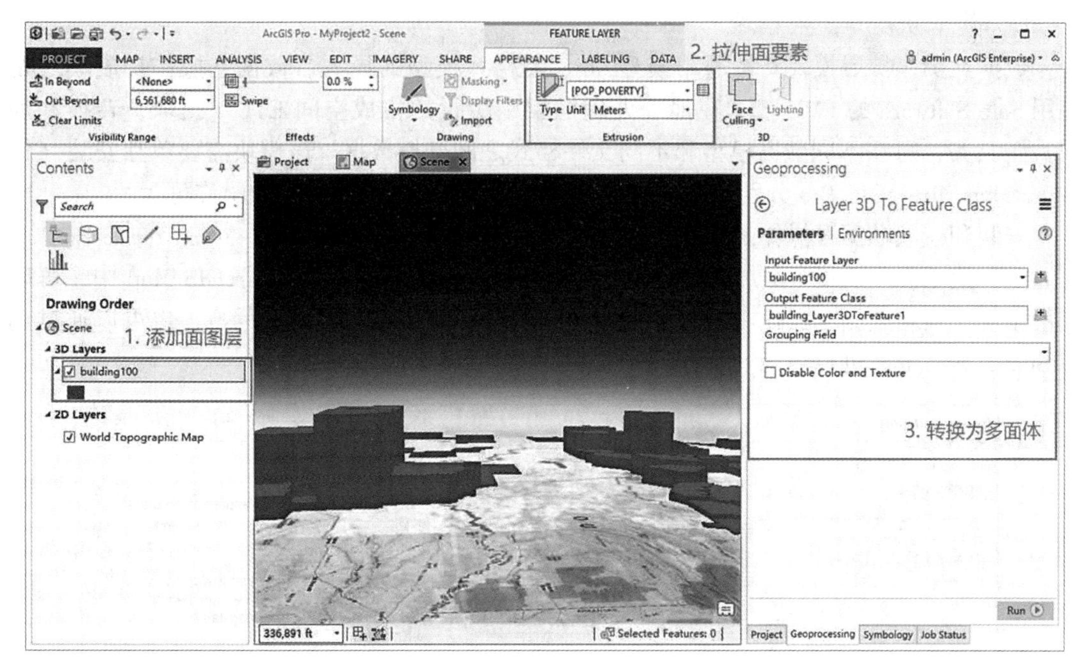

图 7-3　3D 图层转要素类示例

SketchUp（ * . skp）、VRML 和 GeoVRML（ * . wrl）、OpenFlight（ * . flt）以及 COLLADA（ * . dae）。

在工具的参数中，Input Files 既可以输入支持导入的模型文件，也可以是文件夹；输出位置请务必放在 File Geodatabase 里，否则没有纹理。如图 7-4 所示。

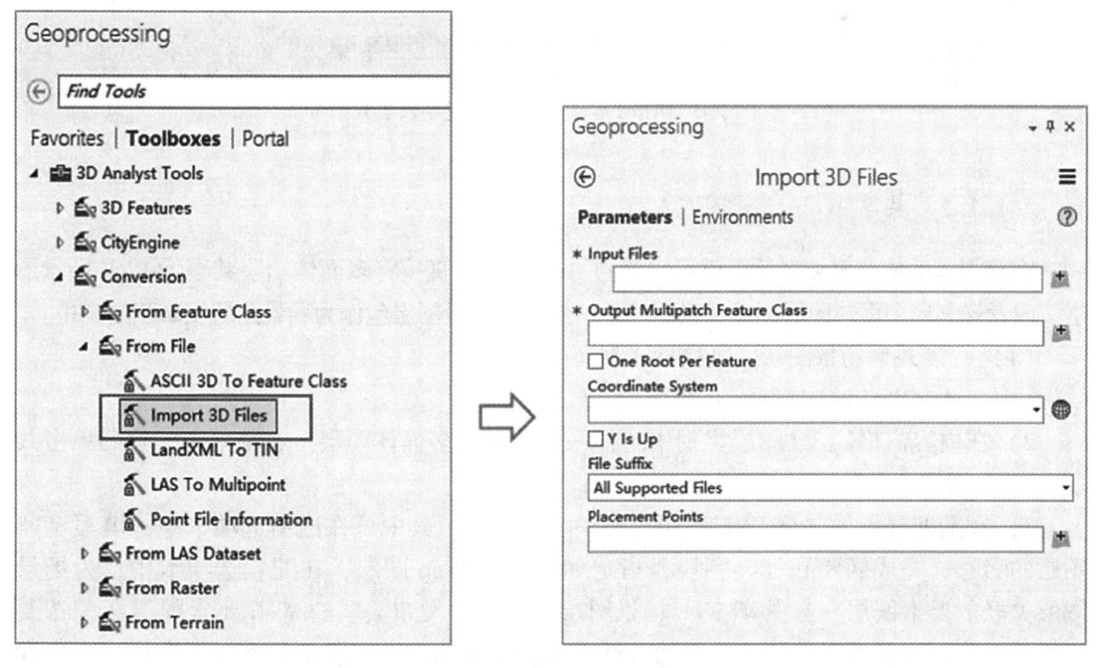

图 7-4　ArcGIS Pro 中的导入 3D 文件工具

C 数据互操作扩展模块

数据互操作扩展模块支持通用模型 obj、X 格式模型的导入。数据互操作扩展模块是使用 Safe Software 的 FME 技术在地理处理框架中运行的集成空间 ETL（提取、转换和加载）工具集，可在不同数据模型和不同文件格式之间变换数据。该模块需要单独安装（针对 ArcMap 和 ArcGIS Pro 分别有对应的安装介质）和 Data Interoperability 许可。

安装和授权数据互操作扩展模块后，就可以进行 3D 模型的导入了。在 ArcGIS Pro 中，要通过创建 Spatial ETL tool，将 3D 模型导入到多面体要素类中。在 ArcGIS Map 中，可以使用系统工具箱数据互操作工具箱里面的快速导入工具（如图 7-5 所示），也可以通过创建 Spatial ETL tool 进行转换。

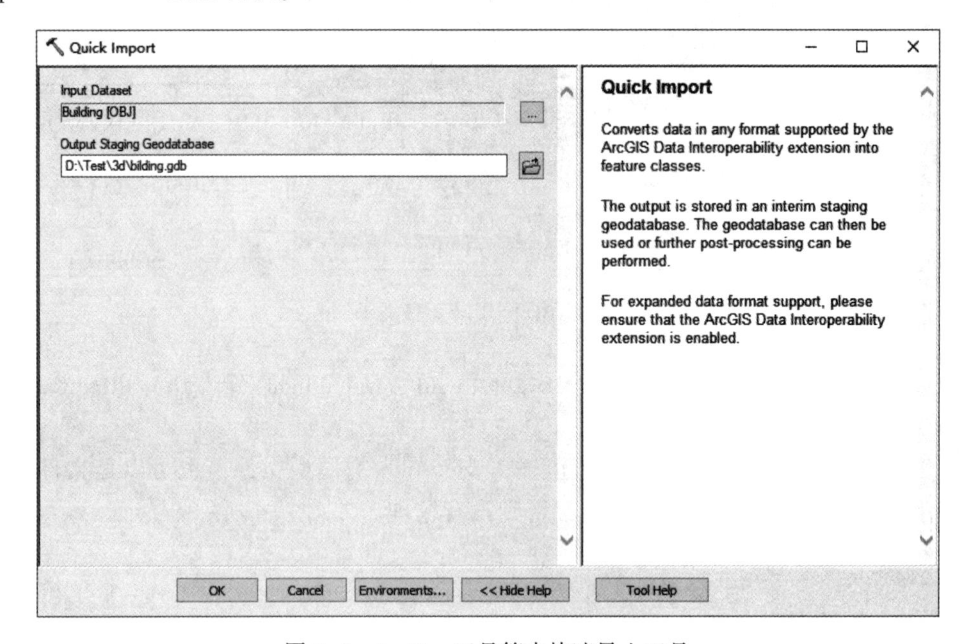

图 7-5 ArcMap 工具箱中快速导入工具

7.1.1.2 共享 Web 场景图层

在获得多面体要素类之后，就可以通过 ArcGIS Pro 直接将多面体图层共享为 Web 场景图层，或者先利用多面体图层创建场景图层包，然后将场景图层包作为场景图层发布至门户中。

（1）直接共享场景图层，如图 7-6 所示。

1）在 ArcGIS Pro 中打开 3D 场景。

2）在内容窗格的 3D 图层类别中选择一个或多个多面体图层。右键单击，然后单击共享为 Web 图层。

3）在随即显示的共享 Web 图层窗格中填写信息。其中，在通用选项卡中，填写 Web 图层的名称，完成摘要和标签字段，指定如何共享 Web 图层；在配置选项卡中，为场景图层关联的要素图层（在共享 Web 场景图层时，还将发布关联的 Web 要素图层）勾选要启用的操作，为场景图层勾选需要的属性字段，选中的属性字段将包含在缓存中；在内容选项卡中可以查看要创建的新 Web 图层及其所有组成部分。

4）单击分析来检查错误或故障。如没有错误，则单击发布，即可将多面体要素类共享为场景图层。

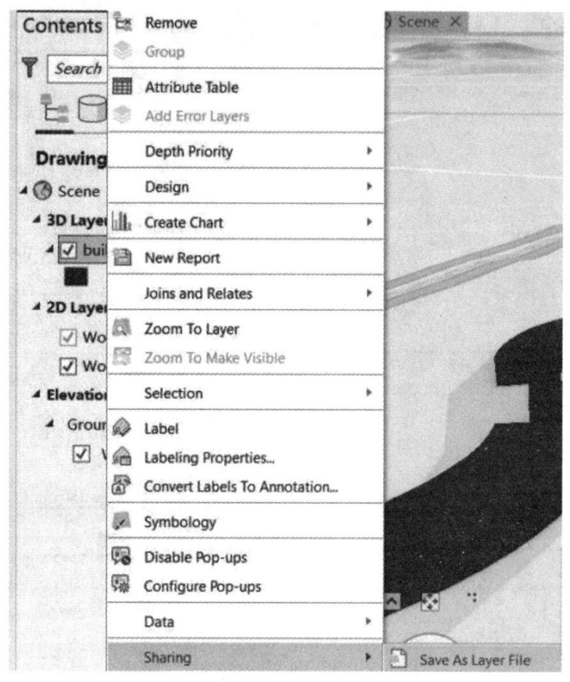

图 7-6　在 ArcGIS Pro 中共享场景图层

（2）通过场景图层包共享场景图层。

1）使用创建场景图层包工具创建场景图层包，如图 7-7 所示。

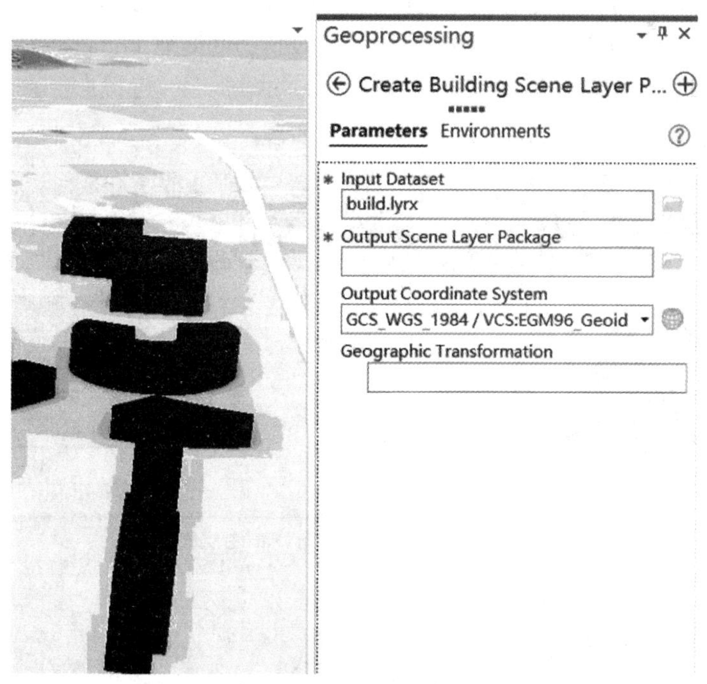

图 7-7　在 ArcGIS Pro 中创建场景图层包

2）将场景图层包上传到 ArcGIS Online 或 Portal for ArcGIS 中；如果场景图层包的大小小于 1GB，可以通过 ArcGIS Online 或 Portal for ArcGIS 进行上传。如果大于 1GB，则可通过 ArcGIS Pro 中的共享包来添加到门户内容中。如图 7-8 所示。

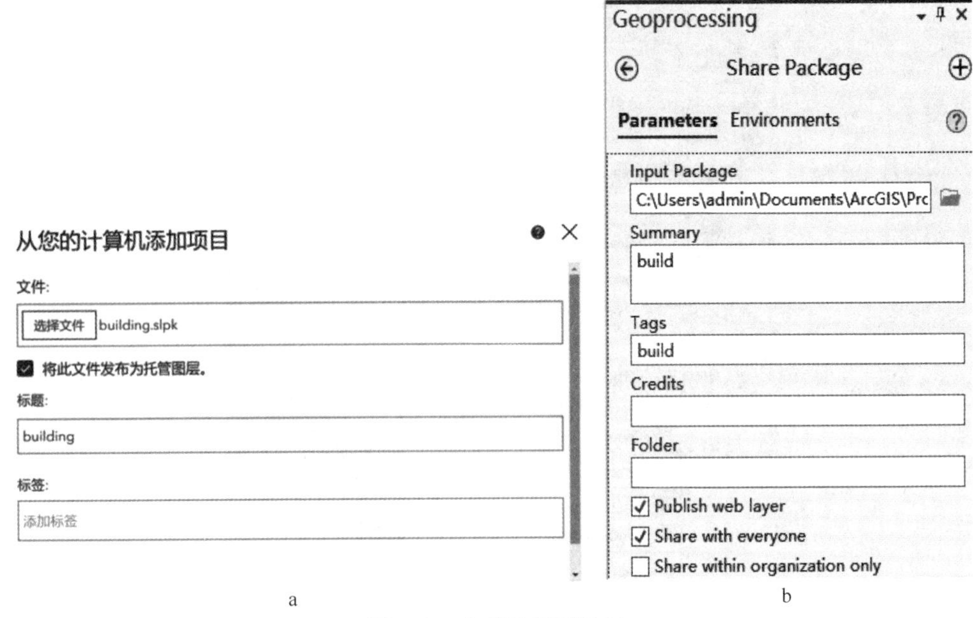

图 7-8　上传场景图层包

a—通过门户上传；b—在 ArcGIS Pro 中通过共享包工具上传

3）将场景图层包作为场景图层发布；如果在上一步骤中是在浏览器中通过 ArcGIS Online 或 Portal for ArcGIS 进行的，并且在上传过程勾选了"publish this file as a hosted layer"，那么这个步骤无需进行。否则需要登录 ArcGIS Online 或 Portal for ArcGIS，打开此项目的详细页面，将其发布为场景图层。如图 7-9 所示。

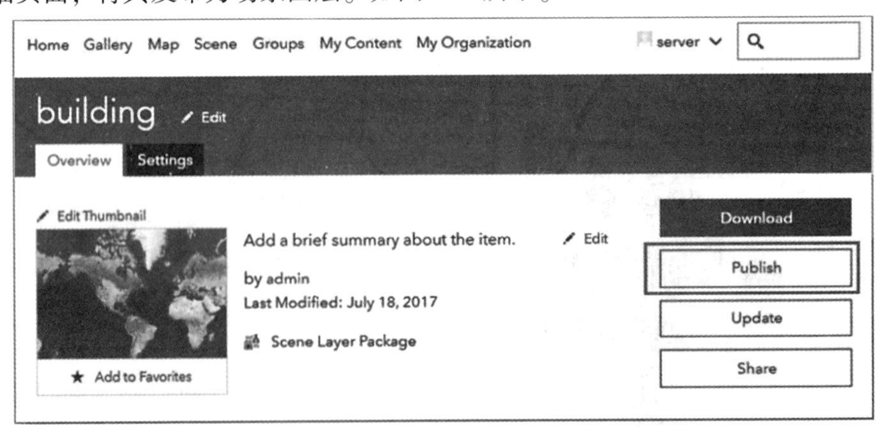

图 7-9　在门户中发布场景图层包

7.1.2　点图层（Point Layer）

Point Layer 用来表示点要素类，如图 7-10 所示。

自 Portal for ArcGIS 10.4 起，点图层和多面体图层一样，可以作为场景图层共享。直接共享 Web 场景图层（如图 7-11 所示），或者通过创建场景图层包并共享为场景图层。

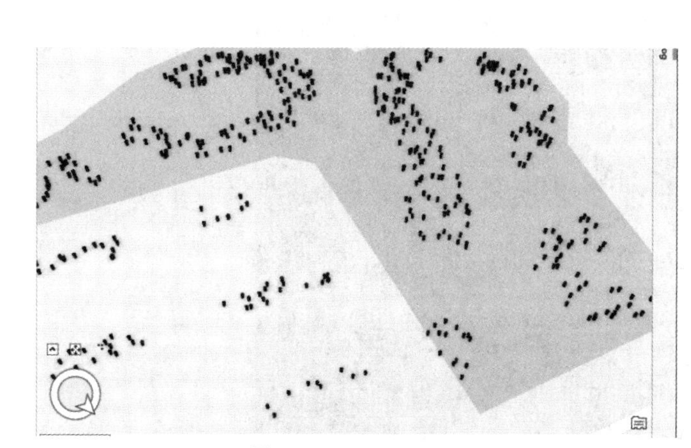

图 7-10　Point Layer

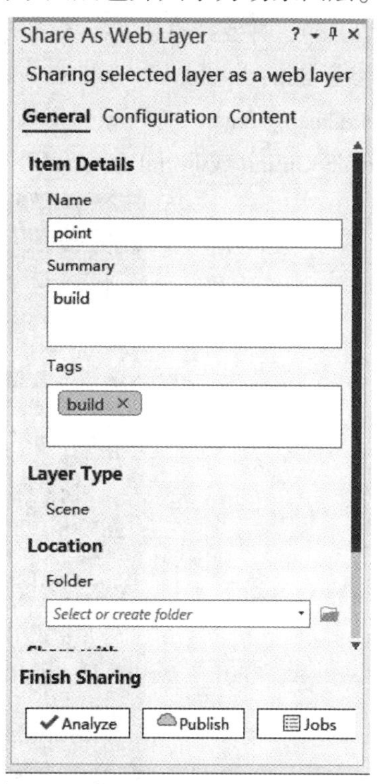

图 7-11　在 ArcGIS Pro 中共享场景图层

7.1.3　集成网格（Integrated Mesh Layer）

Integrated Mesh Layer 是用来表示带纹理的三角网格模型数据，这个图层的数据大多来自无人机，飞机或者卫星影像重建的倾斜摄影数据，如图 7-12 所示。

图 7-12　Integrated Mesh Layer

Integrated Mesh Layer 的创建和共享，一般要通过 Drone2Map for ArcGIS 或者第三方软件 Smart 3D（4.2 及以上）完成。Drone2Map 可根据影像生成三维倾斜摄影模型、场景图层包（见图 7-13），并支持直接发布场景图层到 ArcGIS Online 或 Portal for ArcGIS 中，Drone2Map 的使用可参考 http://zhihu.esrichina.com.cn/article/3010 或帮助文档 http://www.esri.com/products/drone2map。Smart 3D 可根据影像生成场景图层包，之后可由 ArcGIS Pro 或者 Drone2Map 上传至 ArcGIS Online 或 Portal for ArcGIS 中，并作为场景图层发布，如图 7-13 所示。

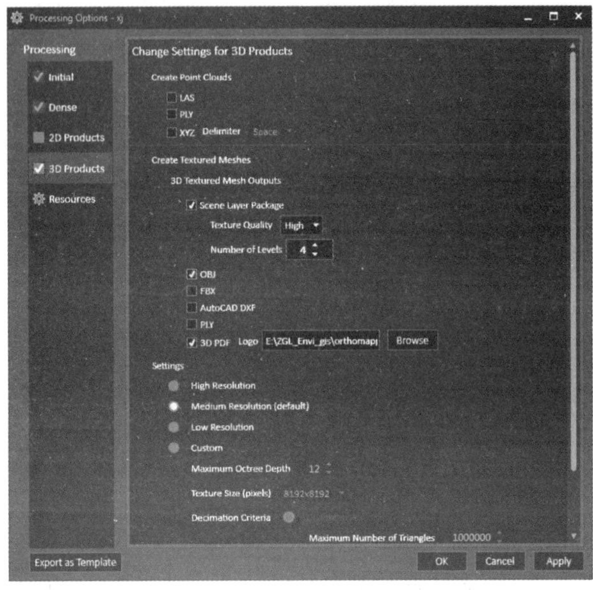

图 7-13 Drone2Map 中三维成果输出设置

如果用户拿到的数据是倾斜摄影测量建模成果 osgb 格式的数据，那么需要利用数据互操作扩展工具将 osgb 格式的数据转换为多面体要素类，然后才可以共享为场景图层（参考 7.1.1 节和 7.1.2 节）。

7.1.4 点云（PointCloud Layer）

PointCloud Layer 用来表示激光雷达数据集，这个图层的数据是通过传感器或者摄影测量获得。如图 7-14 所示。

图 7-14 PointCloud Layer

PointCloud Layer 的创建和共享，和 Integrated Mesh Layer 一样，可以通过 Drone2Map for ArcGIS 完成。如果已经获取到点云数据（文件后缀是 .las），那么通过 ArcGIS Pro 中的创建场景图层包工具，根据点云图层创生成场景图层包（如图 7-15 所示），继而将场景图层包上传至 ArcGIS Online 或 Portal for ArcGIS 中，并作为场景图层发布。

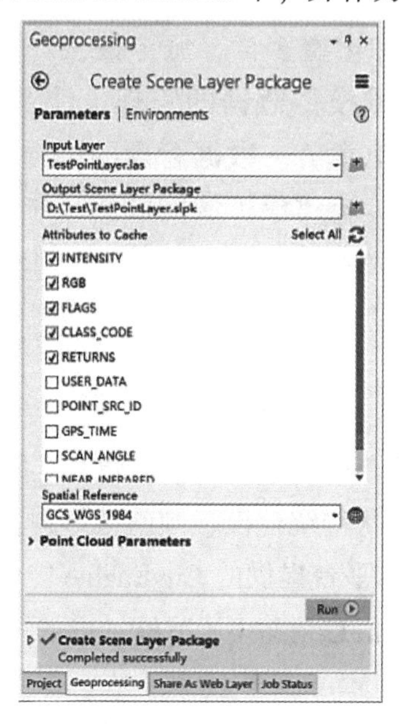

图 7-15　在 ArcGIS Pro 中创建场景图层包

7.2　三维应用定制方法

三维数据从创建到使用通常经历四个阶段：数据管理、可视化、空间分析和共享四个阶段，如图 7-16 所示。

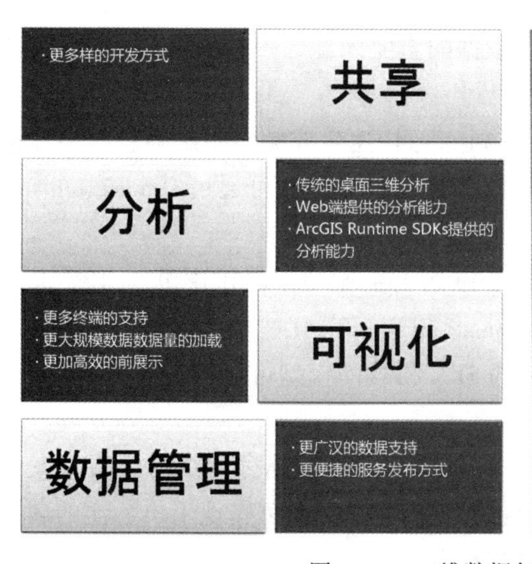

图 7-16　三维数据创建

ArcGIS 平台在进入 10.5 之后，在这个四个方面的能力上有新的增强，具体体现如下所述。

7.2.1 数据管理阶段

支持的数据类型和来源更加丰富多样，服务的发布方式有更多的选择。这一部分提到的数据管理主要是针对三维模型数据的管理，涉及三维场景所需要的要素数据、地形数据及影像数据请参考其他章节。数据管理的增强主要体现在两个方面：一方面提供了更广泛的数据支持，从传统建模扩展到倾斜摄影测量建模成果、BIM 模型；另一方面服务发布的方式更加便捷多样，从单一的 ArcGIS Pro 到 CityEngine、Drone2Map for ArcGIS。

7.2.1.1 更广泛的数据支持

随着技术的发展，三维数据获取的手段和来源更加丰富多样，ArcGIS 平台提供了对多源三维模型数据的支持。接下来从传统建模、倾斜摄影测量建模和 BIM 模型分别介绍。

(1) 传统三维建模。ArcGIS 平台提供的 CityEngine 能够实现基于二维数据及其属性信息实现快速批量建模。更多详细信息请参考 CityEngine 的相关内容。

针对国内用户普遍使用 3DS MAX 建模方式，ArcGIS 平台提供了 3DS MAX 的解决方案。一方面通过 3DS MAX 的插件可快速批量的把 max 文件按对象拆分并导出 wrl 格式的三维模型；另一方面提供的小程序能够实现模型的偏移、贴图格式的修改从而更好地实现模型与 ArcGIS 平台的对接。

此外，ArcGIS 平台支持工业级通用三维模型格式的导入。借助桌面软件的三维扩展模块可支持 dae、wrl、3ds、flt、skp 等五种格式的导入，借助互操作模块可支持 obj、x 等更多模型格式的导入，使用 CityEngine 还支持 fbx 格式模型的导入。

(2) 倾斜摄影测量建模。随着无人机的发展、基于照片构建三维模型技术的发展，三维数据制作成本逐渐降低，并成为三维数据的重要来源之一。在 10.5 中 ArcGIS 平台对倾斜摄影测量建模的支持进一步增强。

Drone2Map for ArcGIS 支持基于无人机影像快速生成倾斜摄影测量建模成果，并能导出基于 I3S 标准的数据格式 SPK。导出的 SPK 格式的数据可通过 Drone2Map for ArcGIS 直接上传到 Portal for ArcGIS 上并发布成三维服务。

I3S 标准作为开放的标准已经得到了市面上主流的倾斜摄影测量建模软件的支持如 Bentley 的 ContextCapture（国内简称为 Smart 3D）、Pix4D、Vricon，这些软件均支持基于 I3S 标准的数据格式 SPK 的导出。生成的 SPK 格式的模型可通过 ArcGIS Pro 上传到 Portal 上并发布成三维服务。

(3) BIM 模型。ArcGIS 平台提供了对 BIM 标准交换格式 IFC 的解决方案，基于该方案一方面可以实现模型部件、材质的无损转换；另一方面可实现用户关注的属性信息如材质、尺寸、类型的无损转换，如图 7-17 所示。

图 7-17 模型转换
a—CityEnigne 构建的三维模型；b—手工单体建模；c—倾斜摄影测量建模成果；d—BIM 模型的分层过滤显示

7.2.1.2 更便捷的服务发布方式

目前可通过 CityEngine、Drone2Map for ArcGIS 和 ArcGIS Pro 三个桌面端软件实现三维数据发布到与其相连的 Portal 上。

（1） CityEngine 发布三维服务。CityEngine 基于规则快速批量构建的三维模型可直接导出 slpk 格式，并通过与 CityEngine 相连的 Portal for ArcGIS 直接上传到 Portal for ArcGIS 上并发布成服务。

（2） Drone2Map for ArcGIS 发布三维服务。Drone2Map for ArcGIS 基于无人机影像生成的 SPK 格式的倾斜摄影测量建模成果可直接通过 Drone2Map for ArcGIS 上传到与其相连的 Portal for ArcGIS 并发布成服务。

（3） ArcGIS Pro 发布三维服务。ArcGIS Pro 提供了两种方式发布三维服务：

加载到 ArcGIS Pro 中的三维图层（Multipatch 类型）可直接通过 Share As WebLayer 的方式直接发布服务到与其相连的 Portal 上；

通过 GP 工具把加载到 ArcGIS Pro 中图层生成 slpk 格式的数据，并通过 GP 工具 Share Package 把 slpk 格式的数据上传到与其相连的 Portal for ArcGIS 上，并进一步发布成三维服务。

7.2.2 可视化阶段

支持一个数据在桌面、Web 和移动端的加载，数据的数据量和数据加载效率进一步提升；I3S 标准极大地提升了 ArcGIS 平台三维可视化的效果，并呈现出更多终端支持、更大规模数据量加载以及更高效的前端展示的特点。如图 7-18 所示。

图 7-18 模型可视化

a—ArcGIS Earth 展示地表覆盖；b—移动端加载三维服务；c—Web 端加载三维服务

为 Web、移动和云专门设计，使得按照 I3S 标准发布的同一个三维服务能够在桌面、Web 和移动多个终端进行加载。

Lod、地理索引外以及流式传输使得前端加载的服务数据量稳定在一定层级上，从而满足大场景三维数据高效展示的需求。

7.2.3 空间分析阶段

部分 3D 分析功能开始牵移到 Web 端；ArcGIS 10.5 的三维分析能力主要还是在桌面端实现，并开始逐步的把部分三维分析能力移植到 Web 端。

7.2.3.1 三维桌面分析

ArcGIS 10.5 三维桌面分析包含一整套完整的分析工具箱，包括时空数据挖掘、地表面分析、空间量测、三维拓扑以及可见性分析等。如图 7-19 所示。

三维拓扑	空间量测	可见性分析	地表面分析	时空数据挖掘
3弧缓冲	3D直线长度量测	通视线分析	挖填方分析	新兴时空热点分析
闭合多面体	地形起伏线长度量测	视域分析	坡度分析	
BD相交	高度量测	天际线分析	坡向分折	
3D求差	面积量测	天际线障碍分析	剖面分析	
D邻近	要素对象量测	天际线图表	山体阴影分析	
3D合并		日照分析		
是否在内部				

图 7-19 工具箱

地表面分析提供基于栅格表面的填挖方、坡度、坡向、剖面以及山体阴影等分析能力；三维空间量算工具集可测量三维空间中的直线长度、地表长度、高度、面积以及要素对象；三维拓扑分析可基于三维点、线、面及多面体进行三维闭合、缓冲区、相交、求差、邻近关系、合并、内部等多种空间计算；三维可见性分析包括通视、视域、天际线、天际线障碍、天际线图表以及日照分析等，如图 7-20 所示。

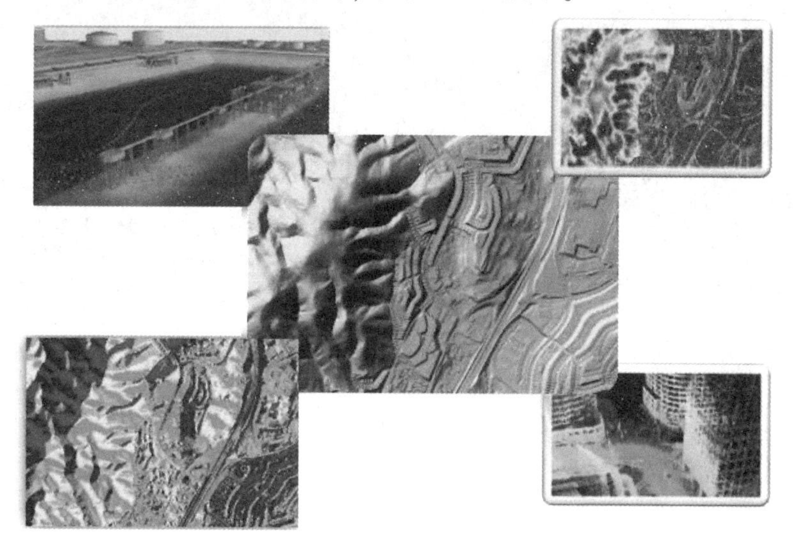

图 7-20 地表面分析

通过空间处理框架将二维和三维空间分析进行多种组合，来解决复杂的空间分析问题。ArcGIS 还集成 Python 环境，可以将行业专业模型与 ArcGIS 空间分析工具进行组合，来定制更加面向业务的空间分析模型，如大气扩散模型。使用空间处理框架定制自动化处理流程，提高工作效率的同时降低了桌面端、服务器端调用的复杂性。

7.2.3.2 Web 端三维分析能力

ArcGIS 10.5 在 Web 端已经提供了多种基于地形的三维分析能力。主要包括通视分析、视域分析、剖面分析以及点线数据高程查询等。

在 Web 端实现视域分析，如图 7-21 所示。

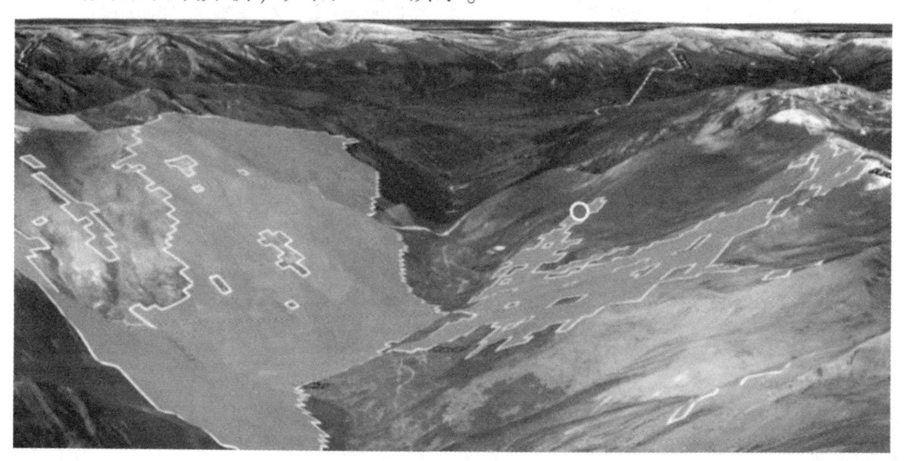

图 7-21 视域分析

在 Web 端实现剖面分析，如图 7-22 所示。

图 7-22 剖面分析

7.2.4 共享阶段

完全基于 WebGL，为了满足用户业务的需求用户可通过多种形式定制自己的三维应用并实现共享。共享在 Protal for ArcGIS 中三维场景（Web Scene）可直接通过 URL 对外部共享，也可通过 Esri 提供的 API 或 SDK 对共享的三维场景做不同程度的定制开发满足各种三维应用的需求。如图 7-23 所示。

图 7-23 数据共享

从图 7-23 可以看出 Web Scene 与开发之间相互独立，将极大地提升开发效率，提高应用的使用范围。

（1）桌面端应用定制。ArcGIS Pro SDK 允许用户在 ArcGIS Pro 上进行 Add-in 方式的扩展开发，侧重于用户应用需求的开发。

用户还可通过 ArcGIS Runtime 开发轻量级的桌面应用，目前 ArcGIS Runtime 支持 Windows、Linux 及 MacOS 的开发，实现了多种操作系统环境中的桌面应用开发。

（2）Web 端应用开发。Web 端三维开发提供了灵活而强大的 ArcGIS JavaScript API 支持，可以与现有系统进行深度的集成定制，也可以重新构建 Web 应用程序。ArcGIS JavaScript API 还可与其他 JS 包结合，如与 Three. js、hammer. js 结合实现骨骼动画、Web 端的多点触控操作等效果。

用户还可以使用 Web AppBuilder for ArcGIS 实现零编码 Web 应用程序配置，配置成为响应式的 Web 应用程序，可自适应各种网页及移动设备分辨率。

Esri Story Maps 可与 Web Maps、文字、图片等多种媒体结合，向用户讲述一个完整的地图故事。

（3）移动端应用开发。ArcGIS Runtime SDKs 原生支持 iOS、WP 移动应用的开发，原生 Andriod 的应用的开发也将很快支持。

7.3 白鹭古村三维虚拟旅游系统开发

7.3.1 系统设计思路

以白鹭古村为例，采用三维建筑模型可视化表达的设计理念，设计开发虚拟仿真系统平台，加强系统的开放性、独立性以及友好性，系统设计内容包括：

（1）系统实现对场景的放大、缩小、旋转、定向、重置等基本功能。

（2）将分析构建的数据和模型通过实现白鹭三维模型索引以及信息浏览查询等操作。

（3）通过更改三维模型数据重现白鹭古村过去、现在、未来三种场景以及显示（隐藏）景点路线指南、白鹭古建筑区域分析、白鹭景点简介等图层。

（4）“走进白鹭”弹跳式漫游，“梦幻白鹭”、“畅想白鹭”等对白鹭古村的景点路线漫游。

（5）路线导航指引全国各地的游客到白鹭古村驾车游览。

（6）通过调整表盘的指针模拟一天 24h 阳光对三维模型的光照变化。

（7）为了宣扬、传承白鹭客家文化，本系统在文化区添加了有关具有悠久历史的东河戏戏曲片段，以及白鹭古村具有功绩历史人物、饮食文化、各种风俗的介绍。

（8）为了更好的展现繁荣时期的白鹭，古村本系统特意在夜间时分添加了烟花动画以及让浏览者留言互动模块。

（9）利用键盘中的 W、A、S、D 键灵活性移动视角和位置，方便大家更好的游览白鹭古村。

以上内容为客家文化保护及宣传推广提供技术支撑。

7.3.2 设计流程

系统流程图如图 7-24 所示。

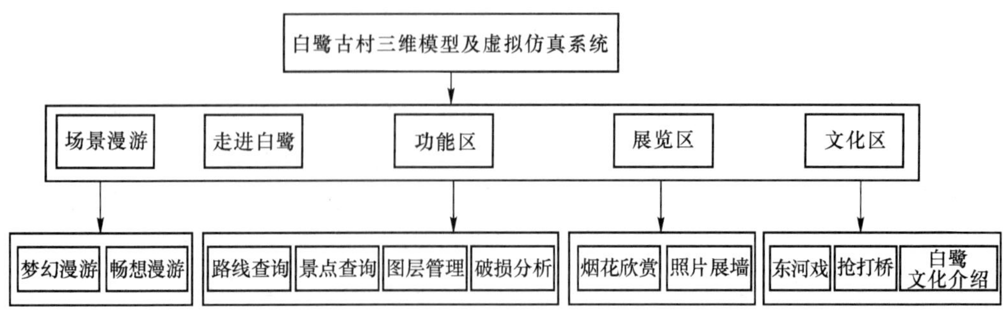

图 7-24 系统流程图

7.3.3 系统功能实现

7.3.3.1 系统登录

系统登录界面。如图 7-25 所示。

图 7-25 登录界面

7.3.3.2 走进白鹭

为了增加系统的特效性，提高游客对本系统的浓厚兴趣，本系统在最开始添加了弹跳式的三维漫游，使本系统增添动感。引用发布场景的 ID 以此添加三维模型，如图 7-26 所示。

主要代码如下：

```
function customEasing(t){
        return 10-Math.abs(Math.sin(-1.7+t*4.5*Math.PI))*Math.pow(
          0.5,t*10);
    }
    on(dojo.query("#bounceBerlin"),"click",function(){
      view.goTo({
       position:{
        x:115.1462598638,
        y:26.2439767682,
        z:700,
```

```
            spatialReference:{
              wkid:4326
            }
          },
          heading:0,
          tilt:0
        },{
          speedFactor:0.5,
          easing:customEasing
        });
      });
```

图 7-26 走进白鹭

7.3.3.3 场景漫游

为了使呆板的三维模型增添动感，我们在场景中添加了三维漫游功能，在界面的右上角，我们添加了创建新幻灯片的功能，以此方便大家寻找好的视角，方便大家更好的浏览白鹭古村的景色、景点、以及在界面的右下角增添的图层管理窗口方便大家隐藏（显示）场景和其他图层数据，如图 7-27 所示。

主要代码：

```
on(dojo.query("#default"),"click",function()
  view.then(function(){
      view.goTo(shiftCamera(0.0015),{
          duration:10000,
          maxDuration:10000,
      }).then(function(){
          view.goTo(shiftCamera2(0.000001),{
              duration:5000,
              maxDuration:5000,
          }).then(function(){
              view.goTo(shiftCamera4(0.00069),{
                  duration:10000,
                  maxDuration:10000,
```

```
}).then(function(){
    view.goTo(shiftCamera2(0.000001),{
        duration:5000,
        maxDuration:5000,
    }).then(function(){
        view.goTo(shiftCamera5(0.00067),{
            duration:10000,
            maxDuration:10000,
        }).then(function(){
            view.goTo(shiftCamera2(0.000001),{
                duration:5000,
                maxDuration:5000,
            }).then(function(){
                view.goTo(shiftCamera3(0.00070),{
                    duration:10000,
                    maxDuration:10000,
                }).then(function(){
                    view.goTo(shiftCamera2(0.000001),{
                        duration:5000,
                        maxDuration:5000,
```

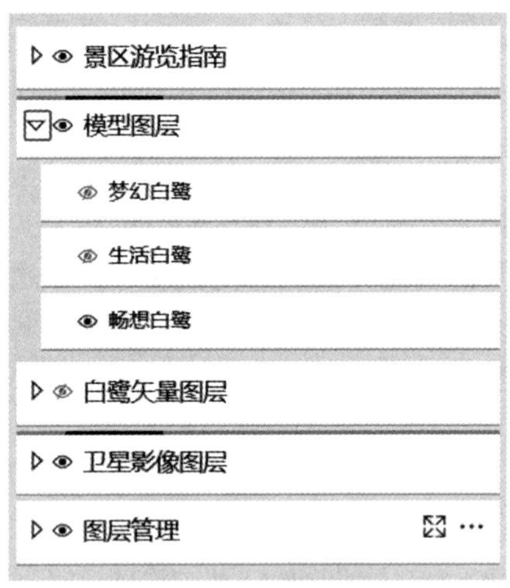

图 7-27 场景漫游

7.3.3.4 功能区

(1) 路线查询。为了方便全国的游客到白鹭古村游览，导航服务调用了百度 API 提供的导航接口实现，该功能为游客提供了驾车导航服务，如图 7-28 所示

主要代码如下：

```
var transit=new BMap.DrivingRoute(map,{
        renderOptions:{
            map:map,
```

```
            panel:"r2-result",
            enableDragging:true//起终点可进行拖拽
        },
});
transit.search("赣州江西理工大学","赣县白鹭村");
```

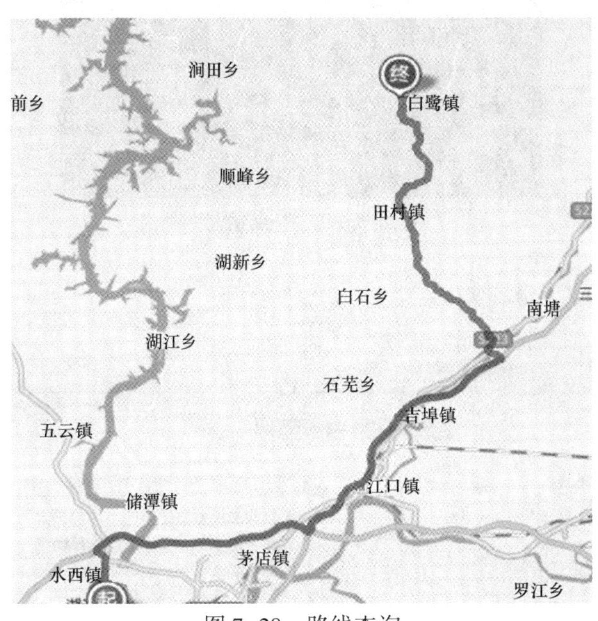

图 7-28 路线查询

（2）景点查询。为了方便游览者更方便、快速查询景点，以及信息，本系统采用创建 PopupTemplate 的方法，弹出建筑的信息，如图 7-29 所示。

图 7-29 景点查询

景点信息简介如图 7-30 所示。

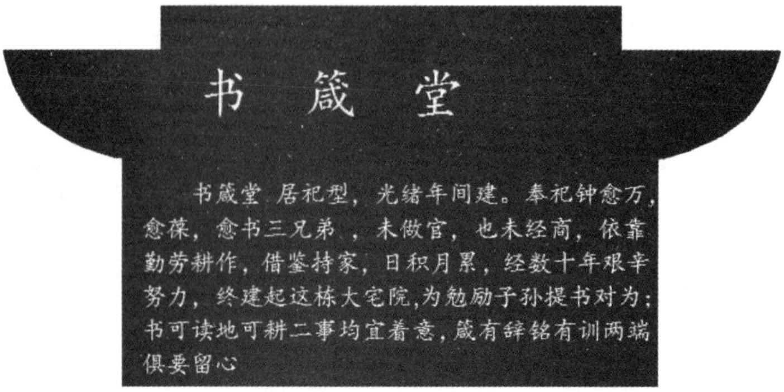

书 箴 堂
书箴堂 居祀型，光绪年间建。奉祀钟愈万，愈葆，愈书三兄弟，未做官，也未经商，依靠勤劳耕作，借鉴持家，日积月累，经数十年艰辛努力，终建起这栋大宅院,为勉励子孙提书对为；书可读地可耕二事均宜着意，箴有铎铭有训两端俱要留心

图 7-30 景点信息

饮食文化简介如图 7-31 所示。

2/2
白鹭酒楼: 白鹭酒楼
介绍
赣县客家美食白鹭芋包：芋包是客家有名的小吃，又当属江西省赣县白鹭芋包最出名。因赣县白鹭乡盛产芋子，有别于其它地方的芋子，白鹭芋子外观奇特，肉质洁白无瑕。
NAME
白鹭酒楼
时间
(4)
(0)

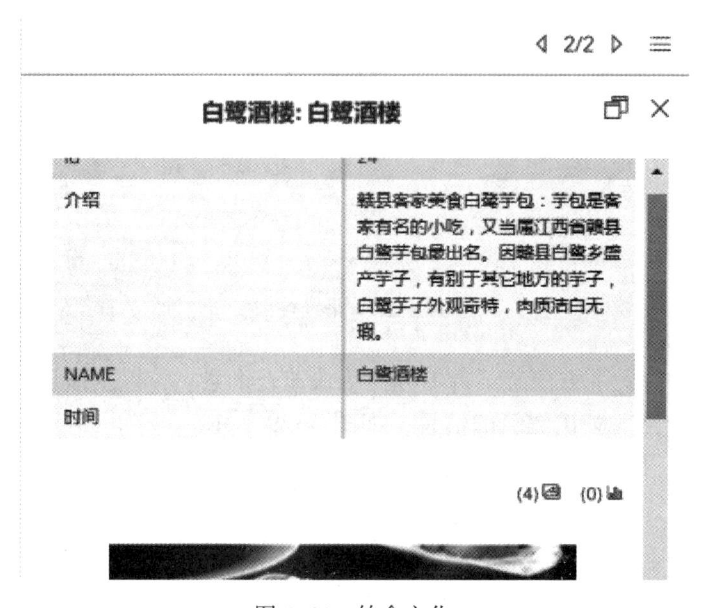

图 7-31 饮食文化

客栈信息简介如图 7-32 所示。

主要代码：

```
var listNode=document.getElementById("nyc_graphics");
          //Create the FeatureLayer using the popupTemplate
          var featureLayer=new FeatureLayer({
          listNode.addEventListener("click",onListClickHandler);
           function onListClickHandler(event){
               var target=event.target;
               var resultId=target.getAttribute("result-id");
               var result=resultId && graphics && graphics[parseInt(resultId,
                  10)];
               if(result){
```

```
            view.popup.open({
                features:[result],
                location:result.geometry.centroid
            });
        }
    }
```

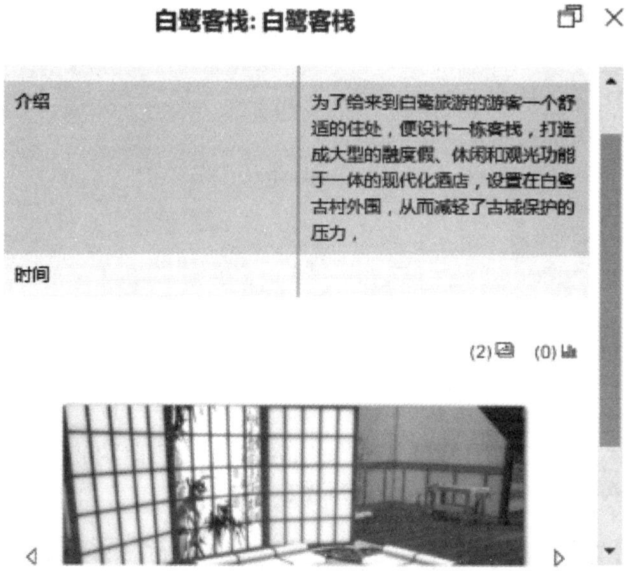

图 7-32　客栈信息

（3）图层管理。在本系统中为了展示“梦幻白鹭”“生活白鹭”“畅想白鹭”（白鹭古村的过去，现在和未来）特意添加了 GroupLayer，以此更换模型，展示三种不同的场景以及不同的图层。如图 7-33 所示。

图 7-33　图层管理

主要代码：

```
function defineActions(event){
view.then(function(){
var layerList=new LayerList({
view:view,
    listItemCreatedFunction:defineActions,
    container:"layerlist",
    });
    layerList.on("trigger-action",function(event){
            if(demographicGroupLayer.opacity>0){
                    demographicGroupLayer.opacity-=0.25;
            }
        }
    });
```

7.3.3.5 展览区

（1）烟花欣赏。为了更加真实的再现白鹭古村的美好夜景，我们以中国传统的庆祝方式——烟花，来展示繁荣、善良充满浓厚气息客家文化的白鹭古村的朴实的人民的生活，并且在界面的右下角，我们还添加了方便浏览者发表感言的弹幕窗口，如图 7-34 所示。

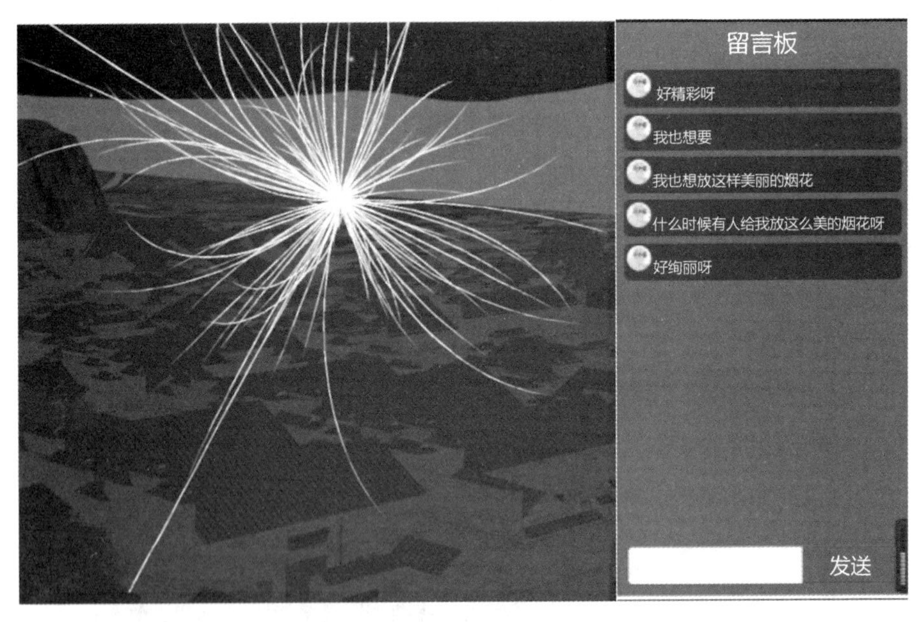

图 7-34 烟花欣赏

主要代码：

```
var Fireworks=function(){
var self=this;
var rand=function(rMi,rMa){return~~((Math.random()*(rMa-rMi+1))+rMi);}
var hitTest=function(x1,y1,w1,h1,x2,y2,w2,h2){return !(x1+w1<x2||x2+w2<x1||y1+h1<y2||y2+h2
```

```
<y1);};
    window.requestAnimFrame=function(){return
    window.requestAnimationFrame||window.webkitRequestAnimationFrame||window.mozRequestAnimationFrame||window.oRequestAnimationFrame||window.msRequestAnimationFrame||function(a){window.setTimeout(a,1E3/60)}}();
        self.bindEvents();
        self.canvasLoop();
        self.canvas.onselectstart=function(){
            return false;
        };
    };
    Particle.prototype.update=function(index){
        var radians=this.angle * Math.PI/180;
        var vx=Math.cos(radians) * this.speed;
        var vy=Math.sin(radians) * this.speed+this.gravity;
        this.speed * =this.friction;
        if(! hitTest(0,0,self.cw,self.ch,this.x-this.radius,this.y-this.radius,this.radius * 2,this.radius * 2)||this.alpha<.05){
            self.particles.splice(index,1);
        }
    };
    Particle.prototype.draw=function(){
    var coordRand=(rand(1,3)-1);
    self.ctx.beginPath();
    self.ctx.moveTo(Math.round(this.coordLast[coordRand].x),Math.round(this.coordLast[coordRand].y));
    self.ctx.lineTo(Math.round(this.x),Math.round(this.y));
    self.ctx.closePath();
    self.ctx.strokeStyle='hsla('+this.hue+',100%,'+this.brightness+'%,'+this.alpha+')';
    self.ctx.stroke();
```

（2）3D 照片展墙。为了更好的展示白鹭古村建筑模型，以便于浏览者浏览，我们选取了一些照片进行展示，如图 7-35 所示。

图 7-35　3D 照片墙

7.3.3.6 文化区

(1) 东河戏。东河戏诞生于赣南的古老剧种之一，因发源于赣南贡江流域故称“东河戏”。明代嘉靖年间，在赣县与兴国交界的田村、白鹭等地流行一种以高腔曲牌清唱故事的坐堂班，坐堂班又在民间庙会游神，“扮故事”形式上发展到以高腔大本戏为主的舞台演唱，形成东河戏雏形。此后又相继吸收了江西宜黄调、桂剧西皮戏、安庆调、弋板、兴国南北词等发展成为有高、昆、弹三大声腔，较为完整的地方剧种——东河戏。为了更好的展示白鹭古村的客家文化，本系统特意添加了具有悠久历史的赣南戏曲——东河戏(片段)，如图 7-36 所示。

主要代码：

```
<video style="margin-left:300px;margin-top:80px;  "align="middle"  width:100 height:100%  controls="controls"  autoplay="autoplay">
        <source src="/东河戏.mp4"  type="video/mp4"/>
        <source src="/东河戏.webm"  type="video/webm"/>
</video>
```

(2) 抢打桥。打桥象征“打（大）发”，大家都以领到它为荣。尤其是那祈求添丁生子的家族，愿望更加迫切，企图领到打桥，带来好运、心想事成。想领打桥的人越多，抢打桥之战就越激烈。抢打桥常常通宵达旦，才见分晓。原先各为其主的勇士们，此时共同到唯一幸运的那户领“打桥”者家中，握手言欢，开怀畅饮。末了捎上东家慰劳的两筒麻饼，回家养精蓄锐去了。效果图如图 7-37 所示。

图 7-36 东河戏

图 7-37 抢打桥

主要代码：

```
<video style="margin-left:200px;margin-top:-80px;  "align="middle"  width:100 height:100% controls="controls"  autoplay="autoplay">
        <source src="/BL3.mp4"  type="video/mp4" />
        <source src="/BL3.webm"  type="video/webm" />
</video>
```

(3) 白鹭文化介绍。白鹭古村具有悠久的历史客家文化，历经 870 多年的风吹雨打，虽然倒塌了一些古建筑，但是依旧保存下来了大部分具有浓厚的文化气息的古建筑，如图 7-38 所示。

主要代码：

```
<div id="header"  style="background:#faecd7">
```

```
        <h2 style="margin-top:10px;padding-left:1250px;font-size:20px;font-family:STXingkai;  ">
            梦里白鹭村,千年客家情
        </h2>
        <h1 style="font-size:40px;font-family:STXingkai;">
            <img style="margin-top:-60px;" src="logo1.png" align="top"  title="三维虚拟游 "
width="120" height="110">
            三维虚拟游
        </h1>
        <h3 style="margin-left:1350px;  margin-top:-50px;font-family:STXingkai;" >
            江西理工大学
        </h3>
    </div>
    <div id="viewDiv">
        <img src="白鹭.jpg" style="margin-left:160px;" align="middle"  width:100%  height:100% />
        </div
```

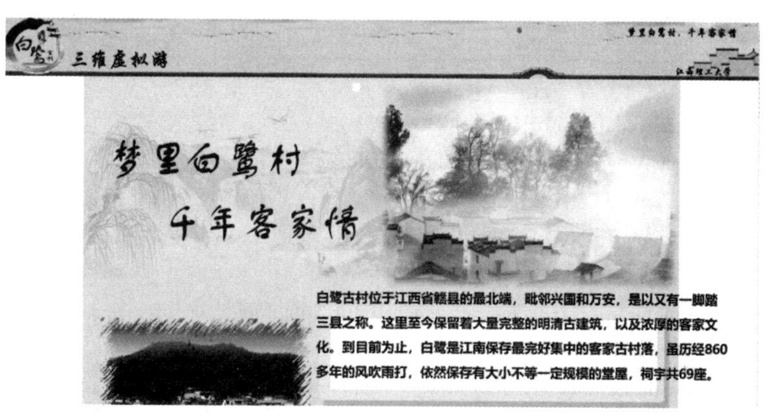

图 7-38 白鹭文化介绍

7.3.3.7 时间的模拟

通过转动表盘上的时针，以此更改时间，更改阳光对白鹭古村的光照，生动地显示了朴实的白鹭古村村民一天的生活，提醒着我们时间在一点一点的流逝，时光对白鹭古建筑的摧残，提示这我们要保护好中华文化，客家文化，如图 7-39 和图 7-40 所示。

图 7-39 上午 10：36：06 白鹭全景

图 7-40　下午 1：29：23 白鹭全景

主要代码：

```
view.ui.add("timeInfo","top-left");
        var clock=new Clock({
            el:"clock",
            skin:require.toUrl("./clock.svg"),
            time:view.environment.lighting.date.getTime()
        });
        view.ui.add("clock","bottom-left");
        //当表盘的时间更新时,改变视图上的时间
        var timeField=document.getElementById("timeField");
        var updateTimefield=function(){
            timeField.innerHTML=view.environment.lighting.date.toLocaleString();
        };
        updateTimefield();
        clock.on("time-change",function(time){
            view.environment.lighting.date=time;
            updateTimefield();
        });
```

7.4　江西理工大学校园三维系统开发

7.4.1　系统总体设计概述

智慧校园三维服务平台总体架构采用 B/S 结构，利用 Esri CityEngine、3DS MAX 等软件对江西理工大学现实中的建筑物进行高精度建模；网络采集获取 DOM、DEM、SHP 数据利用 ArcGIS 系列软件进行处理分析构建网络数据；然后将需要使用的数据通过 ArcGIS Server、ArcGIS Online 等云服务平台发布成要素服务和场景服务，开发人员利用 C#语言基于 .NET 平台，利用 ArcGIS for JavaScript API 进行集成开发，最终构建一个基于地理信息系统的服务平台，并集成三维校园、实景校园、室内精细化建模（室内校园），囊括校园

导航服务、大型仪器共享服务、校园视频监控、校园 WIFI 信号分析、噪声可视化监控、教室查询、校园活动等地图服务，提供丰富的 LBS（位置服务）和客户体验的江西理工大学智慧校园三维服务平台。

主要实现以下功能：

（1）系统实现对地图的放大、缩小、编辑点线面及量测等基本功能。

（2）将分析构建的数据和模型通过实现三维校园模型的信息浏览查询等操作。

（3）利用 ArcGIS for JavaScript API 的定位导航接口，在校园内外达到定位导航等服务。

（4）对校园视频监控点的进行采集入库分析展示，并对布控的合理性进行分析展示。

7.4.2　系统架构设计

系统架构如图 7-41 所示。

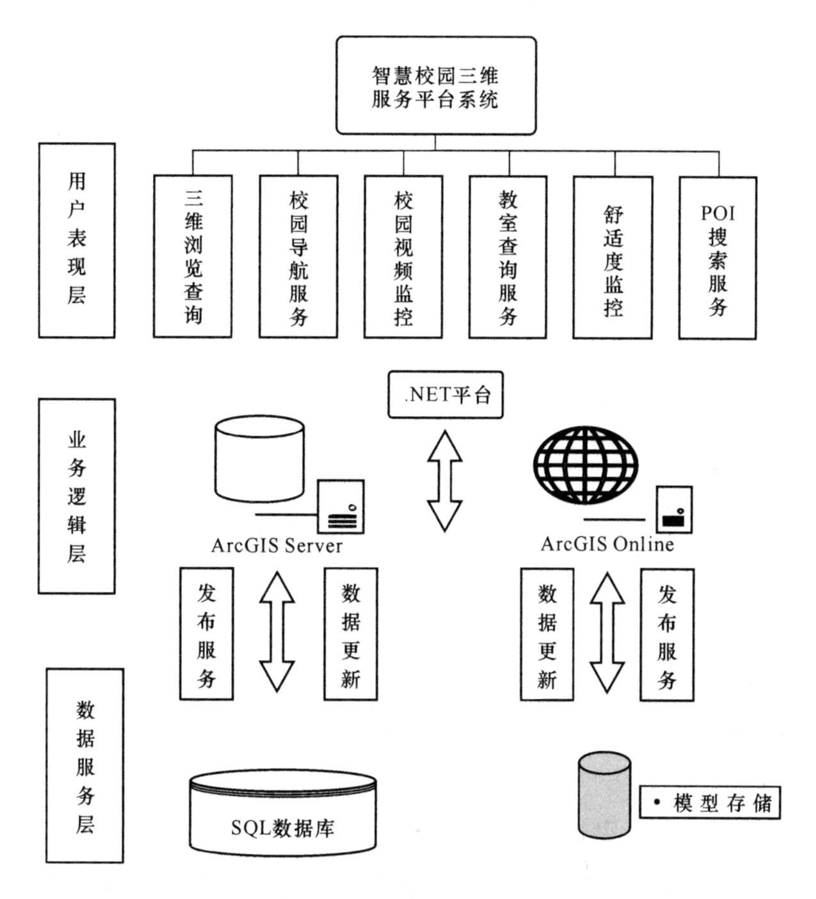

图 7-41　系统架构图

7.4.3　系统功能实现

7.4.3.1　系统主界面

系统主界面如图 7-42 所示。

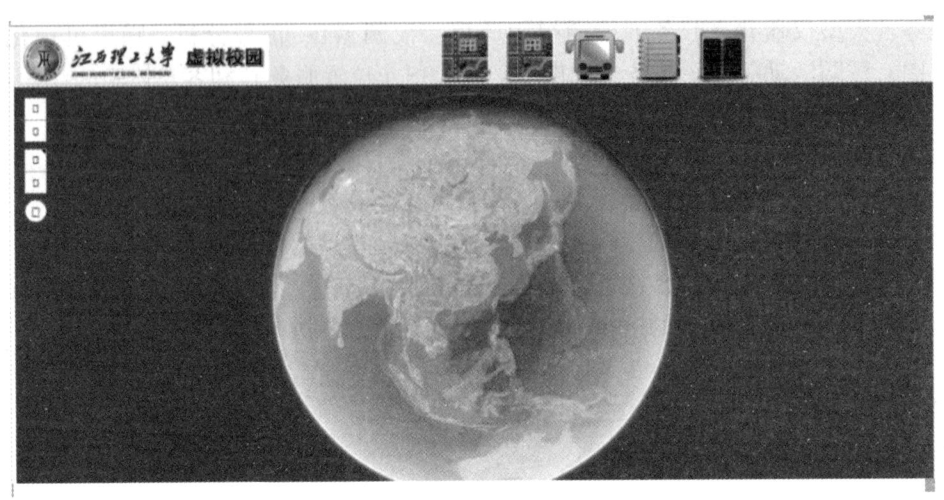

图 7-42　系统主界面

7.4.3.2　三维校园浏览查询

将采集获取江西理工大学的 DOM、DEM 和包含属性信息的矢量数据，导入 ArcGIS 系列软件进行处理分析，然后将分析处理好的结果在 Esri CityEngine 中加载作为基础数据。根据学校实际情况，对于规则的建筑物体，通过编写 CGA 规则批量快速生成。对于特殊的不规则建筑体，利用 3DS MAX 建模软件进行精细化建模，最后构建 1∶1 高精度还原学校的三维场景。

然后将制作好的场景发布为 *.3ws 场景，放在本地网络服务器（如 IIS）上，或者直接以条目的形式上传到云端（ArcGIS Online），构建三维校园模型供决策者或公众浏览查询。CityEngine 生成的模型也可导出成 Esri Scene Layer Package（slpk）格式文件，利用 GIS 云平台服务器实现对三维服务的发布。服务通过生成的 URL 地址或者调用接口直接引用来进行数据共享。最终实现江西理工大学三维校园的可视化浏览查询功能。如图7-43和图 7-44 所示。

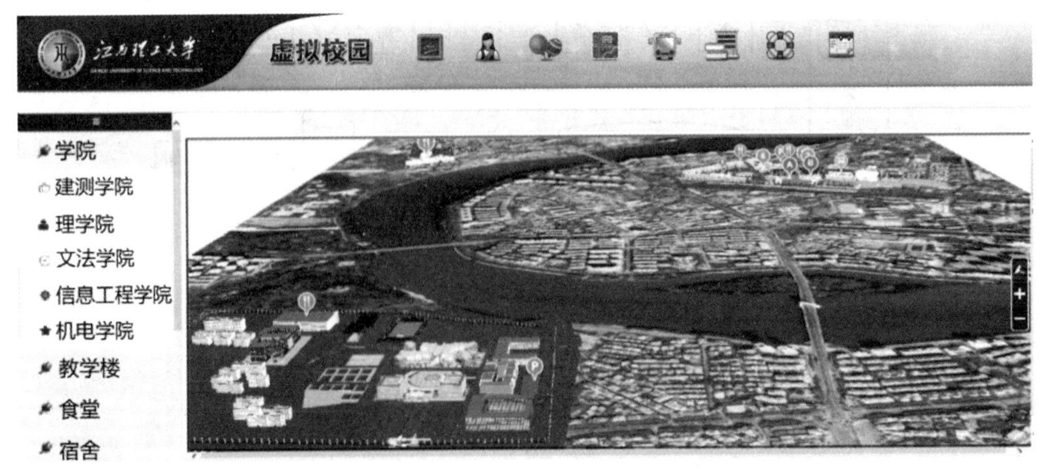

图 7-43　校园全景浏览

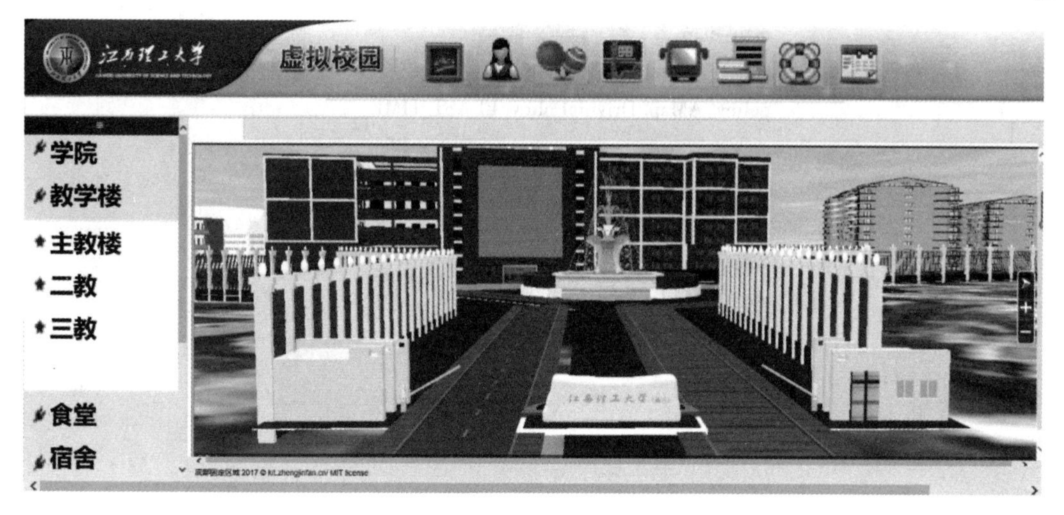

图 7-44　校园查询

7.4.3.3　导航服务

导航服务直接调用 ArcGIS For JavaScript API 提供的导航接口实现，该功能为游客提供导航服务，有步行、自驾车及公交导航三种方式供选择。游客可根据自己的出行计划选择合适的导航方式，使旅游更加自主化，主要实现代码如下：

```
//驾车导航
$(function(){
    $("#jiache").click(function jiache(){
        map.clearMap();
        var startp=$.trim($("#Text1").val());
        var endp=$.trim($("#Text2").val());
        if(startp==""||endp==""){
            alert("请输入有效地址");
            return;
        }
        else{
            AMap.service(["AMap.Driving"],function(){
                var radio=$('input:radio:checked').val();
                if(radio=="rd1"){
                    var driving=new AMap.Driving({
                        map:map,
                        panel:"panel",
                        policy:AMap.DrivingPolicy.LEAST_DISTANCE
                    });
            }
            if(radio=="rd2"){
                var driving=new AMap.Driving({
```

```
                    map:map,
                    panel:"panel",
                    policy:AMap.DrivingPolicy.LEAST_TIME
                });
            }
            driving.search([
                {keyword:startp},
                {keyword:endp}
            ]);
        });
    }
  })
})
//步行导航
$(function(){
    $("#buxing").click(function buxing(){
        map.clearMap();
        var startp=$.trim($("#Text1").val());
        var endp=$.trim($("#Text2").val());
        if(startp==""||endp==""){
            alert("请输入有效地址");
            return;
        }
        else{
            AMap.service(["AMap.Walking"],function(){
                var Walking=new AMap.Walking({
                    map:map,
                    panel:"panel"
                });
                Walking.search([
                    {keyword:startp},
                    {keyword:endp}
                ]);
            });
        }
    })
})
//公交导航
$(function(){
    $("#gongjiao").click(function gongjiao(){
        map.clearMap();
        var startp=$.trim($("#Text1").val());
        var endp=$.trim($("#Text2").val());
```

```
            if( startp = = "" || endp = = "" ) {
                alert( "请输入有效地址" );
                return;
            }
            else{
                AMap. service( [ "AMap. Transfer" ] ,function( ) {
                    var Transfer = new AMap. Transfer( {
                        map:map,
                        panel:"panel",
                        pageSize:5,
                        orderBy:'_id:ASC'
                    } );
                    Transfer. search( [
                        {keyword:startp} ,
                        {keyword:endp}
                    ] );
            } );
        }
    })
})
```

7.4.3.4 视频监控分析

本系统为提高校园安全建设，研发校园视频监控功能，基于地理信息对校园内的监控系统利用互联网技术实现园区视频一体化展示，通过 GIS 技术对园区内监控设备的布设进行合理布局，整合设备资源实现高效合理利用，致力于校园内视频监控天网建设达到无死角全覆盖，使我校安全“三防”建设达到领先水平。如图 7-45 所示。

图 7-45 视频监控分析

7.5　红楼梦大观园虚拟仿真系统

7.5.1　系统架构设计

基于 WebGIS 的“梦回大观园”三维展示系统设计中，以《红楼梦》中大观园为样例区域，采用开放式三维古建筑建设理念设计平台系统，加强系统的开放性和独立性，以满足扩展的要求（包括系统的扩容能力等）。

系统充分考虑未来数字化建设的发展，采用 B/S 架构，使用 IIS 应用服务器，整合三维建模技术和 CityEnige 技术，对大观园中的建筑物进行高精度建模还原。网络采集获取 DOM、DEM、SHP 数据利用 ArcGIS 系列软件进行处理分析构建网络数据；然后将需要使用的数据通过 ArcGIS Online 等云服务平台发布成要素服务和场景服务，开发人员利用 HTML、JavaScript、CSS、JQuery 及 C#语言基于 Visual Studio 软件，利用 ArcGIS for JavaScript API 进行集成开发，最终构建一个基于地理信息系统的平台，完成大观园地形、地貌和建筑物的三维建模，全园室内外景观漫游合成，三维地图图层的显示隐藏和系统的人机互动，场景的环境更改，建筑的查询定位，网页三维模型的漫游，完成开放式梦回大观园三维展示系统设计。如图 7-46 所示。

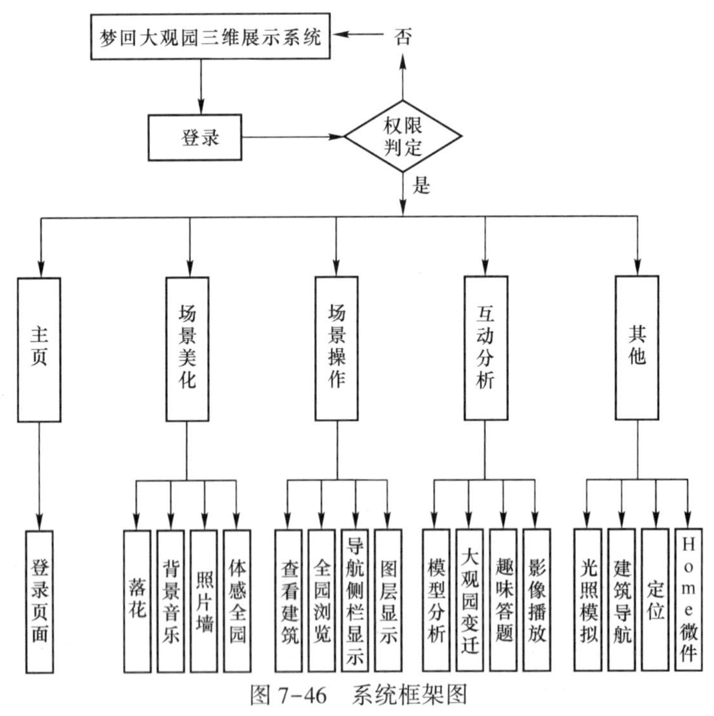

图 7-46　系统框架图

7.5.2　系统功能实现

（1）三维模型展示。通过在网页对大观园进行三维模型的展示，让公众对中国古典文学与建筑有了更好的了解，如图 7-47 和图 7-48 所示。

图 7-47　三维全景展示

图 7-48　三维建筑展示

(2) 虚拟游览。第一视角虚拟游览功能，通过建立不同人物模型，以游客第一视角游览全园，使建筑场景更加生动形象，令游客身临其境，切身感受浓郁的古典文化气息，如图 7-49 和图 7-50 所示。

图 7-49　虚拟游览一

图 7-50 虚拟游览二

7.6 古宋城三维虚拟展示系统

7.6.1 系统设计思路

以互联网 GIS 技术，将建立的三维模型发布为在线服务，并通过 ArcGIS API 接口实现模型服务的在线调用以及系统功能开发，最终完成对古宋城及福寿沟的地上地下一体化的三维虚拟展示平台。系统功能主要包括以下 6 个部分：

（1）模型场景如放大、缩小、平移等基础操作。

（2）结合鼠标和键盘以第一人称视角漫游古宋城模型场景。

（3）实现用户自主对古宋城建筑信息的查询以及搜索跳转等功能。

（4）系统实现古宋城古今对比功能，对比历史原貌与现存情况。

（5）系统实现建筑模型分析功能，对建筑内部样式进行查看与选择。

（6）系统实现地下福寿沟降雨排水模拟，还原古宋城在降雨后的地下排水过程与排水机制。

7.6.2 设计流程

系统设计流程如图 7-51 所示。

7.6.3 系统功能实现

（1）走进宋城。点击即可从全球视角快速跳转至古宋城，跳转方式采用弹跳式，为系统添加动感。

（2）漫游古宋城。该功能为用户提供第一人称视角漫游古宋城，用户可通过鼠标控制前进方向，w、a、s、d 键控制移动方向。提供古宋城全景漫游、福寿沟漫游和虚化地表功能，可对古宋城进行全方位查看浏览，如图 7-52～图 7-54 所示。

（3）建筑信息查询。该功能对古宋城所有建筑进行搜索并展示，用户可以自主选择感兴趣建筑，系统自动跳转至该建筑。如图 7-55 所示。

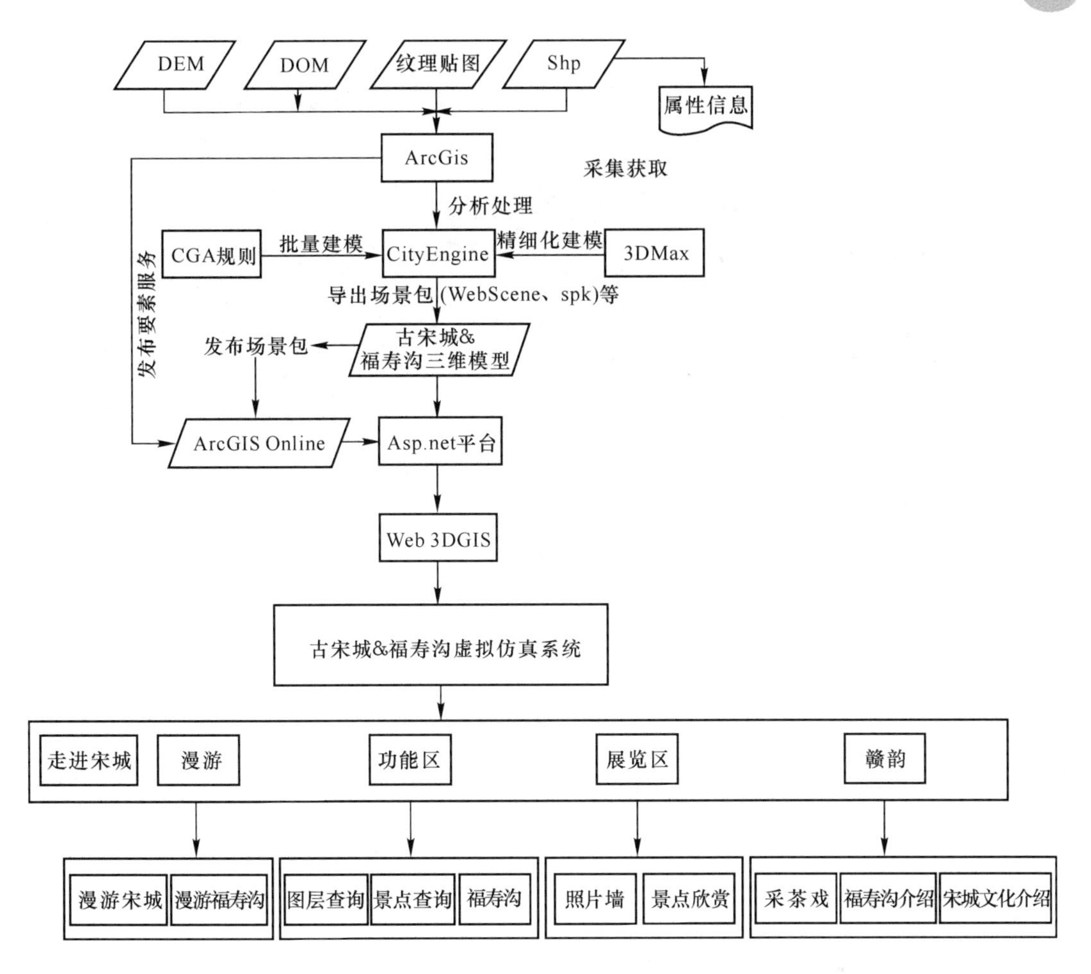

图 7-51 设计流程图

图 7-52 古宋城漫游

图 7-53 福寿沟漫游

图 7-54 虚化地表

图 7-55 建筑信息查询

（4）宋城古今对比。通过虚化已消亡建筑可以直观查看古宋城内部现存情况，如图7-56所示。

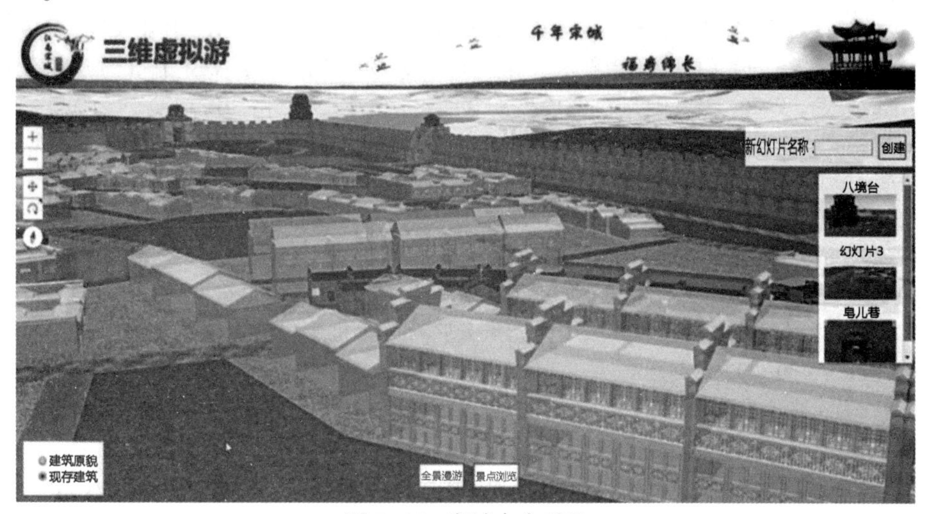

图 7-56　宋城古今对比

（5）降雨模拟。系统将古宋城及福寿沟三维模型导入 Unity 中，使用地表虚化实现对地下福寿沟进行查看，也提供跳转至福寿沟内如进行查看。该功能使用粒子特效对降雨进行模拟，并添加按键控制雨量大小，添加物理碰撞增强雨水真实性，同时以三维形式对福寿沟排水过程进行模拟。

参考文献

[1] 单文龙 . 倾斜摄影精细化三维模型构建及分析技术研究 [D] . 南京：南京林业大学，2019.

[2] 李子阳，李恒凯，王秀丽 . 基于营造法式的客家古建筑规则构件建模方法 [J] . 福建师范大学学报(自然科学版)，2020，36 (04)：93~102，111.

[3] 李恒凯，李小龙，李子阳，等 . 构件模型库的客家古村落三维建模方法——以白鹭古村为例 [J] . 测绘科学，2019，44 (08)：182~189.

[4] 李恒凯，陈玥莹，李子阳，等 . 客家古建筑雕花装饰的三维数字化建模 [J] . 江西理工大学学报，2019，40 (01)：23~29.

[5] 李恒凯，戴丹宁，魏聪 . 红楼梦大观园虚拟场景建模与展示 [J] . 城市勘测，2018，(05)：5~10.

[6] 张文春，范洪洋，刘永吉，等 . 三维激光点云联合无人机影像的古建筑重建 [J] . 测绘通报，2019，(11)：130~133，144.

[7] 王星捷，卫守林 . 面向规则的三维古城虚拟技术的研究 [J] . 计算机应用与软件，2019，36 (05)：7~14.

[8] 龚雨，刘媛，王亮，雷泳 . CGA 参数化快速建模的研究与实现——以雨母山古寺庙建筑群为例 [J]. 测绘通报，2017，(04)：112~115.

[9] Lei Hua，Chongcheng Chen，Hui Fang，et al. 3D documentation on Chinese Hakka Tulou and Internet-based virtual experience for cultural tourism：A case study of Yongding County，Fujian [J] . Journal of Cultural Heritage，2018，29.

[10] 何鸿杰，颉耀文，翟世常，等 . 规则的兰州古城三维建模方法 [J] . 测绘科学，2018，43 (08)：116~121，129.

[11] Pavel Tobiáš，Jiří Cajthaml，Jiří Krejčí. Rapid reconstruction of historical urban landscape：The surroundings of Czech chateaux and castles [J] . Journal of Cultural Heritage，2018，30.

[12] 李云，刘专，彭能舜，等 . 倾斜摄影三维模型的大场景地形融合研究 [J] . 测绘科学，2018，43 (07)：103~108.

[13] 耿中元，任娜，李英成，等 . 倾斜摄影三维模型与大场景地形的融合算法 [J] . 测绘科学，2016，41 (11)：108~113.

[14] 吴东亮，尚颖娟，谷达华，等 . RTK 系统、全站仪及 CASS 软件在地形测绘中的应用探讨 [J] . 测绘科学，2009，34 (02)：194~196.

[15] 张晖，刘超，李妍，等 . 基于 CityEngine 的建筑物三维建模技术研究 [J] . 测绘通报，2014，(11)：108~112.

[16] 翟世常 . 基于规则的古代城市三维建模方法与技术——以清末兰州城的复原为例 [D] . 兰州：兰州大学，2016.

[17] 李昕娟，王加胜 . CityEngine CGA 支持下的苗族特色民居三维建模 [J] . 测绘通报，2017，(12)：112~116.

[18] 刘媛，邓运员，刘立生，等 . CityEngine CGA 支持下的传统民居复杂屋顶建模及优化——以衡阳市中田村为例 [J] . 测绘通报，2016，(03)：98~102.

[19] 王茹，孙卫新，张祥 . 明清古建筑构件参数化信息模型实现技术研究 [J] . 西安建筑科技大学学报(自然科学版)，2013，45 (04)：479~486.

[20] 程朋根，李志荣，聂运菊 . 城中村批量快速三维建模方法研究及实现 [J] . 测绘科学，2019，44 (04)：48~54.

[21] Koziatek O S，Dragićević Li S. Geospatial modelling approach for 3D urban densification developments [C] // ISPRS-International Archives of the Photogrammetry，Remote Sensing and Spatial Information Sci-

ences. 2016.

[22] Kitsakis D, Tsiliakou E, Labropoulos T, et al. Procedural 3d Modelling for Traditional Settlements. The Case Study of Central Zagori [J]. ISPRS-International Archives of the Photogrammetry, Remote Sensing and Spatial Information Sciences, 2017, XLII-2/W3: 369~376.

[23] Arnold M E, Lafreniere D. Creating a longitudinal, data-driven 3D model of change over time in a postindustrial landscape using GIS and CityEngine [J]. Journal of Cultural Heritage Management and Sustainable Development, 2018: JCHMSD-08-2017-0055.

[24] 牟乃夏，赵雨琪，孙久虎，等. CityEngine 城市三维建模 [M]. 北京：测绘出版社，2016.

[25] 麻金继，梁栋栋. 三维测绘新技术 [M]. 北京：科学出版社，2020.

[26] 刘剑锋. 三维 GIS 建模技术 [M]. 武汉：武汉大学出版社，2018.

[27] 郭亮，何华贵，杨卫军. 三维实景技术的发展与应用 [M]. 北京：科学出版社，2020.

[28] 张泊平. 三维数字建模技术——以 3ds Max 2017 为例 [M]. 北京：清华大学出版社，2019.

[29] 张云杰，尚蕾. SketchUp 完全学习手册 [M]. 北京：清华大学出版社，2019.

[30] 朱溢镕，焦明明. BIM 应用系列教程——BIM 建模基础与应用 [M]. 北京：化学工业出版社，2017.

[31] 王玮. 基于三维 GIS 的铁路 BIM 空间信息系统构建及其工程应用 [J]. 测绘通报，2020，(07)：138~142.

[32] 陈浩杰，陈梅. 基于 BIM 信息模型的三维滑坡地质灾害预测方法 [J]. 灾害学，2020，35 (03)：51~54.

[33] 陈相兆，孙柏涛，李芸芸，等. 基于 CityEngine 的城市建筑群三维震害模拟研究 [J]. 地震工程与工程振动，2018，38 (04)：93~99.

[34] 程朋根，李志荣，聂运菊，等. 基于 3DMax 与 CityEngine 的城市道路路灯快速批量自动建模方法 [J]. 测绘工程，2018，27 (05)：40~45.

[35] 何鸿杰，颉耀文，翟世常，等. 规则的兰州古城三维建模方法 [J]. 测绘科学，2018，43 (08)：116~121.

[36] 李昕娟，王加胜. CityEngine CGA 支持下的苗族特色民居三维建模 [J]. 测绘通报，2017，(12)：112~116.

[37] 赵雨琪，牟乃夏，张灵先. 利用 CityEngine 进行三维校园参数化精细建模 [J]. 测绘通报，2017，(01)：83~86.

[38] 何原荣，陈平，苏铮，等. 基于三维激光扫描与无人机倾斜摄影技术的古建筑重建 [J]. 遥感技术与应用，2019，34 (06)：1343~1352.

[39] 索俊锋，刘勇，蒋志勇，等. 基于三维激光扫描点云数据的古建筑建模 [J]. 测绘科学，2017，42 (03)：179~185.

[40] 詹总谦，李一挥，桂鑫源. 倾斜摄影测量与 SketchUp 二次开发技术相结合的建筑三维重建 [J]. 测绘通报，2017 (05)：71~74.

[41] 单杰，李志鑫，张文元. 大规模三维城市建模进展 [J]. 测绘学报，2019，48 (12)：1523~1541.

[42] 宋关福，李少华，闫玉娜，等. 新一代三维 GIS 在自然资源与不动产信息管理中的应用 [J]. 测绘通报，2020，(03)：101~104.

[43] 王树魁，王芙蓉，崔蓓，等. 基于现状三维 GIS 的南京城市设计综合管理平台研究及建设 [J]. 测绘通报，2018，(12)：138~143.

[44] 娄书荣，李伟，秦文静. 面向城市地下空间规划的三维 GIS 集成技术研究 [J]. 地下空间与工程学报，2018，14 (01)：6~11.

[45] 李加忠，程兴勇，郭湧，等．三维实景模型在景观设计中的应用探索——以金塔公园为例［J］．中国园林，2017，33（10）：24~28.
[46] 褚杰，盛一楠．无人机倾斜摄影测量技术在城市三维建模及三维数据更新中的应用［J］．测绘通报，2017，(S1)：130~135.
[47] 王宁，楼岱，陈大庆，等．基于“BIM+GIS”技术的建筑垃圾精准管控信息管理平台研究初探［J］．环境工程，2020，38（03）：46~50.
[48] 谌大禹，张社荣，王超，等．土石坝工程运行期 BIM 与 GIS 融合管控平台研发［J］．水电能源科学，2020，38（07）：103~106.
[49] 张毅，黄从治，朱聪．基于 BIM 的铁路工程项目管理系统应用研究［J］．铁道工程学报，2019，36（09）：98~103.
[50] 徐锐，罗天文，刘明．基于 WebGL 的水利水电工程三维地理信息平台研究［J］．中国农村水利水电，2019，(01)：148~151.
[51] 张鲜化，李丹超，陈传胜，等．三维地理信息建模典型的三种方法探索与实践［J］．测绘与空间地理信息，2019，42（12）：68~70.
[52] 李晨光．基于 ArcGIS 的三维洪水模拟分析［J］．工程技术研究，2019，4（24）：27~28.
[53] 贾战海，唐斌，刘家畅．3DGIS 与 BIM 集成在数字城市中的应用研究［J］．地理空间信息，2019，17（12）：63~65.